全国职业院校**建筑类**专业教材

QUANGUO ZHIYE YUANXIAO

建筑装饰施工

JIANZHULEI ZHUANYE JIAOCAI

曾庆杰◎主编

中国劳动社会保障出版社

简介

本教材为全国职业院校建筑类专业教材。本教材共分九章，包括建筑装饰工程概述、抹灰类饰面工程、贴面类饰面工程、涂料类饰面工程、裱糊类饰面工程、楼地面工程、吊顶工程、隔墙与隔断工程、细木工程。本教材语言简练、深入浅出、图文并茂，易于学生理解。本教材配有习题册和电子课件，帮助学生巩固所学内容。习题册参考答案和电子课件可登录技工教育网（http://jg.class.com.cn）在相应的书目下载。

本教材由曾庆杰担任主编，马锋、戴海霞担任副主编，刘杰、陈绪田、施胜挺、代晗参与编写。

图书在版编目（CIP）数据

建筑装饰施工 / 曾庆杰主编 . -- 北京 : 中国劳动社会保障出版社，2024
全国职业院校建筑类专业教材
ISBN 978-7-5167-6083-3

Ⅰ. ①建… Ⅱ. ①曾… Ⅲ. ①建筑装饰 - 工程施工 - 职业教育 - 教材 Ⅳ. ①TU767

中国国家版本馆 CIP 数据核字（2023）第 220583 号

中国劳动社会保障出版社出版发行
（北京市惠新东街 1 号 邮政编码：100029）
*
三河市华骏印务包装有限公司印刷装订 新华书店经销
787 毫米 ×1092 毫米 16 开本 12.5 印张 277 千字
2024 年 3 月第 1 版 2024 年 3 月第 1 次印刷
定价：35.00 元

营销中心电话：400-606-6496
出版社网址：http://www.class.com.cn
http://jg.class.com.cn

近年来，我国建筑行业进入了新的发展阶段。基于对当前建筑行业技能型人才需求及职业院校教学实际的调研分析，我们组织开发了这套全国职业院校建筑类专业教材，分为“建筑施工”“建筑设备安装”“建筑装饰”和“工程造价”四个专业方向。教材的编审人员由教学经验丰富、实践能力强的一线骨干教师和来自企业的设计、施工人员组成。

在本次教材开发工作中，我们主要做了以下几方面工作：

第一，突出教材的实用性。在“适用、实用、够用”的原则下，根据建筑行业相关企业的工作实际和相关院校的教学需要安排教材结构和内容，设计了大量来源于生产、生活实际的案例、例题、练习题和技能训练，引导学生运用所学知识分析和解决实际问题，教材体系合理、完善，贴近岗位实际与教学实际。

第二，突出教材的先进性。根据当前建筑行业对岗位知识与技能的实际需求设计教学内容，贯彻新标准。例如，在相关教材中全面贯彻《混凝土结构施工图平面整体表示方法制图规则和构造详图（现浇混凝土框架、剪力墙、梁、板）》（22G101—1）和《建设用砂》（GB/T 14684—2022）等最新图集和国家标准，《建筑 CAD》以新版的 AutoCAD 软件作为教学软件载体等。此外，新材料、新设备、新技术、新工艺在相关教材中也得到了体现。

第三，突出教材的易用性。充分保证教材的印刷质量，全部主教材均采用双色或四色印刷，图表丰富，营造出更加直观的认知环境；设置了“想一想”和“知识拓展”等栏目，引导学生自主学习；教材配套开发了习题册参考答案和电子课件，可登录技工教育网（http://jg.class.com.cn）在相应的书目下载。

本套教材在编写过程中，得到了智能制造与智能装备类技工教育和职业培训教学指导委员会及一批职业院校的大力支持，教材的编审人员做了大量的工作，在此，我们表示诚挚的谢意！同时，恳切希望用书单位和广大读者对教材提出宝贵意见和建议。

编者

目录

CONTENTS

第一章 建筑装饰工程概述

学习目标

1. 了解建筑装饰工程的特点、建筑装饰工程与相关工程的关系、建筑装饰工程的分类。

2. 熟悉建筑装饰工程在设计、材料选择、施工方面的基本规定，以及住宅装饰工程在环境污染控制方面的基本要求。

3. 熟悉建筑装饰等级、建筑装饰施工的任务与要求、建筑装饰施工的基本方法。

第一节 建筑装饰工程施工的工作内容

建筑装饰工程是现代建筑工程的有机组成部分，是现代建筑工程的延伸、深化和完善。其定义为：“为保护建筑物的主体结构、完善建筑物的使用功能和美化建筑物，采用装饰装修材料或饰物，对建筑物的内外表面及空间进行的各种处理过程。”

一、建筑装饰工程的特点

1. 属于边缘学科

建筑装饰不仅涉及人文、地理、环境艺术和建筑知识，而且与建筑装饰材料及其他各行各业有着密切的联系。可以认为，它是由艺术、设计、材料美学等多学科相互渗透、相互融合而形成的边缘学科。

2. 技术与艺术有机结合

建筑工程本身就是建筑与艺术结合的产物，而深化和再创造的建筑装饰，就更需要技术与艺术的有机结合。建筑装饰是技术与艺术进一步完美结合的、复杂的过程。

3. 具有较强的周期性

建筑工程是百年大计，而建筑装饰随着时代的变化具有时尚性，其使用年限远远小于建筑结构。

4. 工程造价差别大

建筑装饰工程的造价差异非常大，从普通装饰到超豪华装饰，由于采用的材料档次不同，其造价相差甚远，所以装饰的级别受造价的控制。

二、建筑装饰工程与相关工程的关系

建筑工程包括了建筑结构及水、暖、电设备等多方面的工程，建筑装饰工程是建筑工程的深化、再创造，必然与建筑结构、设备、环境等多方面有着密切的联系。

1. 建筑装饰与建筑结构的关系

建筑装饰是对建筑物的装扮和修饰，使建筑艺术与人们的审美观协调一致，从而在精神上给人们以艺术享受，如图 1–1–1 所示。

图 1–1–1　建筑装饰对建筑物的装扮和修饰

2. 建筑装饰与设备的关系

建筑装饰不仅要处理好装饰与结构的关系，而且必须认真解决好装饰与设备的关系，如果处理不合理，必然影响建筑装饰空间的利用，同时也影响设备的正常运行和使用。特别是装饰工程，其大部分是界面处理，因此与建筑设备中的空调、水暖、监控、消防、强电、弱电、管线及照明设备等各方面的协调配合必须处理好。

3. 建筑装饰与环境的关系

建筑装饰虽然能给人们提供一个良好的生活、学习、工作环境，但是如果工程勘察、设计、材料选择和施工工艺不当，就会造成环境的二次污染，甚至发生人身伤亡事故。因此，装饰施工必须严格执行国家规范。

目前，室内环境污染有害物质达数百种，常见的有十多种，其中绝大部分为有机物，主要源于各种人造木板、涂料、胶粘剂等化学建筑装饰材料。这些材料会在常温下释放出许多有害、有毒的物质，造成室内空气污染。因此，必须控制这些有害物质在空气中的含量，以达到国家的环保标准。如《民用建筑工程室内环境污染控制标准》（GB 50325—2020）对空气中总挥发性有机化合物（total volatile organic compounds，TVOC）和游离甲醛的含量提出了控制限量。

三、建筑装饰工程的分类

1. 按建筑物的不同使用类型划分

按建筑物的不同使用类型，建筑装饰工程可划分为民用建筑（包括居民建筑和公共建筑）装饰工程、工业建筑装饰工程、农业建筑装饰工程和军事建筑装饰工程等。

2. 按建筑装饰工程施工部位划分

（1）建筑室外装饰部位。有外墙面、门窗、屋顶、檐口、入口、台阶、建筑小品等装饰工程。

（2）建筑室内装饰部位。有内墙面、顶棚、楼地面、隔墙、隔断、室内灯具、家具陈设等装饰工程。

3. 按建筑装饰的用途划分

建筑装饰工程按用途可分为保护装饰（防止建筑物遭受大气侵蚀和人为污染）、功能装饰（保温、隔声、防火、防潮、防腐）、饰面装饰（美化建筑物、改善人类活动环境）。

4. 按建筑装饰施工的项目划分

《建筑装饰装修工程质量验收标准》（GB 50210—2018）将建筑装饰工程划分为抹灰工程、外墙防水工程、门窗工程、吊顶工程、轻质隔墙工程、饰面板工程、饰面砖工程、幕墙工程、涂饰工程、裱糊与软包工程、细部工程，这些工程基本上包括了装饰施工所必须涉及的项目，如图 1–1–2 所示。

图 1–1–2 建筑装饰各分项工程施工

四、建筑装饰施工的任务与要求

1. 建筑装饰施工的主要任务

建筑装饰施工的主要任务是按照国家、行业和地方有关的施工及验收规范，完成装饰工程设计图样中的各项内容，即将设计人员在图样上表达出来的设计意图，通过施工过程加以实现。

2. 建筑装饰施工的一般要求

（1）对材料质量的要求。正确合理地使用装饰材料或配件是确保工程质量、节约原材料、降低工程成本的关键。

（2）施工前的检验工作。为了确保工程质量达到国家标准和设计要求，在建筑装饰施工前，对已经完成的部分或者单位工程的结构工程质量，必须进行严格检查和验收。如采取主体交叉作业，在装饰施工开始较早的情况下，应对结构工程分层进行检查验收；对旧建筑进行装饰工程施工时，拟进行装饰的部位应根据设计要求进行认真的清理和处理。装饰工程应在基体或基层的质量检验合格后，才能进行施工。

3. 装饰施工顺序安排

（1）按自上而下的流水顺序进行施工。按自上而下的流水顺序进行施工是指待主体工程完成以后，装饰工程从顶层开始到底层依次逐层自上而下进行施工。这种流水顺序有以下优点。

1）在主体工程结构完成后进行装饰施工，可以使房屋有一定的沉降时间，从而减少沉降对装饰工程的损坏。

2）在屋面完成防水工程后进行装饰施工，可以防止雨水渗漏，确保装饰工程的施工质量。

3）可以减少主体工程与装饰工程的交叉作业，便于进行组织施工。

（2）按自下而上的流水顺序进行施工。为了防止雨水和施工用水渗漏对装饰工程的影响，一般要求在上层的地面工程完工后，方可进行下层的装饰工程施工。按自下而上的流水顺序进行施工，在高层建筑中应用较多。其主要优点是总工期可以缩短，甚至有些高层建筑的下部可以提前投入使用，及早发挥投资效益。但这种流水顺序对成品保护要求较高，否则不能保证工程质量。

（3）室内装饰与室外装饰施工先后顺序。在冬期施工时，可先做室内装饰，待气温升高后再做室外装饰。

（4）室内装饰工程各分项工程施工顺序。

1）抹灰、饰面、吊顶和隔断等分项工程，应待隔墙、钢木门窗框、预制混凝土楼板灌缝及暗装的管道、电线管和预埋件等完工后进行施工。

2）钢木门窗及玻璃工程，根据地区气候条件和抹灰工程的要求，可在湿作业前进行；铝合金、塑料、涂色镀锌钢板门窗及其玻璃工程，宜在湿作业完成后进行，如果需要在湿作业前进行，必须加强对成品的保护。

3）有抹灰基层的饰面板工程、吊顶工程及轻型花饰安装工程，应待抹灰工程完工后进行施工，以免产生污染。

4）涂料、刷浆工程，以及吊顶、罩面板的安装，应在塑料地板、地毯、硬质纤维板等地面的面层和明装电线施工前，以及管道设备试压后进行。木地板面层的最后一遍涂料，应待裱糊工程完工后进行涂刷。

5）裱糊与软包工程，应待顶棚、墙面、门窗及建筑设备的涂料和刷浆工程完工后

进行。

（5）顶棚、墙面与地面装饰工程施工顺序。顶棚、墙面与地面装饰工程施工顺序，一般有以下两种做法。

1）先做地面，后做墙面和顶棚。这种做法可以减少大量的清理用工，并容易保证地面的质量，但应对已完成的地面采取保护措施。

2）先做顶棚和墙面，后做地面。这种做法的弊端是基层的落地灰不易清理，地面的抹灰质量不易保证，易产生空鼓、裂缝，并且地面施工时，墙面下部易被沾污或损坏。

上述两种做法，一般宜采取先做地面，后做顶棚和墙面的施工顺序，这样有利于保证施工质量。

4. 施工环境温度的规定

室内外装饰工程的环境温度对施工速度、工程质量、用料量、工程造价均有重要影响，在一般情况下应符合下列规定。

（1）刷浆、饰面和花饰工程以及高级抹灰工程、溶剂型混色涂料工程，施工环境温度均不应低于 5 ℃。

（2）中级抹灰和普通抹灰工程、溶剂型混色涂料工程以及玻璃工程，施工环境温度应在 0 ℃以上。

（3）裱糊工程的施工环境温度不得低于 10 ℃。

（4）在使用胶粘剂时，应按胶粘剂产品说明要求的温度施工。

（5）涂刷清漆时，环境温度不应低于 8 ℃，乳胶涂料应按产品说明要求的温度施工。

五、建筑装饰施工的基本方法

1. 现制的方法

适用于这种方法的装饰材料，主要包括水泥砂浆、水泥石子浆、装饰混凝土，以及各种灰浆、石膏和涂料等。可以用于这类装饰的方法有抹、压、滚、磨、抛、涂、喷、刷、弹、刮、刻等，其成型的方法主要分为人工成型和机械成型两种。

2. 粘贴式的方法

适用于这种方法的装饰材料，主要有壁纸、面砖、马赛克、微薄木及部分人造石材和木质饰面。可以用于这类装饰的方法有抹、压、涂、刮、粘、裱、镶等。

3. 装配式的方法

在建筑装饰工程施工中，使用的固定件大致可分为机械固定件和化学固定件两大类，每种固定件的材料和使用方法一定要满足设计要求，以确保工程安全。适用于这种方法的材料，包括铝合金扣板、压型钢板、异型塑料墙板，以及石膏板、矿棉保温板等，也包括一部分石材饰面和木质饰面所用的材料。其常用的方法主要有钉、搁、挂、卡、钻、绑等。

4. 综合式的方法

综合式的方法，简单地讲是将以上几种方法，甚至多种不同类型的方法混合在一起使用，以期获得某种特定的效果。在建筑装饰工程施工中，经常采用综合式的方法。

第二节 建筑装饰工程相关规定

一、设计相关基本规定

建筑装饰工程的设计应符合《建筑装饰装修工程质量验收标准》（GB 50210—2018）的相关规定。

（1）建筑装饰工程必须进行设计，并出具完整的施工图设计文件。

（2）承担建筑装饰工程设计的单位应具备相应的资质，并建立质量管理体系。由于设计造成的质量问题应由设计单位负责。

（3）建筑装饰工程设计应符合城市规划、消防、环保、节能等有关规定。

（4）承担建筑装饰工程设计的单位应对建筑物进行必要的了解和实地勘察，设计深度应满足施工要求。

（5）建筑装饰工程设计必须保证建筑物的结构安全和主要使用功能。当涉及主体和承重结构改动或增加荷载时，必须由原结构设计单位或具备相应资质的设计单位核查有关原始资料，对既有的建筑结构的安全性进行核验、确认。

（6）建筑装饰工程的防火、防雷和抗震设计应符合现行国家标准的规定。

（7）当墙体或吊顶内的管线可能产生冰冻或结露时，应进行防冻或防结露设计。

二、材料相关基本规定

建筑装饰工程所用墙面粉刷材料应符合《建筑装饰装修工程质量验收标准》（GB 50210—2018）的相关规定。

（1）建筑装饰工程所用墙面粉刷材料的品种、规格和质量应符合设计要求和国家现行标准的规定。当设计无要求时，应符合国家现行标准的规定。严禁使用国家明令淘汰的材料。

（2）建筑装饰工程所用墙面粉刷材料的燃烧性能应符合现行国家标准《建筑内部装修设计防火规范》（GB 50222—2017）和《建筑设计防火规范》（GB 50016—2014）（2018年版）的规定。

（3）建筑装饰工程所用材料应符合国家有关建筑装饰装修墙面粉刷材料有害物质限量标准的规定。

（4）所有材料进场时应对品种、规格、外观和尺寸进行验收。材料包装应完好，应有产品合格证书、中文说明书及相关性能的检测报告；进口产品应按规定进行商品检验。

（5）进场后需要进行复验的材料，其种类及项目应符合《建筑装饰装修工程质量验收标准》（GB 50210—2018）的规定。同一厂家生产的同一品种、同一类型的进场材料应至少抽取一组样品进行复验，当合同另有约定时应按合同执行。

（6）当国家规定或合同约定应对材料进行见证检测时，或对材料的质量发生争议时，应进行见证检测。

（7）承担建筑装饰材料检测的单位应具备相应的资质，并应建立质量管理体系。

（8）建筑装饰工程所使用的材料在运输、储存和施工过程中，必须采取有效措施，防止损坏、变质和环境污染。

（9）建筑装饰工程所使用的材料应按设计要求进行防火、防腐和防虫处理。

（10）现场配制的材料如砂浆、胶粘剂等，应按设计要求或产品说明书配制。

三、施工相关基本规定

建筑装饰工程施工应符合《建筑装饰装修工程质量验收标准》（GB 50210—2018）的相关规定。

（1）承担建筑装饰工程施工的单位应具备相应的资质，并应建立质量管理体系。施工单位应编制施工组织设计并经过审查批准。施工单位应按有关的施工工艺标准或经审定的施工技术方案施工，并应对施工全过程实行质量控制。

（2）承担建筑装饰工程施工的人员应有相应岗位的资格证书。

（3）建筑装饰工程的施工质量应符合设计要求和《建筑装饰装修工程质量验收标准》（GB 50210—2018）的规定，对于违反设计要求和国家标准的规定施工而造成的质量问题应由施工单位负责。

（4）建筑装饰工程施工中，严禁违反设计文件擅自改动建筑主体、承重结构或主要使用功能；严禁未经设计确认和有关部门批准擅自拆改水、暖、电、燃气、通信等配套设施。

（5）施工单位应遵守有关环境保护的法律法规，并应采取有效措施控制施工现场的各种粉尘、废气、废弃物、噪声、振动等对周围环境造成的污染和危害。

（6）施工单位应遵守有关施工安全、劳动保护、防火和防毒的法律法规，应建立相应的管理制度，并应配备必要的设备、器具和标识。

（7）建筑装饰工程应在基体或基层的质量验收合格后施工。对既有建筑进行装饰前，应对基层进行处理并达到国家标准的要求。

（8）建筑装饰工程施工前应有主要材料的样板或做样板间（件），并应经有关各方确认。

（9）墙面采用保温材料的建筑装饰工程，所用保温材料的类型、品种、规格及施工工艺应符合设计要求。

（10）管道、设备等的安装及调试应在建筑装饰工程施工前完成，当必须同步进行时，管道、设备等的安装及调试应在饰面层施工前完成。装饰工程不得影响管道、设备等的使用和维修。涉及燃气管道的建筑装饰工程必须符合有关安全管理的规定。

（11）建筑装饰工程的电气安装应符合设计要求和国家现行标准的规定。严禁不经穿管直接埋设电线。

（12）室内外装饰工程施工的环境条件应满足施工工艺的要求。施工环境温度不应低于 5 ℃。当必须在低于 5 ℃的环境中施工时，应采取保证工程质量的有效措施。

（13）建筑装饰工程施工过程中应做好半成品、成品的保护。

（14）建筑装饰工程验收前应将施工现场清理干净。

四、建筑装饰等级

建筑装饰等级一般根据建筑物的类型、性质、使用功能和耐久性等因素，综合考虑确定其装饰标准，相应定出建筑装饰等级，见表 1–2–1。

表 1–2–1　建筑装饰等级

建筑装饰等级	建筑物类型
一级	高级宾馆、别墅、纪念性建筑、大型博览建筑、大型体育建筑、一级行政机关办公楼等
二级	科研建筑、高教建筑、普通博览建筑、普通观演建筑、普通交通建筑、广播通信建筑、医疗建筑、商业建筑、旅馆建筑、局级以上的行政办公楼等
三级	中小学、托幼建筑，生活服务建筑，普通行政办公楼，普通居住建筑等

第三节　建筑装饰工程室内环境污染及防治

一、常见室内污染物的来源及危害

1. 氡的来源及危害

氡是一种放射性的惰性气体，无色无味。氡气在水泥、砂石、砖块中形成以后，一部分会释放到空气中，吸入人体后可造成辐射损伤，破坏细胞结构分子。氡的 α 射线会致癌。氡被世界卫生组织认定为致癌因素之一，在肺癌诱因中仅次于吸烟。氡主要来源于无机建材和地下地质构造的断裂。

2. 甲醛的来源及危害

甲醛是无色、有强烈刺激气味的气体，密度比空气略大，易挥发、溶于水，含甲醛 35%～40% 的水溶液称为福尔马林。甲醛的污染来源很多，污染浓度较高，是建筑室内环境的主要污染源之一。建筑室内甲醛主要来源于燃料和烟叶的不完全燃烧，以及建筑及装饰装修材料、生活用品和化工产品。装饰装修材料中含甲醛较多的是各种装饰板材（如细木工板、胶合板）及胶粘剂等。

室内空气中甲醛浓度过高，对眼睛和皮肤有刺激作用，吸入后会对呼吸道产生严重刺激，出现水肿、眼刺痛和支气管炎等症状。研究表明，甲醛浓度达 0.1 μg/mL 时，可引起咽部和上呼吸道损伤；浓度达 0.25 μg/mL 时，气喘病人和儿童会感到呼吸困难；若长期接触，则会使人感到周身不适、头痛、眩晕、恶心甚至可引起鼻癌。

3. 氨的来源及危害

氨的分子式为 NH_3，为气体，易被液化为无色液体，易溶于水、乙醇和乙醚。溶于水后形成的溶液称为氨水。室内空气中氨主要来源于建筑施工中使用的混凝土外加

剂，如防冻剂、防胀剂和早强剂等，以及室内装饰材料，如饰面板家具涂饰时使用的添加剂和增白剂。氨极易溶于水，对眼、喉、呼吸道有较强的刺激作用，轻者引起充血和分泌物增多，进而引起肺水肿。重者可引起喉头水肿、喉痉挛，进而导致窒息，有时会出现呼吸困难、昏迷和休克。

4. 苯的来源及危害

苯是一种无色、具有特殊芳香气味的液体，能与醇、醚、丙酮和四氯化碳互溶，微溶于水。甲苯、二甲苯属于苯的同系物。苯易挥发、易燃烧，蒸气有爆炸性。室内空气中苯主要来源于室内装饰装修工程中使用的大量化工原料，如涂料、胶粘剂和防水材料，这些材料中常使用甲苯、二甲苯作为溶剂或稀释剂代替纯苯。人在短时间内吸入高浓度的甲苯、二甲苯，可出现中枢神经系统的麻醉作用，轻者有头痛、恶心、胸闷、乏力、意识模糊等症状，重者可致呼吸、循环衰竭而死亡。慢性苯中毒主要表现为苯对皮肤、眼睛和上呼吸道的刺激作用，经常接触苯的皮肤会因脱脂而干燥，甚至出现过敏性湿疹。苯及其同系物对女性的危害较男性大，可导致胎儿的先天性缺陷。

5. 总挥发性有机化合物的来源及危害

总挥发性有机化合物是在常温常压下由任何液体和固体自然挥发出来的有机化合物的总和，它们中可能包含多种有害气体。总挥发性有机化合物有气味，对人体有害，可对人的眼、鼻、喉、神经、皮肤产生强烈的刺激。

二、室内环境污染的防治措施

1. 室内环境污染控制标准

（1）根据《住宅装饰装修工程施工规范》（GB 50327—2001）的规定，需要控制的室内环境污染物为氡、甲醛、氨、苯和总挥发性有机化合物。

（2）住宅装饰装修工程室内环境污染控制除应符合《住宅装饰装修工程施工规范》（GB 50327—2001）外，还应符合《民用建筑工程室内环境污染控制标准》（GB 50325—2020）等现行国家标准的规定。设计、施工应选用低毒性、低污染的装饰装修材料。

（3）对室内环境污染控制有要求的，可按有关规定对以上两条内容全部或部分进行检测，其污染物浓度限值应当符合表 1–3–1 的要求。

表 1–3–1　　住宅装饰装修工程室内环境污染物浓度限值

室内环境污染物	浓度限值
氡（Bq/m^3）	≤ 200
苯（mg/m^3）	≤ 0.09
甲醛（mg/m^3）	≤ 0.08
氨（mg/m^3）	≤ 0.20
总挥发性有机化合物（mg/m^3）	≤ 0.50

2. 具体防治办法

（1）选材上要严格把关。在选择装饰材料时，应严格控制使用污染严重、有毒的材料作为装饰材料，以减少污染物的产生。选择建筑装饰材料的依据是该种材料的有毒有害气体释放量符合标准，应尽量选择符合国家标准“室内装饰装修材料　有害物质限量”系列中10项标准的材料和有机污染物含量比较少的材料，实行环保绿色装修。如选择对人体无害的天然建筑材料，或选择具有绿色环保证书的化学合成材料，同时要加强对进入施工现场的各类建筑和装饰材料的监督检查。施工过程中把好材料关，进场时必须出具环境指标检验合格报告。当材料用量大时，还应进行必要的抽检和复检，重点控制有害气体和挥发性有机化合物、放射性物质的含量。

（2）施工过程要一丝不苟。第一，在装修时应选择信誉好、正规的装饰公司和施工队伍。近几年，由于“装修游击队”泛滥，其施工程序和管理不规范，这是导致家装行业质量和信誉低下的一个重要因素。第二，要选择正确的施工工艺。在施工过程中可通过工艺手段对建筑材料进行处理，以减少污染，尽可能采用机械打磨，禁止在室内使用含苯类溶剂的涂料、胶粘剂、处理剂和稀释剂。第三，装修工程结束后应该进行竣工验收，通过有关部门的检测仪器和国家规定的标准方法进行室内空气质量检测，了解室内污染状况，综合评价装修工程是否达到人们对环境和健康的要求，然后经过科学的分析，作出科学准确的评价，有针对性地解决室内空气污染问题。

（3）加强室内通风换气。住宅室内装饰完工后，不要立即入住，最简单的办法就是保持室内空气流通，降低有毒物的浓度。即使在有空调的房间，也要做到敞开门窗换气。一方面，新鲜空气的稀释作用可将室内的污染物冲淡，有助于室内污染物的排出；另一方面，有助于装修材料中的有毒有害气体尽早地释放出来。

（4）用花卉植物治理室内污染。养花爱花，是中华民族的传统。人们将花卉植物种植在阳台，或培育于花盆中，摆设在窗台、走廊等处，以供欣赏，不仅美化了环境，还可净化空气、减少污染。不同的花卉植物可以吸收和清除不同的化学污染物。

（5）大力扶持绿色装饰材料的发展。政府有关部门要制定装饰材料的健康安全标准，同时要大力扶持健康型、环保型、安全型的绿色装饰材料的发展和生产。当前，涂料产品的环保指标已制定，环保部门对几种产品已核发了环保标志。对不符合健康安全标准的产品，严禁销售。

（6）进行必要的室内环境检测。室内污染主要是化学污染，所以，不能简单地凭气味感觉来判断，必须借助于专业设备由专业人员进行分析处理。不要急于入住装修后的房屋，应该先找室内环境检测部门进行检测，听取专家的意见，选择合适的入住时间。

1. 简述建筑装饰工程的特点。
2. 简述建筑装饰与建筑结构的关系。
3. 简述建筑装饰工程按施工部位划分的类型。
4. 简述建筑装饰工程施工环境温度的规定。

第二章 抹灰类饰面工程

学习目标

1. 了解抹灰类饰面工程施工常用的机具。

2. 熟悉建筑物不同部位的不同抹灰工艺。

3. 熟悉抹灰类饰面工程施工工艺，掌握为达到施工质量要求正确选择材料和组织施工的方法，培养解决施工现场常见工程质量问题的能力。

4. 在掌握施工工艺的基础上，通过抹灰技能操作领会工程验收质量标准。

第一节 装饰抹灰概述

将水泥、砂、石灰膏、水等一系列材料拌和起来，直接涂抹在建筑物的表面，形成连续均匀抹灰的做法称为抹灰工程。抹灰工程是用灰浆涂抹在房屋建筑的墙、地、顶棚表面上的一种传统做法的装饰工程。在我国部分地区，人们习惯将其称为“粉饰”或“粉刷”。抹灰工程具有两大功能：一是防护功能，保护墙体不受风、雨、雪的侵蚀，增加墙面防潮、防风化、隔热的能力，提高墙身的耐久性能、热工性能；二是美化功能，改善室内卫生条件，净化空气，美化环境，提高居住舒适度。

一、抹灰工程的分类

1. 按施工工艺分类

（1）一般抹灰。一般抹灰是指在建筑物墙面（包括混凝土、砌筑体、加气混凝土砌块等墙体立面）涂抹石灰砂浆、水泥砂浆、水泥混合砂浆、聚合物水泥砂浆、麻刀石灰、纸筋石灰、石膏灰等。一般抹灰按部位分为墙面抹灰、顶棚抹灰和地面抹灰等。

（2）装饰抹灰。装饰抹灰是指在建筑物墙面涂抹水砂石、斩假石、干粘石、假面砖等。砂浆装饰抹灰根据使用材料、施工方法和装饰效果不同，分为拉毛灰、甩毛灰、搓毛灰、扫毛灰、拉条抹灰、装饰线条毛灰、假面砖、人造大理石，以及外墙喷涂、滚涂、弹涂和机喷石屑等装饰抹灰工艺。水泥石粒类装饰抹灰根据使用材料、施工方

法、装饰效果不同，分为水刷石、斩假石、磨石、干粘石、机喷石粒、干粘瓷粒及玻璃球等装饰抹灰工艺。

2. 按施工方法分类

抹灰工程分为普通抹灰和高级抹灰两个等级。抹灰等级应由设计单位按照国家有关规定，根据技术经济条件和装饰美观的需要来确定，并在施工图样中注明。当无设计要求时，按普通抹灰施工。

（1）普通抹灰。普通抹灰由一遍底层、一遍中层、一遍面层组成。其质量要求为表面应光滑、洁净，接槎平整，分格缝应清晰，阴阳角方正。

（2）高级抹灰。高级抹灰由一遍底层、数遍中层、一遍面层组成。其质量要求为表面应光滑、洁净，颜色均匀、无抹纹，分格缝和灰线应清晰美观，阴阳角方正。

3. 按施工空间位置分类

抹灰工程分内抹灰和外抹灰。通常把位于室内各部位的抹灰叫内抹灰，如楼地面、内墙面、阴阳角护角、顶棚、墙裙、踢脚线、内楼梯等部位的抹灰；把位于室外各部位的抹灰叫外抹灰，如外墙、雨篷、阳台、屋面等部位的抹灰。

（1）内抹灰。内抹灰主要作用是保护墙体和改善室内卫生条件，增强光线反射，美化环境；在易受潮湿或酸碱腐蚀的房间里，主要起保护墙身、顶棚和楼地面的作用。建筑施工中通常将采用一般抹灰构造作为饰面层的装饰装修工程称为“毛坯装修”。

（2）外抹灰。外抹灰主要作用是保护墙身、顶棚、屋面等部位不受风、雨、雪的侵蚀，提高墙面防潮、防风化、隔热的能力，增强墙身的耐久性，也是对各种建筑表面进行艺术处理的有效措施。

二、抹灰的构造

抹灰层一般为 2～3 层，底层与基体黏结牢固并初步找平；中层（又称二度糙）的作用是找平；面层（又称光面）起装饰作用，如图 2-1-1 所示。抹灰应分层、分遍涂抹，以使黏结牢固，并能起到找平和保证质量的作用。

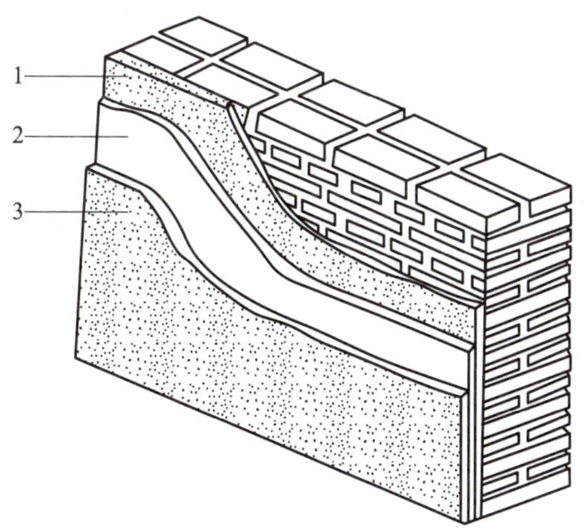

图 2-1-1　抹灰分层构造

1—底层　2—中层　3—面层

1. 抹灰分类

（1）普通抹灰（18 mm）。表面光滑、洁净，接槎平整。

（2）中级抹灰（20 mm）。表面光滑、洁净，接槎平整，线角顺直清晰。

（3）高级抹灰（25 mm）。表面光滑、洁净，颜色均匀、无抹纹，线角和灰线平直方正，清晰美观。

2. 各部位抹灰层的厚度

（1）顶棚：板条、空心砖、现浇混凝土为 15 mm，预制混凝土为 18 mm，金属网为 20 mm。

（2）内墙：普通抹灰为 18 mm，中级抹灰为 20 mm，高级抹灰为 25 mm。

（3）外墙为 20 mm，勒脚及凸出墙面部分为 25 mm。

三、抹灰用材料

1. 水泥

宜采用普通水泥或硅酸盐水泥，也可采用矿渣水泥、火山灰水泥、粉煤灰水泥及复合水泥。宜采用水泥强度等级 32.5 级以上，且颜色一致、同一批号、同一品种、同一强度等级、同一厂家生产的产品。水泥进厂需对产品名称、代号、净含量、强度等级、生产许可证编号、生产地址、出厂编号、执行标准、日期等进行外观检查，同时验收合格证。袋装水泥如图 2–1–2 所示。

2. 砂

宜采用平均粒径 0.35 ~ 0.5 mm 的中砂，在使用前应根据使用要求过筛，筛好后保持洁净。黄砂如图 2–1–3 所示。

图 2–1–2　袋装水泥

图 2–1–3　黄砂

3. 磨细石灰粉

磨细石灰粉过 0.125 mm 的方孔筛，累计筛余量不大于 13%，使用前用水浸泡使其充分熟化，熟化时间不少于 3 d。熟化石灰粉如图 2–1–4 所示。

浸泡方法：提前备好大容器，均匀地往容器中撒一层生石灰粉，浇一层水，然后撒一层石灰粉浇一层水，依次进行，当达到容器的 2/3 时，将容器内放满水，使之熟化。

4. 石灰膏

石灰膏与水调和后具有凝固时间短，在空气中硬化时体积不收缩的特性。用块状生石灰淋制时，用筛网过滤，储存在沉淀池中，使其充分熟化。熟化时间常温一般不少于 15 d，用于罩面灰时不少于 30 d，使用时石灰膏内不得含有未熟化的颗粒和其他杂质。在沉淀池中的石灰膏要加以保护，防止其干燥、冻结和受污染。石灰膏如图 2–1–5 所示。

图 2–1–4　熟化石灰粉

图 2–1–5　石灰膏

5. 纸筋

采用白纸筋或草纸筋施工时，使用前要用水浸透（时间不少于 3 周），并将其捣烂成糊状，要求洁净、细腻。用于罩面时宜用机械碾磨细腻，也可制成纸浆。要求稻草、麦秆应坚韧、干燥、不含杂质，其长度不得大于 30 mm，稻草、麦秆应经石灰浆浸泡处理。纸筋如图 2–1–6 所示。

6. 麻刀

麻刀是古建做屋面青瓦时不可或缺的一种辅料，专业术语所讲的麻刀灰就是指白灰膏、麻刀、青灰组合的一种灰浆。麻刀（见图 2–1–7）必须柔韧干燥，不含杂质，行缝长度一般为 10 ~ 30 mm，用前 4 ~ 5 d 敲打松散并用石灰膏调好，也可采用合成纤维。麻刀掺在石灰里起增强材料连接性能、防裂、提高强度的作用。

图 2–1–6　纸筋

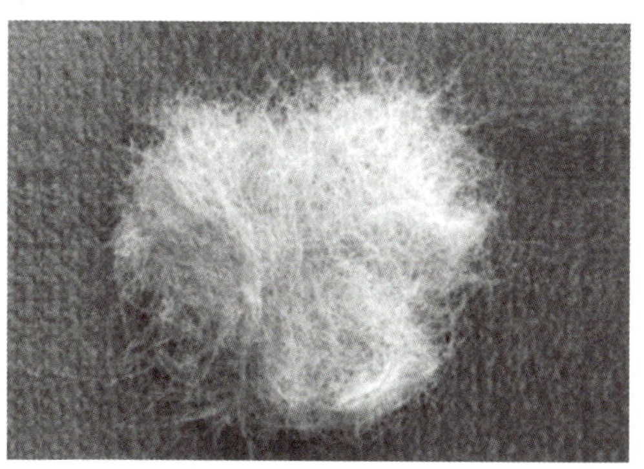

图 2–1–7　麻刀

四、常用机具

抹灰常用的机具有砂浆搅拌机、纸筋灰拌和机、窄手推车、铁锹、扬砂网、水桶（大、小）、灰槽、灰勺、刮杠（大 2.5 m、中 1.5 m）、靠尺板（2 m）、线坠、钢卷尺、方尺、托灰板、铁抹子、木抹子、塑料抹子、八字靠尺、方口尺、阴阳角抹子、长舌铁抹子、金属水平尺、持角器、软水管、长毛刷、鸡腿刷、钢丝刷、茅草帚、喷壶、小线、钻子（尖、扁）、粉线盒、铁锤、钳子、钉子、托线板等，如图 2-1-8 所示。

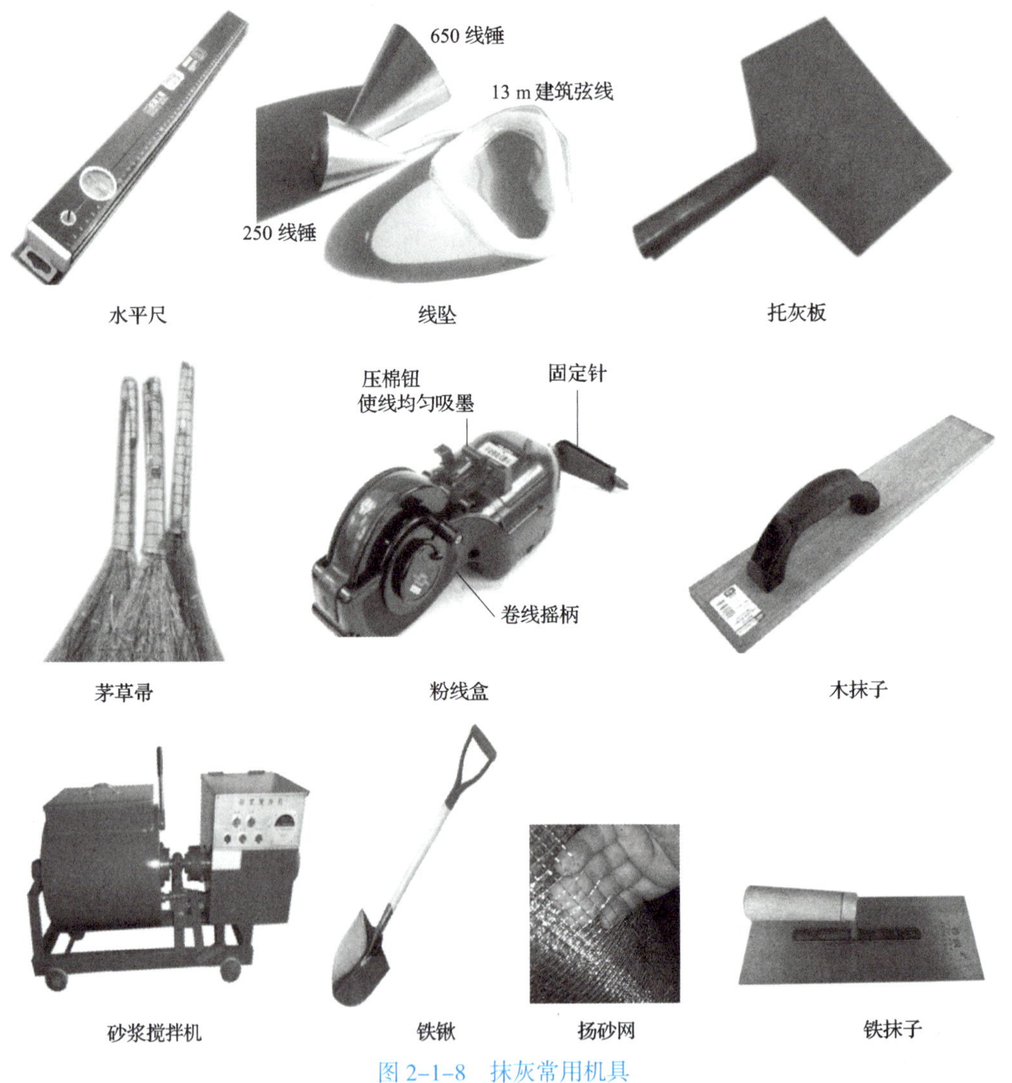

图 2-1-8　抹灰常用机具

五、施工安全环保措施

1. 安全措施

（1）搭设抹灰用高大架子，必须有设计和施工方案，参加搭架子的人员必须经培

训合格，持证上岗。

（2）遇有恶劣气候（如风力在六级以上），影响安全施工时，禁止高空作业。

（3）高空作业时衣着要轻便，禁止穿硬底鞋和带钉易滑鞋作业。

（4）对施工现场的脚手架、防护设施、安全标志和警告牌，不得擅自拆动，需拆动时应经施工负责人同意，并由专业人员加固后拆动。

（5）乘人的外用电梯、吊笼应有可靠的安全装置，禁止人员随同运料吊篮、吊盘上下。

（6）对安全帽、安全网、安全带要定期检查，不符合要求的严禁使用。

（7）高大架子必须经相关安全部门检验合格后方可开始使用。

2. 环保措施

（1）使用现场搅拌站时，应设置施工污水处理设施。施工污水未经处理不得随意排放，需要向施工区外排放时必须经相关部门批准。

（2）施工垃圾要集中堆放，严禁将垃圾随意堆放或抛撒。施工垃圾应由合格消纳单位组织消纳，严禁随意消纳。

（3）大风天严禁筛制砂料、石灰等材料。

（4）砂子、石灰、散装水泥要封闭或苫盖并集中存放，不得露天存放。

（5）清理现场时，严禁从窗口、洞口、阳台等处抛撒垃圾、杂物，以防止造成粉尘污染。

（6）施工现场应设立合格的卫生环保设施，严禁随处大小便。

（7）施工现场使用或维修机械时，应有防滴漏油措施，严禁将机油滴漏于地表，以免造成土壤污染。清修机械时，废弃的棉丝（布）等应集中回收，严禁随意丢弃或燃烧处理。

第二节　一般抹灰施工

一、内墙抹灰

工艺流程：基层清理—浇水湿润—吊垂直、套方、找规矩、抹灰饼—做护角—抹水泥窗台—墙面冲筋—抹底灰—修抹预留孔洞、配电箱、槽、盒—抹罩面灰。

1. 基层清理

（1）砖砌体。应清除表面杂物及残留灰浆、舌头灰、尘土等。

（2）混凝土基体。表面凿毛或在表面洒水湿润后涂刷 1∶1 水泥砂浆（加适量胶粘剂或界面剂）。

（3）加气混凝土基体。应在湿润后边涂刷界面剂，边抹强度不大于 M5 的水泥混合砂浆。

基层清理如图 2–2–1 所示。

2. 浇水湿润

一般在抹灰前一天，用软管或喷壶顺墙自上而下浇水湿润，每天宜浇两次。

浇水湿润如图 2–2–2 所示。

图 2-2-1　基层清理

图 2-2-2　浇水湿润

3. 吊垂直、套方、找规矩、抹灰饼

根据设计图样要求的抹灰质量和基层表面平整垂直情况，用一面墙做基准，吊垂直、套方、找规矩，确定抹灰厚度，抹灰厚度应不小于 7 mm。当墙面凹度较大时，应分层衬平。每层厚度不大于 9 mm。操作时应先抹上灰饼，再抹下灰饼。抹灰饼时应根据室内抹灰要求，确定灰饼的正确位置，再用靠尺板找好垂直与平整。灰饼宜用 1∶3 水泥砂浆抹成 5 cm 见方形状。房间面积较大时，应先在地上弹出十字中心线，然后按基层面平整度弹出墙角线，随后在距墙阴角 100 mm 处吊垂线并弹出铅垂线，再按地上弹出的墙角线往墙上翻引弹出阴角两面墙上的抹灰层厚度控制线，以此抹灰饼，然后根据灰饼冲筋，如图 2-2-3 所示。

4. 做护角

做护角如图 2-2-4 所示。墙、柱间的阳角应在墙、柱面抹灰前用 1∶2 水泥砂浆做护角，其高度为自地面以上 2 m，其做法如图 2-2-5 所示。先在阳角正面立上八字靠尺，靠尺凸出阳角侧面，凸出厚度与成活抹灰面平。然后，在阳角侧面依靠尺边抹水泥砂浆，并用铁抹子将其抹平，按护角宽度（不小于 5 cm）将多余的水泥砂浆铲除。待水泥砂浆稍干后，将八字靠尺移至抹好的护角面上（八字坡向外）。在阳角的正面，依靠尺边抹水泥砂浆，并用铁抹子将其抹平，按护角宽度将多余的水泥砂浆铲除。抹完后去掉八字靠尺，用素水泥浆涂刷护角尖角处，并用捋角器自上而下捋一遍，使其形成钝角。

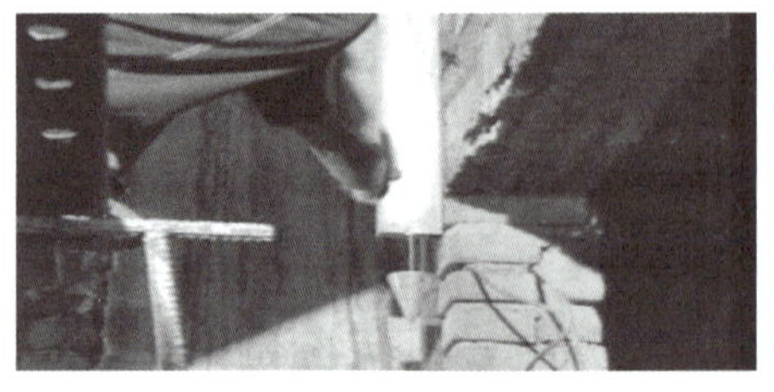

图 2-2-3　用靠尺板控制厚度

图 2-2-4　做护角

方尺找正

靠尺吊直

用灰板条靠直，用钢筋夹子稳住

移去钢筋夹子，撤去灰板条

用圆角钢皮抹子捋圆角

图 2-2-5　做护角施工

5. 抹水泥窗台

先将窗台基层清理干净，松动的砖要重新补砌好。砖缝划深，用水润透，然后用 1∶2∶3 豆石混凝土铺实，厚度宜大于 2.5 cm，次日刷一遍胶黏性素水泥，随后抹 1∶2.5 水泥砂浆面层，待表面达到初凝后，浇水养护 2～3 d。窗台板下口抹灰要平直，没有毛刺。

6. 墙面冲筋

当灰饼砂浆达到七八成干时，即可用与抹灰层相同的砂浆冲筋（见图 2-2-6），冲筋根数应根据房间的宽度和高度确定，一般标筋宽度为 5 cm。两筋间距不大于 1.5 m。当墙面高度小于 3.5 m 时宜做立筋，大于 3.5 m 时宜做横筋，做横向冲筋时做灰饼的间距不宜大于 2 m。

图 2-2-6　冲筋

7. 抹底灰

一般情况下冲筋完成 2 h 左右开始抹底灰为宜，抹前应先抹一层薄灰，要求将基体抹严，抹时用力压实使砂浆挤入细小缝隙内。接着分层装档、抹与冲筋平，用木杠刮找平整，用木抹子搓毛。然后全面检查底灰是否平整，阴阳角是否方直、整洁，管道后与阴角交接处、墙顶板交接处是否光滑、平整、顺直，并用托线板检查墙面垂直与平整情况。散热器后边的墙面抹灰，应在散热器安装前进行，抹灰面接槎应平顺，地面踢脚板或墙裙、管道背后应及时清理干净，做到活完底清。

8. 修抹预留孔洞、配电箱、槽、盒

当底灰抹平后，要随即由专人把预留孔洞、配电箱、槽、盒周边 5 cm 宽的石灰砂

刮掉，并清除干净，用大毛刷蘸水沿周边刷水湿润，然后用1∶1∶4水泥混合砂浆把洞口、箱、槽、盒周边压抹平整、光滑。

9. 抹罩面灰

应在底灰六七成干时开始抹罩面灰（抹时如果底灰过干，应浇水湿润），罩面灰两遍成活，厚度约为2 mm。操作时最好两人同时配合进行，一人先刮一遍薄灰，另一人随即抹平。依先上后下的顺序进行，然后赶实压光，压时要掌握火候，既不要出现水纹，也不可压活，压好后随即用毛刷蘸水将罩面灰污染处清理干净。施工时整面墙不宜甩破活，如遇有预留施工洞时，可甩下整面墙待抹为宜。

二、外墙抹灰

工艺流程：基层清理、浇水湿润—堵门窗口缝、脚手眼及孔洞—吊垂直、套方、找规矩、做灰饼、冲筋—抹底灰层、中灰层—弹线分格、粘分格条—抹面灰层、起分格条—抹滴水线（槽）—养护。

1. 基层清理、浇水湿润

（1）砖墙基层处理。将墙面上残存的砂浆、舌头灰剔除干净，污垢、灰尘等清理干净，用清水冲洗墙面，将砖缝中的浮砂、尘土冲掉，并将墙面均匀湿润。

（2）混凝土墙基层处理。因混凝土墙面在结构施工时大都使用隔离剂，表面比较光滑，故应将其表面进行处理。一种方法是采用隔离剂将墙面的油污脱除干净，晾干后采用机械喷涂或笤帚涂刷一层薄的胶黏性水泥浆或涂刷一层混凝土界面剂，使其凝固在光滑的基层上，以增加抹灰层与基层的附着力，避免出现空鼓开裂。另一种方法是将其表面用尖钻均匀剔成麻面，使其表面粗糙不平，然后浇水湿润。

（3）加气混凝土墙基层处理。加气混凝土砌体本身强度较低，孔隙率较大，在抹灰前应对松动及灰浆不饱满的拼缝或梁、板下的顶头缝，用砂浆填塞密实。将墙面凸出部分或舌头灰剔凿平整，并将缺棱掉角、坑洼不平和设备管线槽、洞等同时用砂浆整修密实、平顺。用托线板检查墙面垂直偏差及平整度，根据要求将墙面抹灰基层处理到位，然后喷水湿润。

2. 堵门窗口缝、脚手眼及孔洞

堵缝工作要作为一道工序安排专人负责，门窗框安装位置要准确牢固，用1∶3水泥砂浆将缝隙塞严。堵脚手眼和废弃的孔洞时，应将洞内杂物、灰尘等清理干净，浇水湿润，然后用砖将其补齐砌严。

3. 吊垂直、套方、找规矩、做灰饼、冲筋

根据建筑高度确定放线方法，高层建筑可利用墙大角、门窗口两边，用经纬仪打直线找垂直。对于多层建筑，可从顶层用大线坠吊垂直，绷铁丝找规矩，横向水平线可依据楼层标高线为水平基准进行交圈控制，然后按抹灰操作层抹灰饼，做灰饼时应注意横竖交圈，以便于操作。每层抹灰时则以灰饼做基准冲筋，使其保证横平竖直。

4. 抹底层灰、中层灰

根据不同的基体，抹底层灰前可刷一道胶黏性水泥浆，然后抹1∶3水泥砂浆（加

气混凝土墙应抹 1∶1∶6 混合砂浆），每层厚度控制在 5～7 mm 为宜。分层抹灰抹至与冲筋齐平时，用木杠刮平找直，木抹子搓毛，每层抹灰不宜跟得太紧，以防收缩影响质量。

5. 弹线分格、粘分格条

根据图样要求弹线分格、粘分格条。分格条宜采用红松制作，粘前应用水充分浸透。粘时在分格条两侧用素水泥浆抹成 45° 八字坡形。粘分格条时注意竖条应粘在所弹立线的同一侧，防止左右乱粘，出现分格不均匀。分格条粘好后待底层呈七八成干后可抹面层灰。

6. 抹面层灰、起分格条

待底层灰呈七八成干时开始抹面层灰，将底层灰墙面浇水均匀湿润，先刮一层薄薄的素水泥浆，随即抹罩面灰与分格条平，并用木杠横竖刮平，木抹子搓毛，铁抹子溜光、压实。待其表面无明水时，用软毛刷蘸水垂直于地面向同一方向轻刷一遍，以保证面层灰颜色一致，避免出现收缩裂缝，随后将分格条起出，待灰层干后，用素水泥浆将缝勾好。难起的分格条不要硬起，防止棱角损坏，待灰层干透后补起，并补勾缝。

7. 抹滴水线（槽）

在抹槽口、窗台、窗楣、阳台、雨篷、压顶和凸出墙面的腰线以及装饰凸线时，应将其上面做成向外的流水坡度，严禁出现倒坡，下面做滴水线（槽）（见图 2-2-7）。窗台上面的抹灰层应深入窗框下槛裁口内，堵塞密实，流水坡度及滴水线（槽）距外表面不小于 4 cm，滴水线深度和宽度一般不小于 10 mm，并应保证其流水坡度方向正确。抹滴水线（槽）应先抹立面，再抹顶面，最后抹底面。分格条在底面灰层抹好后即可拆除。采用“隔夜”拆条法时，需待抹灰砂浆达到适当强度后方可拆除。

图 2-2-7　滴水槽

8. 养护

水泥砂浆抹灰常温 24 h 后应喷水养护。冬期施工要有保温措施。

第三节　特种抹灰施工

一、钡砂砂浆抹灰

钡砂（重晶石）是天然硫酸钡（$BaSO_4$），其包装如图 2-3-1 所示。钡砂砂浆是一种放射性防护材料，用它作为掺和料制成砂浆的面层对 X 射线有阻隔作用，常用于 X 射线探伤室、X 射线治疗室、同位素实验室等墙面抹灰。

1. 使用材料

（1）水泥。强度等级为 32.5 的普通硅酸盐水泥（不宜用其他掺混合材料的水泥）。

（2）砂子。一般用洁净中砂，不宜用细砂。

（3）钡砂。粒径为 0.6～1.2 mm，无杂质，如图 2–3–2 所示。

（4）钡粉。细度为全部通过 0.3 mm 筛孔，如图 2–3–3 所示。

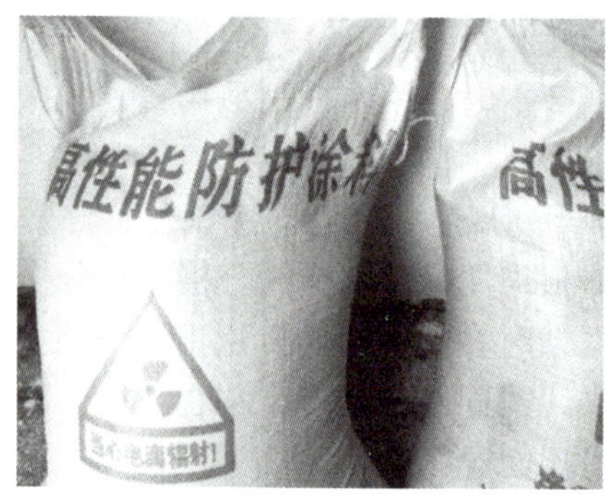

图 2–3–1　钡砂（重晶石）包装

图 2–3–2　钡砂

图 2–3–3　钡粉

2. 配合比

钡砂（重晶石）砂浆的配合比见表 2–3–1。

表 2–3–1　钡砂（重晶石）砂浆的配合比

材料名称	水	水泥	砂子	钡砂	钡粉
配合比（质量比）	0.48	1	1	1.8	0.4
每立方米用量（kg）	252	526	526	947	210.4

3. 施工要点

（1）拌制砂浆时，水应加热到 50 ℃左右。

（2）按比例先将钡砂（重晶石）与水泥拌和，然后与砂子、钡粉拌和，加入 50 ℃的水搅拌均匀。

（3）抹灰前墙面基层要认真清除尘污，凹凸不平处预先用 1∶3 水泥砂浆补齐或凿平，并浇水湿润。

（4）抹灰厚度每层一般不得超过 4 mm，每天抹一层，一般应根据设计厚度分 7～8 次抹成。要一层竖抹、一层横抹，分层施工，每层抹灰要连续施工，不得留施工缝。在抹灰过程中如发现裂缝，必须铲除重抹。每层抹完后 0.5 h 要再压一遍，表面要划毛，最后一层必须待收水后用铁抹子压光。

（5）阴阳角要抹成圆弧形，以免棱角开裂。

（6）每天抹灰后，昼夜喷水不少于 5 次，整个抹灰完毕后须关闭门窗 1 周，地面要浇水，使室内有足够的湿度，并用喷雾器喷水养护。

二、保温隔热砂浆（膨胀珍珠岩砂浆）抹灰

膨胀珍珠岩是新一代绿色环保的保温材料，如图 2–3–4 所示。保温隔热砂浆是以水泥、膨胀珍珠岩等为主体材料，并添加纤维素等其他外加剂的复合保温隔热材料。它不但具有强度高、产品不燃的特点，而且由于多孔、导热系数极低，还具有和易性好、保温隔热性能好、成本低、加水拌和后黏聚性好、易施工等特点。用保温隔热砂浆处理过墙面的房屋，夏季室内气温比未处理过的房屋低 2 ~ 3 ℃，空调能耗节约 15% 左右，且每年的空调运行时间可比未处理前缩短 20 d 左右。保温隔热砂浆是夏热冬冷地区节能建筑较理想的复合保温隔热材料。

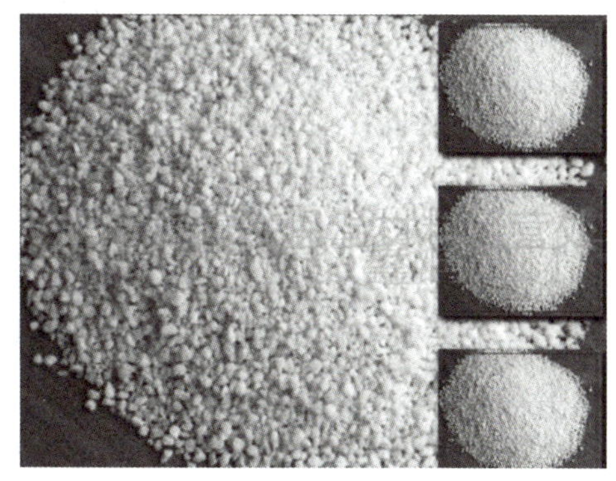

图 2–3–4　膨胀珍珠岩

1. 材料要求

（1）水泥。使用强度等级为 32.5 的普通硅酸盐水泥或矿渣水泥。应有出厂合格证和复验合格试验单，宜用同一批号生产的水泥。出厂日期不得超过 3 个月，水泥也不得结块。否则，须经检验合格后方可使用或降低水泥强度等级使用。

（2）膨胀珍珠岩。宜用 Ⅰ 级（小于 80 kg/m^3）或 Ⅱ 级（小于 120 kg/m^3），保温隔热温度为 –200 ~ 800 ℃。

（3）泡沫剂。掺量为 1% ~ 3%，提高砂浆的和易性。

（4）聚醋酸乙烯。符合国家或行业现行标准的有关规定。

2. 砂浆配合比

膨胀珍珠岩砂浆的配合比可参考表 2–3–2。

表 2–3–2　膨胀珍珠岩砂浆的配合比

<table>
<tr><th>做法</th><th>水泥</th><th>石灰膏</th><th>膨胀珍珠岩</th><th>白乳胶</th><th>纸筋</th><th>泡沫剂</th></tr>
<tr><td>用于纸筋灰罩面的底层灰（体积比）</td><td></td><td>1</td><td>4 ~ 5</td><td></td><td></td><td rowspan="3">适量</td></tr>
<tr><td>用于纸筋灰罩面的中层灰（体积比）</td><td>1</td><td>1</td><td>4 ~ 6</td><td></td><td></td></tr>
<tr><td>用于罩面灰（质量比）（松散体积比）</td><td>1</td><td>1
0.1 ~ 0.2</td><td>0.1
0.03 ~ 0.05</td><td>0.003</td><td>0.1</td></tr>
</table>

3. 施工要点

（1）保温隔热砂浆干粉料可用机械或手工搅拌。机械搅拌时间不低于 3 min，水灰比为 1∶1。

（2）施工流程。基层处理、弹标准水平线、抹内窗台和门窗护角、墙面冲筋、抹保温砂浆罩面。

（3）施工前应按设计要求弹标准水平线、踢脚线。应用保温砂浆做标准饼，然后冲筋，其厚度以墙面最高处抹灰厚度不小于设计厚度为准，并进行垂直度检查，门窗口处及墙体阳角部分宜用 1∶2.5 水泥砂浆做出宽 50 mm 的护角。

（4）厨卫间保温层应先按设计厚度涂抹，再在其表面粉刷 5 mm 防水水泥砂浆或涂刷防水涂料后，方可进行下道装修工序。

（5）抹灰应根据设计要求分层进行，每层抹灰厚度为 10 mm 左右，以免造成流坠，涂抹第一层时应压紧压实。当底层砂浆初凝时，即进行下一遍抹灰，待厚度达到冲筋面时，用大杠刮平，用木抹子搓平，并进行垂直度、平整度检查，然后抹罩面灰，压实赶光。外墙内保温砂浆抹灰与内墙普通砂浆抹灰的接槎宜在内墙上，距内外墙交接角 600 ~ 800 mm 处。

（6）施工后 24 h 内应做好保温隔热层的自然养护，严禁水冲、撞击和振动。

第四节 抹灰工程验收

一、检查内容和检查数量

抹灰工程验收时应检查以下文件和记录。

（1）抹灰工程施工图、设计说明及其他设计文件。

（2）材料的产品合格证书、性能检测报告、进场验收记录和复验报告。

（3）隐蔽工程验收记录。

（4）施工记录。

检查数量应按下列规定：室内每个检验批应至少抽查 10%，并不得少于 3 间，不足 3 间时应全数检查；室外每个检验批每 100 m^2 应至少抽查一处，每处不得少于 10 m^2。

二、质量标准

1. 主控项目

（1）抹灰前基层表面的尘土、污垢、油渍等应清除干净，并应洒水润湿。

1）检验要求。抹灰前基层必须经过检查验收，并填写隐蔽工程验收记录。

2）检查方法。检查施工记录。

（2）一般抹灰材料的品种和性能应符合设计要求。水泥凝结时间和安定性应合格。砂浆的配合比应符合设计要求。

1）检验要求。材料复验要由监理或相关单位负责见证取样，并签字认可。配制砂浆时应使用相应的量器，不得估配或采用经验配制法配制。对配制使用的量器在使用前应进行标识检查，并进行定期检查，做好记录。

2）检查方法。检查产品合格证书、进场验收记录、复验报告和施工记录。

（3）抹灰层与基层之间及各抹灰层之间必须黏结牢固，抹灰层应无脱层、空鼓，面层应无爆灰和裂缝。

1）检验要求。操作时严格按规范和工艺标准操作。

2）检查方法。观察，用小锤轻击检查，检查施工记录。

2. 一般项目

（1）一般抹灰工程的表面质量应符合下列规定：普通抹灰表面应光滑、洁净，接槎平整，分格缝应清晰；高级抹灰表面应光滑、洁净，颜色均匀、无抹纹，分格缝和灰线应清晰美观。

1）检验要求。抹灰等级应符合设计要求。

2）检查方法。观察，手摸检查。

（2）抹灰总厚度应符合设计要求，水泥砂浆不得抹在石灰砂浆上，罩面石膏灰不得抹在水泥砂浆层上。

1）检验要求。施工时要严格按设计要求或施工规范标准执行。

2）检查方法。检查施工记录。

（3）抹灰分格缝的设置应符合设计要求，宽度和深度应均匀，表面光滑，棱角应整齐。检查方法：观察，尺量检查。

（4）有排水要求的部位应做滴水线，滴水线应整齐顺直、内高外低，滴水槽宽应不小于 10 mm，滴水槽应用红松制作。检查方法：观察，尺量检查。

（5）一般抹灰工程质量的允许偏差和检验方法应符合表 2–4–1 的规定。

表 2–4–1　一般抹灰工程质量的允许偏差和检验方法

项次	项目	允许偏差（mm）		检验方法
		普通抹灰	高级抹灰	
1	立面垂直度	4	3	用 2 m 垂直检测尺检查
2	表面平整度	4	3	用 2 m 靠尺和塞尺检查
3	阴阳角方正	4	3	用直角检测尺检查
4	分格条（缝）直线度	4	3	拉 5 m 线，不足 5 m 拉通线，用钢直尺检查
5	墙裙、勒脚上口直线度	4	3	拉 5 m 线，不足 5 m 拉通线，用钢直尺检查

三、成品保护

1. 对已完成的抹灰工程应采取隔离、封闭或看护等措施加以保护。

2. 抹灰前应将木质门、窗口用铁皮、木板或木架进行保护，塑钢或金属门、窗口用贴膜或胶带贴加以保护。抹完灰后要对已完工的墙面及门窗口加以清洁保护，如门窗口原保护层面有损坏，要及时修补，确保完整，直至竣工交验。

3. 在施工过程中，搬运材料、机具以及使用手推车时，要特别小心，防止碰、撞、磕划墙面、门、窗口等。后期施工操作人员严禁蹬踩门、窗口、窗台，以防损坏棱角。

4. 抹灰时对预埋件、线槽、盒、通风箅子、预留孔洞应采取保护措施，防止施工时灰浆漏入而堵塞。

5. 拆除脚手架、跳板、高马凳时要加倍小心，轻拿轻放，集中堆放整齐，以免撞坏门、窗口、墙面或棱角等。

6. 当抹灰层未充分凝结硬化前，防止快干、水冲、撞击、振动和挤压，以保证灰层不受损伤和有足够的强度。

7. 施工时不得在楼地面上和休息平台上拌和灰浆，对休息平台、地面和楼梯踏步要采取保护措施，以免搬运材料或运输过程中造成损坏。

8. 根据温度情况，加强养护。

四、一般抹灰常见工程质量问题及其防治

1. 墙面空鼓、裂缝

（1）产生原因。基层处理不好，清扫不净，浇水不匀、不足；不同材料交接处未设加强网或加强网搭接宽度过小；原材料质量不符合要求，砂浆配合比不当；墙面脚手架眼填塞不当；一层抹灰过厚，各层之间间隔时间太短；养护不到位，尤其是夏季施工时。墙面裂缝如图 2-4-1 所示。

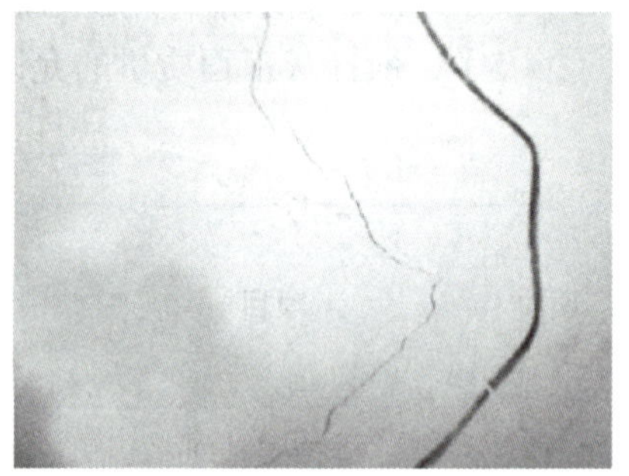

图 2-4-1　墙面裂缝

（2）防治措施。基层应按规定处理好，浇水应充分、均匀；按要求设置并固定好加强网；严格控制原材料质量，严格按配合比配料和搅拌砂浆；认真填塞墙面脚手架眼；严格分层操作并控制好各层厚度，各层之间的时间间隔应充足；加强对抹灰层的养护工作。

2. 窗台、阳台、雨篷等处抹灰的水平与垂直方向不一致

（1）产生原因。结构施工时，现浇混凝土或构件安装的偏差过大，抹灰时不易纠正；抹灰前上下左右未拉水平和垂直通线，导致施工误差较大。

（2）防治措施。在结构施工阶段应尽量保证结构或构件的形状、位置正确，减少偏差；安装窗框时应找出各自的中心线以及拉好水平通线，保证安装位置的正确；抹灰前应在窗台、阳台、雨篷、柱垛等处拉水平和垂直方向的通线找平找正，每步均要起灰饼。

思考与练习

1. 简述高级抹灰的工艺要求。
2. 简述内墙抹灰的工艺流程。
3. 简述一般抹灰常见工程质量问题。
4. 简述抹灰工程验收的主控项目质量标准。

第三章 贴面类饰面工程

学习目标

1. 了解贴面类饰面工程施工常用的机具。
2. 熟悉不同类型贴面材料镶贴工艺，以及其完整施工过程。
3. 熟悉贴面类饰面工程施工工艺，掌握为达到施工质量要求正确选择材料和组织施工的方法，培养解决施工现场常见工程质量问题的能力。
4. 在掌握施工工艺的基础上，通过贴面技能操作领会工程验收质量标准。

第一节 贴面类饰面概述

贴面是指采用天然或人造的块材粘贴或贴挂在墙体上的饰面。贴面类墙面装修是指利用各种天然的或人造的板、块对墙面进行的装修处理。这类装修具有耐久性强、施工方便、质量高、装修效果好等特点。

一、贴面构造的种类

贴面构造分为直接镶贴饰面构造（见图 3–1–1）、贴挂饰面构造（见图 3–1–2）。

图 3–1–1　直接镶贴饰面构造

图 3–1–2　贴挂饰面构造

二、常用材料

常用的贴面材料可分为三类：一是陶瓷制品，如瓷砖、面砖、陶瓷马赛克、玻璃马赛克等；二是天然石材，如大理石、花岗岩等；三是预制块材，如水磨石饰面板、人造石材等。

由于块料的形状、重量、适用部位不同，其构造方法也有一定差异。轻而小的块面可以直接镶贴，构造比较简单，由底层砂浆、黏结层砂浆和块状贴面材料面层组成；大而厚重的块材则必须采用一定的构造连接措施，用贴挂等方式加强与主体结构的连接。

1. 饰面板及饰面砖

（1）马赛克（见图 3-1-3）。马赛克是现今建筑和室内装修常用的一种装饰物，也就是通常说的锦砖，是建筑上用于拼成各种装饰图案用的片状小瓷砖。坯料经半干压成型，窑内焙烧成锦砖。泥料中有时用 CaO、Fe_2O_3 等作为着色剂。锦砖主要用于铺地或内墙装饰，也可用于外墙饰面。它主要有陶瓷和玻璃两种，在平常的家庭室内装修中以陶瓷马赛克运用比较多。近年来，由于玻璃制品的迅速发展和玻璃马赛克的先天优势，玻璃马赛克的运用也越来越广泛，特别是在许多大型公共室内装修中，玻璃马赛克的运用已经比较成熟了。

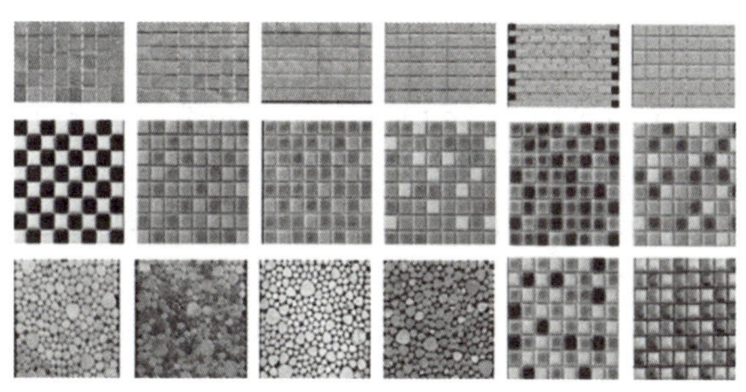

图 3-1-3　马赛克

（2）人造饰面石材。随着现代建筑事业的发展，对装饰材料提出了轻质、高强、美观、多品种的要求。人造饰面石材就是在这种形势下出现的。它重量轻、强度高、耐腐蚀、耐污染、施工方便、花纹图案可人为控制，是现代建筑理想的装饰材料。

图 3-1-4　人造石

人造石（见图 3-1-4）是用天然大理石（见图 3-1-5）或花岗岩的碎石为填充料，用水泥、石膏和不饱和聚酯树脂为黏结剂，经搅拌、成型、研磨和抛光后制成。通常分为以下几种类型。

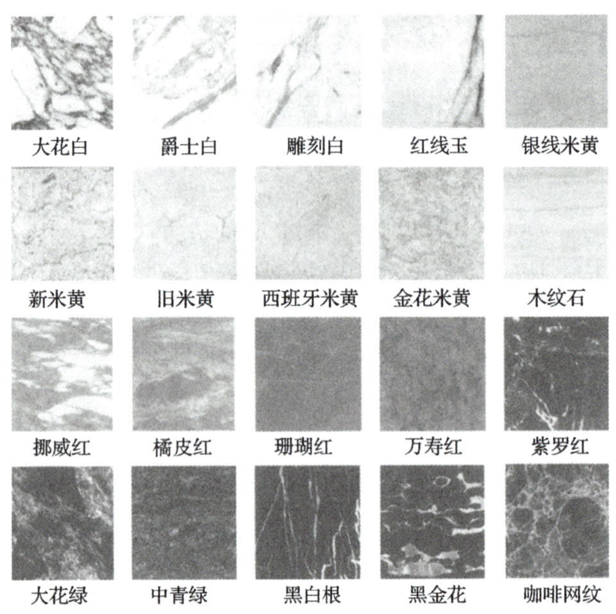

图 3-1-5　大理石

1）水泥型。这种人造大理石是以各种水泥作为黏结剂，砂为细骨料，碎大理石、花岗石、工业废渣等为粗骨料，经配料、搅拌、成型、加压蒸养、磨光、抛光而制成，俗称水磨石，又称环氧地坪。

2）聚酯型。这种人造石是以不饱和聚酯树脂为黏结剂，与石英砂、大理石、方解石粉等搅拌混合，浇铸成型，在固化剂作用下产生固化作用，经脱模、烘干、抛光等工序而制成。我国多用此法生产人造大理石。人造大理石是模仿大理石的表面纹理加工而成的，具有类似大理石的肌理，并且花纹图案可由设计者自行控制确定，重现性好；而且人造大理石重量轻，强度高，厚度薄，耐腐蚀性好，抗污染，并有较好的可加工性，能制成弧形、曲面等形状，施工方便。

3）复合型。这种人造石是以无机材料和有机高分子材料复合组成的。用无机材料将填料黏结成型后，再将坯体浸渍于有机单体中，使其在一定条件下聚合。对板材而言，底层用低廉而性能稳定的无机材料，面层用聚酯和大理石粉制作。

4）烧结型。这种人造大理石是将长石、石英、辉石、方解石粉和赤铁矿粉及少量高岭土等混合，用泥浆法制备坯料，用半干压法成型，在窑炉中用 1 000 ℃左右的高温烧结而成。

上述四种人造石装饰板中，以聚酯型最常用，其物理、化学性能最好，花纹容易设计，有重现性，适用于多种用途，但价格相对较高；水泥型最便宜，但抗腐蚀性能较差，容易出现微裂纹，只适合于制作板材。其他两种生产工艺复杂，应用很少。

2. 黏结材料

（1）水泥。32.5 级或 42.5 级矿渣水泥或普通硅酸盐水泥。应有出厂证明或复验合格单，出厂日期超过 3 个月或水泥已结有小块的不得使用；白水泥应采用符合《白色硅酸盐水泥》（GB/T 2015—2017）标准中强度等级为 32.5 以上的，并符合设计和规范

的相关要求。

（2）砂子。粗中砂，用前过筛，其他应符合规范的相关要求。

（3）面砖。面砖应光洁、方正、平整、质地坚固，其品种、规格、尺寸、色泽、图案应均匀一致，必须符合设计规定。不得有缺棱、掉角、暗痕和裂纹等缺陷。其性能指标均应符合现行国家标准的规定，釉面砖的吸水率不得大于 10%。

（4）石灰膏。用块状生石灰淋制，必须用孔径 3 mm × 3 mm 的筛网过滤，并储存在沉淀池中，常温下熟化时间不少于 15 d，用于拌制罩面灰时，熟化时间不少于 30 d。石灰膏内不得有未熟化的颗粒和其他物质。

（5）生石灰粉。磨细生石灰粉，用前应用水浸泡，其时间不少于 3 d。

（6）粉煤灰。细度过 0.08 mm 筛，筛余量不大于 5%；界面剂和矿物颜料按设计要求配比，其质量应符合规范标准。

（7）粘贴面砖所用的水泥、砂、胶粘剂等材料均应进行复验，合格后方可使用。

三、常用机具

贴面类饰面工程常用机具有手提切割机、橡皮锤（木锤）、手锤、水平尺、靠尺、开刀、托线板、硬木拍板、刮杠、方尺、墨斗、铁铲、拌灰桶、尼龙线、薄钢片、手动切割器、细砂轮片、棉丝、擦布等。部分常用机具如图 3-1-6 所示。

手动切割器　　手提切割机　　橡皮锤

图 3-1-6　贴面类饰面工程常用机具

第二节　直接镶贴饰面施工

一、普通墙面砖镶贴

1. 工艺流程

基层处理—吊垂直、套方、找规矩—贴灰饼—抹底层砂浆—弹线分格—排砖—浸砖—镶贴面砖—面砖勾缝与擦缝。

（1）基体为混凝土墙面时的操作方法。

1）基层处理。将凸出墙面的混凝土剔平，对于基体混凝土表面很光滑的要凿毛

（见图 3–2–1），或用可掺界面剂的水泥细砂浆做小拉毛墙（见图 3–2–2），也可刷界面剂并浇水湿润基层。

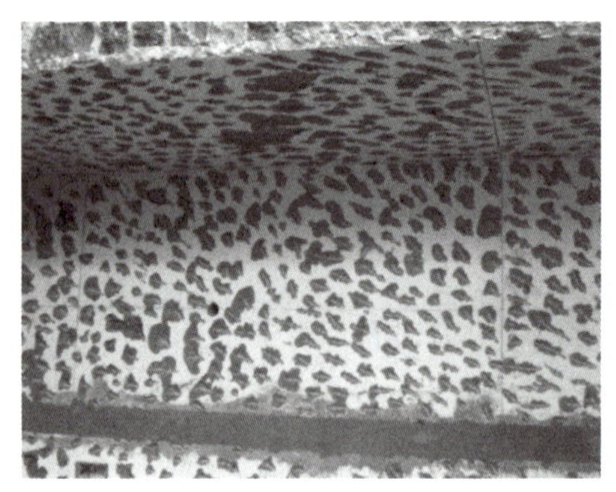

图 3–2–1　墙面基层处理（凿毛）

图 3–2–2　墙面基层处理（拉毛）

2）用 10 mm 厚 1∶3 水泥砂浆打底，应分层分遍抹砂浆，随抹随刮平抹实，用木抹子搓毛。

3）待底层灰六七成干时，按图样要求、釉面砖规格并结合实际条件进行排砖、弹线。

4）排砖。根据大样图及墙面尺寸进行横竖向排砖，以保证面砖缝隙均匀，符合设计图样要求，注意大墙面、柱子和垛子要排整砖，以及在同一墙面上的横竖排列均不得有小于 1/4 砖的非整砖。非整砖行应排在次要部位，如窗间墙或阴角处等。但应注意一致和对称。如遇有凸出的卡件，应用整砖套割吻合，不得用非整砖随意拼凑镶贴，如图 3–2–3 所示。

5）用废釉面砖贴标准点，用做灰饼的混合砂浆贴在墙面上，用以控制贴釉面砖的表面平整度，如图 3–2–4 所示。

图 3–2–3　墙面排砖

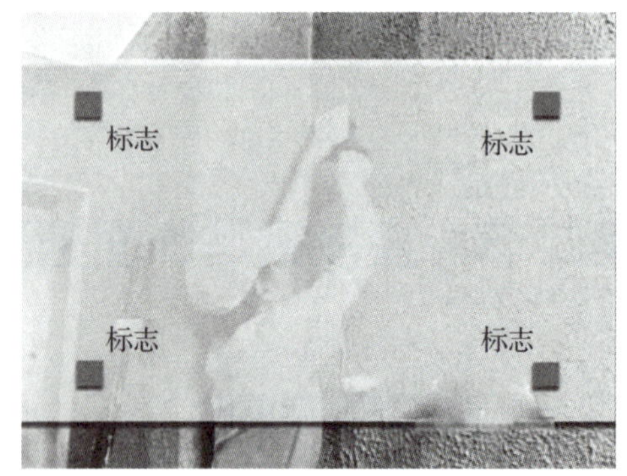

图 3–2–4　贴砖标准点（砖饼）

6）垫底尺，准确计算最下一皮砖下口标高，底尺上皮一般比地面低 1 cm 左右，以此为依据放好底尺，要水平、安稳。

7）选砖、浸泡。面砖镶贴前，应挑选颜色、规格一致的砖，浸泡砖时，将面砖清

扫干净，放至净水中浸泡 2 h 以上，取出待表面晾干或擦干净后方可使用，如图 3-2-5 所示。

8）粘贴面砖。粘贴应自下而上进行。抹 8 mm 厚 1∶0.1∶2.5 水泥石灰膏砂浆结合层，要刮平，随抹随自上而下粘贴面砖，要求砂浆饱满，亏灰时，取下重贴，并随时用靠尺检查平整度，同时保证缝隙宽度一致。

9）贴完经自检无空鼓、无不平、无不直后，用棉丝擦干净，用勾缝胶、白水泥或拍干白水泥擦缝，用布将缝的素浆擦匀，砖面擦净，如图 3-2-6 所示。

图 3-2-5　浸砖、晾干

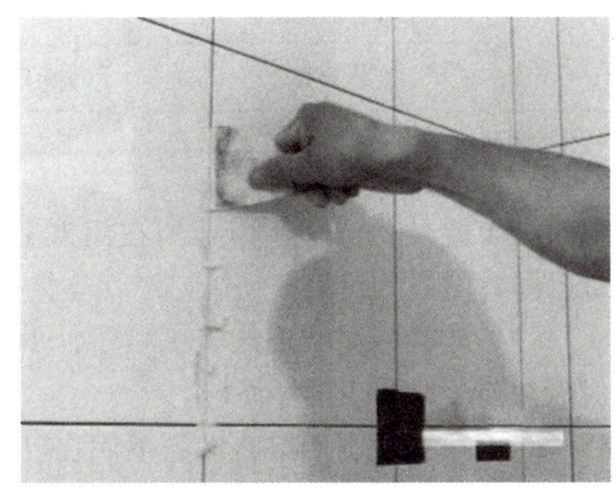

图 3-2-6　填缝

（2）基体为砖墙面时的操作方法。

1）基层处理。抹灰前，墙面必须清扫干净，浇水湿润。

2）用 12 mm 厚 1∶3 水泥砂浆打底，打底要分层涂抹，每层厚度宜为 5 ~ 7 mm，随即抹平搓毛。

3）其余同基层为混凝土墙面的做法。

2. 质量标准

（1）主控项目。

1）饰面砖的品种、规格、颜色、图案和性能必须符合设计要求。

2）饰面砖粘贴工程的找平、防水、黏结和勾缝材料及施工方法应符合设计要求、国家现行标准及环保规定。

3）饰面砖镶贴必须牢固。

4）满粘法施工的饰面砖工程应无空鼓、裂缝。

（2）一般项目。

1）饰面砖表面应平整、洁净、色泽一致，无裂痕和缺陷。

2）阴阳角处搭接方式、非整砖使用部位应符合设计要求。

3）墙面凸出物周围的饰面砖应整砖套割吻合，边缘应整齐。墙裙、贴脸凸出墙面的厚度应一致。

4）饰面砖接缝应平直、光滑，填嵌应连续、密实；宽度和深度应符合设计要求。

5）饰面砖粘贴的允许偏差和检查方法应符合表 3-2-1 的规定。

表 3-2-1　　饰面砖粘贴的允许偏差和检查方法

项次	项目	允许偏差（mm）	检查方法
1	立面垂直度	3	用 2 m 垂直检测尺检查
2	表面平整度	2	用 2 m 直尺和塞尺检查
3	阴阳角方正	2	用直角检测尺检查
4	接缝直线度	2	拉 5 m 线，不足 5 m 拉通线，用钢直尺检查
5	接缝高低差	1	用直尺和塞尺检查
6	接缝宽度	1	用钢直尺检查

3. 成品保护

（1）要及时清理干净残留在门框上的砂浆，特别是铝合金等门窗宜粘贴保护膜，以预防对门框的污染、锈蚀。

（2）严格遵循合理的施工顺序，少数工种（水、电、通风、设备安装等）的工作应做在前面，防止损坏面砖。

（3）油漆粉刷不得将油漆喷滴在已贴的饰面砖上，如果面砖上部为涂料，宜先做涂料，然后贴面砖，以免污染墙面。若需先做面砖时，完工后必须采取贴纸或塑料薄膜等措施保护面砖，防止涂料污染已铺贴的面砖。

（4）各抹灰层在凝结前应防止风干、水冲和振动，以保证各层有足够的强度。

（5）搬、拆架子时注意不要碰撞墙面。

（6）装饰材料和饰件以及饰面的构件，在运输、保管和施工过程中，必须采取相应措施防止损坏。

4. 普通墙面砖镶贴质量问题及防治

（1）空鼓、脱落。

1）产生原因。基层表面光滑，铺贴前基层未浇水润湿或湿水不够；瓷砖浸泡不够或水膜没有晾干，未晾干的湿面砖表面附水，使贴面砖时产生浮动，形成空鼓；砂浆过稀，嵌缝不密实；瓷砖质量不合格。空鼓如图 3-2-7 所示。

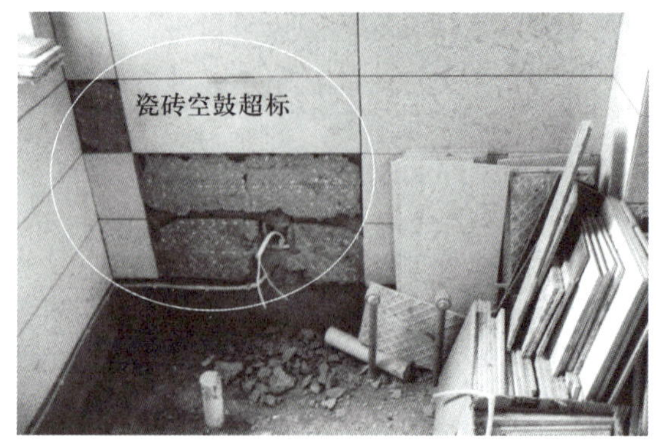

图 3-2-7　空鼓

2）防治措施。认真清理基层表面，铺砖前基层应浇透水，水应透入基层 8～10 mm；严格控制砂浆水灰比；瓷砖浸泡后阴干；控制砂浆黏结厚度，过厚、过薄均易引起空鼓，粘贴面砖时砂浆要饱满适量。当出现空鼓或脱落时，应取下瓷砖，铲去原有砂浆重贴；严格对原材料把关验收。

（2）接缝不平直、墙面不平整。

1）产生原因。基层表面不平整；施工前对瓷砖尺寸和平整度检查不严；没有弹线、试排；没做标准块，也没有及时调缝和检查。

2）防治措施。基层表面一定要平整、垂直；施工中应挑选优质瓷砖，校核尺寸，分类堆放；镶贴前应弹线预排，找好规矩；铺贴后立即拨缝，调直拍实。

二、陶瓷锦砖（马赛克）镶贴

1. 工艺流程

基层处理—吊垂直、套方、找规矩—抹底子灰—弹线—贴陶瓷锦砖—拍实、揭纸、调缝—擦（勾）缝、清洗—养护。一般来讲，陶瓷锦砖（马赛克）对普通墙面砖镶贴有着装饰点缀作用。

（1）基层处理。当基层为混凝土墙面时，应先将凸出墙面的混凝土剔平，对大钢模施工的混凝土墙面应凿毛，并用钢丝刷满刷一遍，再浇水湿润。如果基层很平滑，亦可采用“毛化处理”办法，先将表面尘土、污垢清理干净，用 10% 的火碱液冲净，晾干。然后用 1∶1 水泥细砂浆内掺水重 20% 的建筑胶（如众霸胶），喷或用扫帚将砂浆甩到墙面上，其甩点要均匀，终凝后浇水养护，直至水泥砂浆疙瘩全部粘到混凝土光面上，并有较高的强度，用手掰不动为止。对于旧墙面必须将疏松的墙面基层清理干净，不得有尘土等杂质，重新挂网抹灰。

（2）吊垂直、套方、找规矩。根据墙面结构平整度找出贴陶瓷锦砖的规矩，如果建筑物的外墙面全部贴陶瓷锦砖、建筑物又是高层时，应在四周大角和门窗边用经纬仪吊垂直。对于房间内的墙面，必须将房间的墙面套方正；对于门窗洞口、分色线或其他分项装饰材料面交叉的界线，应在适当的位置标示出来。

（3）抹底子灰。墙面基层应打底子灰，一般分两次操作，先刷一道由掺水重 10% 的建筑胶制备的素水泥浆，紧跟抹头遍掺水泥重 20% 的建筑胶的 1∶2.5 或 1∶3 水泥砂浆，抹薄薄一层，用抹子压实。第二次用相同配合比的砂浆按冲筋抹平，用短杠刮平，低凹处填平补齐，最后用木抹子搓出麻面。底子灰抹完后，根据气温情况，终凝后浇水养护，注意底子灰一定要与基层黏结牢固。

（4）弹线。粘贴陶瓷锦砖前应先详细了解锦砖的规格、图案、拼装顺序等，提前绘制施工大样，根据高度弹出若干水平线，在弹水平线时应计算好陶瓷锦砖的块数，使两线之间保持整砖数。如分格需按总高度均分，根据设计与陶瓷锦砖规格定出缝子宽度，再加工分格条。要注意同一墙面不得有一排以上的非整砖，并应将其镶贴在较隐蔽的部位，如阴角处。

（5）粘贴陶瓷锦砖。在粘贴陶瓷锦砖时，提前 2 h 将抹底子灰的基层用清水湿润。在弹好水平线的下口上支上一根垫尺，并在墙面上刷一道素水泥浆（水灰比

0.4～0.5；内掺水重 7%～10% 的建筑胶）粘合层；紧接着在找平层上抹 2～3 mm 厚的较干稠的粘合层砂浆，配合比为纸筋∶石灰膏∶水泥 =1∶1∶2（先把纸筋与石灰膏搅拌均匀），或水泥∶聚醋酸乙烯乳胶∶细砂 =1∶0.2∶1，随即用刮刀刮平，木搓板压实，厚薄应基本一致。粘贴陶瓷锦砖前，先将陶瓷锦砖铺放在木托板上，底面朝上，缝隙用 1∶1 或 1∶2 水泥细砂干灰填实，并用软毛刷刷净底面浮砂，再用刷子稍湿润一下表面，然后薄涂一层砂浆粘合层，当粘合层收水时，从陶瓷锦砖整联上口两角提起，对准线位粘贴，并随即用靠尺找好平直，应随刷浆随抹粘合层灰浆、随贴陶瓷锦砖。每联陶瓷锦砖间缝隙应与陶瓷锦砖拼片间缝隙一致。粘贴顺序一般从阳角开始，使不成整块的面在阴角，整间或独立部位宜一次完成。室内镶贴按底尺板上口沿线由下往上逐联粘贴。粘贴陶瓷锦砖注意点如图 3-2-8、图 3-2-9、图 3-2-10 所示。

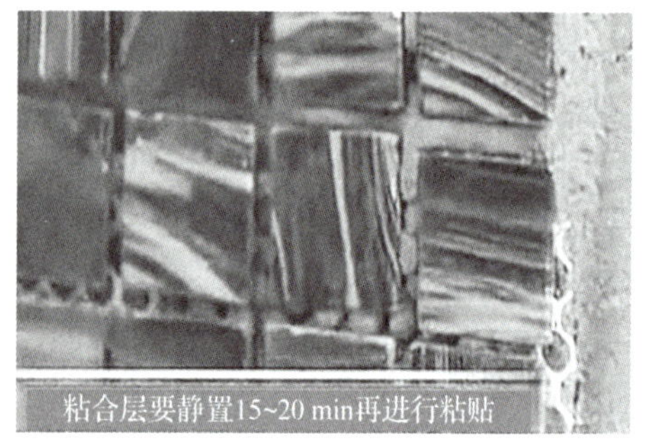

图 3-2-8　粘贴陶瓷锦砖注意点一

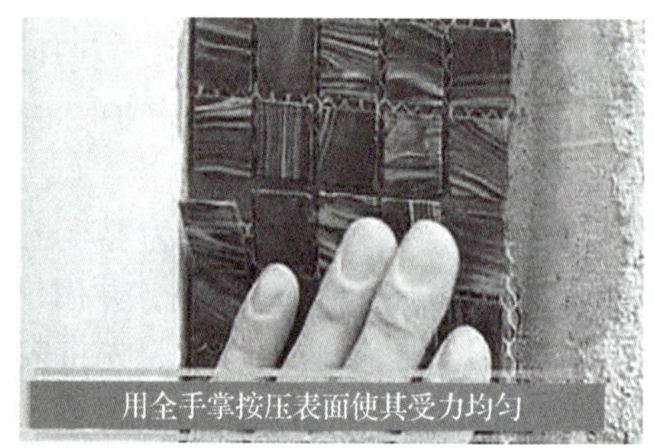

图 3-2-9　粘贴陶瓷锦砖注意点二

（6）拍实、揭纸、调缝。待镶贴一定面积时，用硬木拍板贴在砖面上，按镶贴先后顺序，用木锤敲击拍板，将陶瓷锦砖拍平、压实，注意上下或左右两张之间的接缝应平整。然后用刷子蘸水将棉纸分多遍刷湿刷透（一般需 20～30 min），把纸揭干净。揭纸后如局部不平，再拍平一遍，并拉线拨缝调至匀直，整个操作过程应在粘合层砂浆未初凝前完成，且每天镶贴高度按当时的气温确定，一般为 1.2～1.5 m。

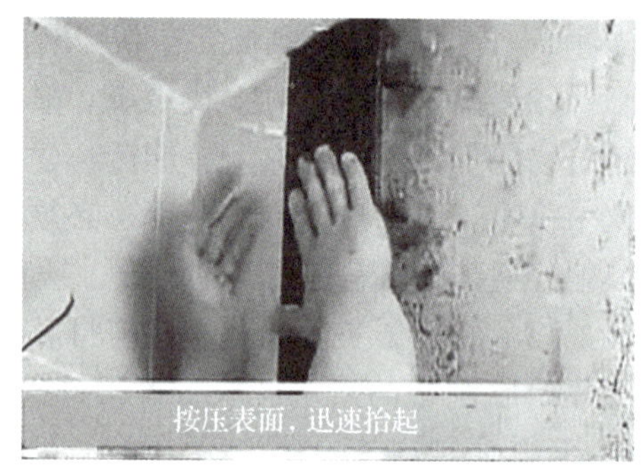

图 3-2-10　粘贴陶瓷锦砖注意点三

（7）擦（勾）缝、清洗。陶瓷锦砖镶贴 1～2 d 后，用刷子将缝隙中的松砂粒刷出，并用水壶由上往下冲洗，接着用钢抹子在砖面上薄抹一遍水泥砂浆（配合比与粘合层砂浆相同，颜色按照设计要求掺加一定比例的色粉）或白水泥，将其刮入缝内并使之严实，将砖面上的多余砂浆（白水泥浆）随即用擦布或棉纱擦抹干净。若有分格缝则用 1∶1 水泥砂浆勾缝，再按设计要求色彩在缝内上色。必要时，待缝隙砂浆干透后，可用布或棉纱头蘸稀盐酸擦洗一遍，再用清水冲洗干净。

（8）养护。完成上述工序后，从当日开始连续洒水养护 3～4 d。养护时应注意不

能影响后续施工。

2. 质量标准

（1）主控项目。

1）陶瓷锦砖的品种、规格、颜色、图案必须符合设计要求和现行标准的规定。

2）陶瓷锦砖镶贴必须牢固，无歪斜、缺棱、掉角和裂缝等缺陷。

3）找平、防水、黏结和勾缝材料及施工方法，应符合设计要求及国家现行标准的规定。如用于室内，应符合室内环境质量验收标准的规定。

（2）一般项目。

1）表面。平整、洁净，颜色协调一致。

2）接缝。填嵌密实、平直，宽窄一致，颜色一致，阴阳角处的砖压向正确，非整砖的使用部位适宜。

3）套割。用整砖套割吻合，边缘整齐；墙裙、贴脸等凸出墙面的厚度一致。

4）坡向、滴水线。流水坡向正确，滴水线顺直。

5）允许偏差。陶瓷锦砖镶贴的允许偏差和检查方法见表 3-2-2。

表 3-2-2　陶瓷锦砖镶贴的允许偏差和检查方法

<table>
<tr><th>项次</th><th colspan="2">项目</th><th>允许偏差（mm）</th><th>检查方法</th></tr>
<tr><td rowspan="2">1</td><td rowspan="2">立面垂直度</td><td>室内</td><td>2</td><td rowspan="2">用 2 m 靠尺和塞尺检查</td></tr>
<tr><td>室外</td><td>3</td></tr>
<tr><td>2</td><td colspan="2">表面平整度</td><td>2</td><td>用 2 m 靠尺和塞尺检查</td></tr>
<tr><td>3</td><td colspan="2">阴阳角方正</td><td>2</td><td>用 20 cm 方尺和塞尺检查</td></tr>
<tr><td>4</td><td colspan="2">接缝平直</td><td>2</td><td>拉 5 m 线，用尺量检查</td></tr>
<tr><td>5</td><td colspan="2">墙裙上口平直</td><td>2</td><td>拉 5 m 线，用尺量检查</td></tr>
<tr><td rowspan="2">6</td><td rowspan="2">接缝高低差</td><td>室内</td><td>0.5</td><td rowspan="2">用钢板短尺和塞尺检查</td></tr>
<tr><td>室外</td><td>1</td></tr>
</table>

3. 成品保护

（1）镶贴好的陶瓷锦砖墙面，应有切实可靠的防止污染的措施；同时要及时清理干净残留在门窗框、扇上的砂浆。特别是铝合金和塑钢等门窗框、扇，事先应粘贴好保护膜，预防污染。

（2）每层抹灰层在凝结前应防止风干、暴晒、水冲、撞击和振动。

（3）少数工种的各种施工作业应在陶瓷锦砖镶贴之前施工，防止损坏面砖。

（4）拆除架子时注意不要碰撞墙面。

（5）合理安排施工程序，避免相互间的污染。

4. 陶瓷锦砖（马赛克）镶贴质量问题及防治

（1）墙面不平整，分格不均匀，砖缝不平直。

1）产生原因。黏结砂浆厚度不均匀，底子灰不平整；阴阳角有偏差，粘贴面层时不易调整找平，产生表面不平整现象；施工前，没有分格、弹线、试排和绘制大样图；抹底子灰时，各部位拉线、找规矩不够，造成尺寸不准，引起分格缝不均匀；撕纸后，没有及时对砖缝进行检查，拨缝不及时。

2）防治措施。施工前，应对照设计图样尺寸，核对结构实际偏差情况，根据排砖模数和分格要求，绘制出施工大样图，并加工好分格条，选好砖，编上号，便于粘贴时对号入座；抹灰打底要确保平整，阴阳角要方正，并在底子灰上弹出水平、垂直分格线，以作为粘贴陶瓷锦砖时控制的标准线；粘贴陶瓷锦砖时两人一组严格按工艺规程操作；粘贴好后将板放在面层上，用小锤均匀满敲拍板，及时拨缝，拨缝后再用小锤拍板拍平一遍。

（2）空鼓、脱落。

1）产生原因。基层处理不好，灰尘和油污未处理干净；砂浆配合比不当；撕纸时间晚，拨缝不及时，勾缝不严。

2）防治措施。认真处理基体；严格控制砂浆水灰比；粘贴时砂浆不宜过厚，面积不宜过大，且随抹随贴；揭纸、拨缝时间，应控制在 1 h 内完成，否则砂浆收水后，再去纠偏拨缝，易造成空鼓、掉块；对取出分隔条的大缝应用 1∶1 的水泥砂浆勾严；当玻璃陶瓷锦砖出现空鼓和脱落时，应取下陶瓷锦砖，铲去一部分原有粘贴水泥砂浆，用掺水泥重 3% 的建筑胶的水泥砂浆粘贴修补。

（3）墙面污染。

1）产生原因。墙面成品保护不好，操作中没有清除砂浆，造成污染；未按要求做流水坡和滴水线（槽）。

2）防治措施。陶瓷锦砖在运输和堆放期间应注意保管，不能淋雨受潮；注意成品保护，不得在室内向外倒污水、垃圾等物；拆除脚手架时，要防止碰坏墙面，采取措施保护墙面；按要求认真做流水坡和滴水线（槽）；玻璃陶瓷锦砖粘贴后，如受水泥或砂浆污染，可用 10% 的稀盐酸溶液自上而下洗刷，再用清水冲洗干净。

第三节 贴挂饰面施工

一、饰面板钢筋网片锚固灌浆法

锚固灌浆法，又称钢筋网挂贴湿作业法，可用于混凝土墙、砖墙表面装饰，如图 3-3-1 所示。

它的主要缺点：铺贴高度有限、现场湿作业污染环境、容易泛碱、工序较为复杂、施工进度慢、工效低；对工人的技术水平要求较高；饰面板容易发生花脸、变色、锈斑、空鼓、裂缝等。

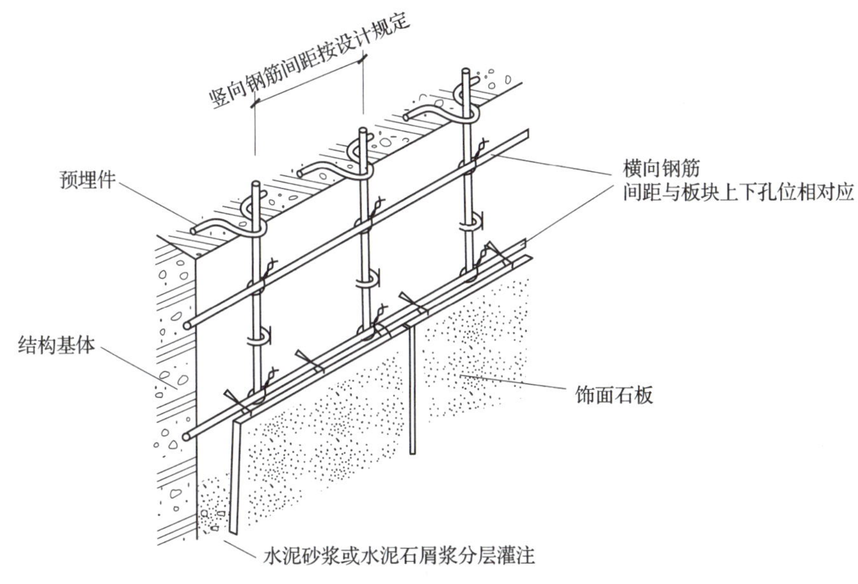

图 3-3-1　锚固灌浆法

1. 工艺流程

施工准备（钻孔、剔槽）—穿铜丝或镀锌铅丝—绑扎、固定钢筋网—吊垂直、找规矩、弹线—石材表面处理—基层准备—安装石材—分层灌浆—擦缝。施工大规格块材（边长大于 40 cm，镶贴高度超过 1 m）时，一般可采用如下安装方法。

（1）钻孔、剔槽。安装前先将饰面板按照设计要求用台钻打眼，事先应钉木架使钻头直对板材上端面，在每块板的上、下两个面打眼，孔位打在距板宽的两端 1/4 处，每个面各打两个眼，孔径为 5 mm，深度为 12 mm，孔位距石板背面以 8 mm 为宜。如大理石、磨光花岗石，板材宽度较大时，可以增加孔数。钻孔后用云石机轻轻剔一道槽，深 5 mm 左右，连同孔眼形成象鼻眼，以备埋卧铜丝之用。若饰面板规格较大，下端不好拴绑镀锌钢丝或铜丝时，亦可在未镶贴饰面的一侧，采用手提轻便小薄砂轮，按规定在板高的 1/4 处上、下各开一槽（槽长为 3 ~ 4 cm，槽深约为 12 mm，与饰面板背面打通，竖槽一般居中，亦可偏外，但以不损坏外饰面和不反碱为宜），将镀锌铅丝或铜丝卧入槽内，便可拴绑与钢筋网固定。此法亦可直接在镶贴现场进行。钻孔、剔槽如图 3-3-2 所示。

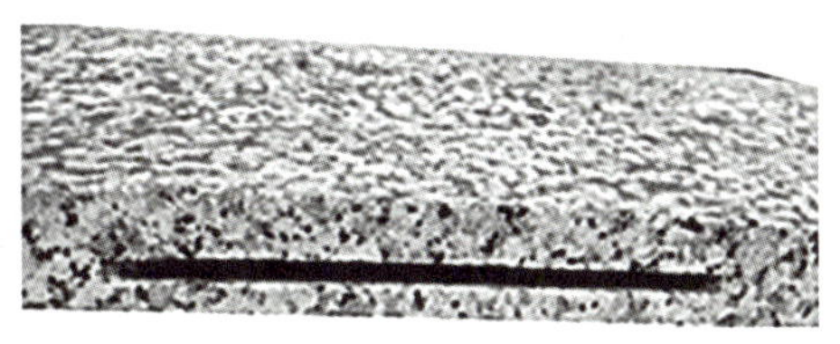

图 3-3-2　钻孔、剔槽

（2）穿铜丝或镀锌铅丝。把备好的铜丝或镀锌铅丝剪成长 20 cm 左右，一端用木楔粘环氧树脂将铜丝或镀锌铅丝穿进孔内固定牢固，另一端将铜丝或镀锌铅丝顺孔槽弯曲并卧入槽内，使大理石或磨光花岗石板上、下端面没有铜丝或镀锌铅丝凸出，以便和相邻石板接缝严密。

（3）绑扎、固定钢筋网。首先剔出墙上的预埋筋，把墙面镶贴大理石的部位清扫干净。然后绑扎一道竖向 ϕ6 钢筋，并把绑好的竖筋用预埋筋弯压于墙面。横向钢筋为绑扎大理石或磨光花岗石板材所用，如板材高度为 60 cm 时，第一道横筋在地面以上 10 cm 处与主筋绑牢，用作绑扎第一层板材的下口固定铜丝或镀锌铅丝。第二道横筋绑在 50 cm 水平线上 7 ~ 8 cm、比石板上口低 2 ~ 3 cm 处，用于绑扎第一层石板上口固定铜丝或镀锌铅丝，再往上每 60 cm 绑一道横筋即可，如图 3-3-3 所示。

图 3-3-3　钢筋网绑扎

（4）吊垂直、找规矩、弹线。首先将要贴大理石或磨光花岗石的墙面、柱面和门窗套用大线坠从上至下找垂直。应考虑大理石或磨光花岗石板材厚度、灌注砂浆的空隙和钢筋网所占尺寸，一般大理石、磨光花岗石外皮距结构面的厚度以 5 ~ 7 cm 为宜。找垂直后，在地面上顺墙弹出大理石或磨光花岗石等外廓尺寸线，此线即第一层大理石或花岗石等的安装基准线。然后对编好号的大理石或花岗石板等在弹好的基准线上画出就位线，每块留 1 mm 缝隙（如设计要求拉开缝，则按设计规定留出缝隙）。

（5）石材表面处理。石材表面充分干燥（含水率应小于 8%）后，用石材防护剂进行石材六面体防护处理。此工序必须在无污染的环境下进行，将石材平放于木方上，用羊毛刷蘸上防护剂，均匀涂刷于石材表面，涂刷必须到位，第一遍涂刷完间隔 24 h 后用同样的方法涂刷第二遍石材防护剂。如采用水泥或胶粘剂固定，间隔 48 h 后对石材黏接面用专用胶泥进行拉毛处理，拉毛胶泥凝固硬化后方可使用。

（6）基层准备。清理预做饰面石材的结构表面，同时进行吊垂直、套方、找规矩，弹出垂直线、水平线，并根据设计图样和实际需要弹出安装石材的位置线和分块线。

（7）安装石材（大理石或磨光花岗石）。按部位取石板并顺直铜丝或镀锌铅丝，将石板就位，石板上口外仰，右手伸入石板背面，把石板下口铜丝或镀锌铅丝绑扎在横筋上。绑时不要太紧，可留余量，只要把铜丝或镀锌铅丝和横筋拴牢即可，把石板竖起，便可绑大理石或磨光花岗石板上口铜丝或镀锌铅丝，并用木楔垫稳，块材与基层间的缝隙一般为 30 ~ 50 mm。用靠尺板检查调整木楔，再拴紧铜丝或镀锌铅丝，依次向另一方进行。柱面可按顺时针方向安装，一般先从正面开始。第一层安装完毕再用靠尺板找垂直，水平尺找平整，方尺找阴阳角方正。在安装石板时，如发现石板规格不准确或石板之间的空隙不符，应用铅皮垫牢，使石板之间缝隙均匀一致，并保持第一层石板上口的平直。找完垂直、平直、方正后，用碗调制熟石膏，把调成粥状的石膏贴在大理石或磨光花岗石板上下之间，使这两层石板结成一整体，木楔处亦可粘贴石膏，再用靠尺检查有无变形，等石膏硬化后方可灌浆。如设计有嵌缝塑料软管者，应在灌浆前塞放好。

（8）分层灌浆（见图 3–3–4）。把配合比为 1∶2.5 的水泥砂浆放入半截大桶加水调成粥状，用铁簸箕舀浆徐徐倒入，注意不要碰大理石，边灌边用橡皮锤轻轻敲击石板面，使灌入的砂浆排气。第一层浇灌高度为 15 cm，不能超过石板高度的 1/3。第一层灌浆很重要，既要锚固石板的下口铜丝，又要固定饰面板，所以要轻轻操作，防止碰撞和猛灌。如发生石板外移错动，应立即拆除重新安装。

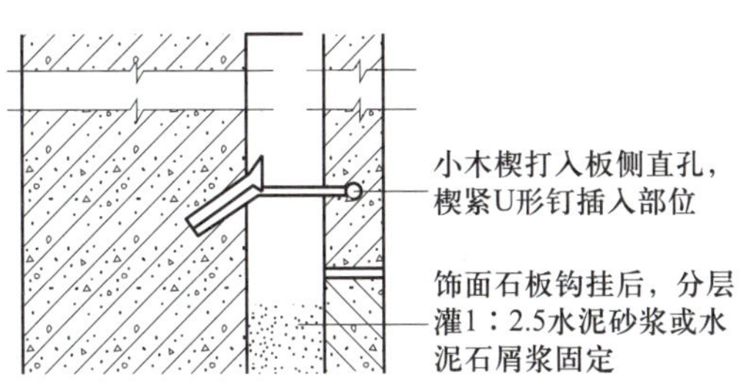

图 3–3–4 分层灌浆

（9）擦缝。全部石板安装完毕后，清除所有石膏和余浆痕迹，用麻布擦洗干净，并按石板颜色调制色浆嵌缝，边嵌边擦干净，使缝隙密实、均匀、干净、颜色一致。

2. 质量标准

（1）主控项目。

1）饰面板（大理石、磨光花岗石）的品种、规格、颜色、图案必须符合设计要求和有关标准的规定。

2）饰面板安装必须牢固，严禁空鼓，无歪斜、缺棱、掉角和裂缝等缺陷。

3）石材的检测必须符合国家环保的有关规定。

（2）一般项目。

1）表面。平整、洁净，颜色协调一致。

2）接缝。填嵌密实、平直，宽窄一致，颜色一致，阴阳角处的板压向正确，非整砖的使用部位适宜。

3）套割。用整板套割吻合，边缘整齐；墙裙、贴脸等上口平顺，凸出墙面的厚度一致。

4）坡向、滴水线。流水坡向正确，滴水线顺直。

5）饰面板嵌缝应密实、平直，宽度和深度应符合设计要求，嵌缝材料色泽应一致。

6）大理石、磨光花岗石贴挂的允许偏差和检查方法见表 3–3–1。

表 3–3–1　　大理石、磨光花岗石贴挂的允许偏差和检查方法

<table>
<tr><th rowspan="2">项次</th><th rowspan="2" colspan="2">项目</th><th colspan="2">允许偏差（mm）</th><th rowspan="2">检查方法</th></tr>
<tr><th>大理石</th><th>磨光花岗石</th></tr>
<tr><td rowspan="2">1</td><td rowspan="2">立面垂直度</td><td>室内</td><td>2</td><td>2</td><td rowspan="2">用 2 m 托线板和尺量检查</td></tr>
<tr><td>室外</td><td>3</td><td>3</td></tr>
<tr><td>2</td><td colspan="2">表面平整度</td><td>1</td><td>1</td><td>用 2 m 靠尺和楔形塞尺检查</td></tr>
<tr><td>3</td><td colspan="2">阴阳角方正</td><td>2</td><td>2</td><td>用 20 cm 方尺和楔形塞尺检查</td></tr>
<tr><td>4</td><td colspan="2">接缝平直</td><td>2</td><td>2</td><td>拉 5 m 小线，不足 5 m 拉通线，用尺量检查</td></tr>
<tr><td>5</td><td colspan="2">墙裙上口平直</td><td>2</td><td>2</td><td>拉 5 m 小线，不足 5 m 拉通线，用尺量检查</td></tr>
<tr><td>6</td><td colspan="2">接缝高低差</td><td>0.3</td><td>0.5</td><td>用钢板短尺和楔形塞尺检查</td></tr>
<tr><td>7</td><td colspan="2">接缝宽度偏差</td><td>0.5</td><td>0.5</td><td>拉 5 m 小线，用尺量检查</td></tr>
</table>

3. 成品保护

（1）要及时清理干净残留在门窗框、玻璃和金属饰面板上的污物，宜粘贴保护膜，预防污染、锈蚀。

（2）认真贯彻合理施工顺序，其他工种的工序应做在前面，防止损坏、污染石材饰面板。

（3）拆改架子和上料时，严禁碰撞石材饰面板。

（4）饰面部分施工完成后，易破损部分的棱角处要钉护角保护，其他工种操作时不得划伤和碰坏石材。

（5）在刷罩面剂干燥前，严禁倾倒渣土和翻转脚手板等。

（6）已完工的石材饰面应做好成品保护。

二、饰面板膨胀螺栓锚固法

膨胀螺栓锚固法也称干挂法，此工艺是利用高强度螺栓和耐腐蚀、强度高的金属挂件（扣件、连接件）或利用金属龙骨，将饰面石板固定于建筑物外表面的做法，石材

饰面与结构之间留有 40 ~ 50 mm 的空腔，如图 3–3–5 所示。

图 3–3–5 干挂法

此法免除了灌浆湿作业，可缩短施工周期，减轻建筑物自重，提高抗震性能，增强了石材饰面安装的灵活性和装饰质量。

干挂法安装石板的方法有数种，主要区别在于所用连接件的形式不同，常用的是销针式，也称钢销式。在板材上下端面打孔，插入 $\phi5$ 或 $\phi6$（长度宜为 20 ~ 30 mm）不锈钢钢销，同时连接不锈钢舌板连接件，并与建筑结构基体固定。

1. 工艺流程

结构尺寸的检验—石材表面处理—石材准备—基层准备—挂线—支底层饰面板托架—在围护结构上打孔、安装膨胀螺栓—安装连接铁件—底层石材安装—石板上孔抹胶及插连接钢针—调整固定—顶部面板安装—贴防污条、嵌缝—清理大理石、花岗石表面，刷罩面剂。

（1）结构尺寸的检验。现场收货，进行结构尺寸的检验。收货要设专人负责管理，要认真检查材料的规格、型号是否正确，与料单是否相符。发现石材颜色明显不一致的，要单独放置，以便退还给厂家。如有裂纹、缺棱、掉角的，要修理后再用，损坏严重的不得使用。还要注意石材堆放地要夯实，垫 10 cm × 10 cm 通长方木，让其高出地面 8 cm 以上，方木上最好钉上橡胶条，让石材按 75° 立放斜靠在专用的钢架上，每块石材之间要用塑料薄膜隔开靠紧码放，防止粘在一起和倾斜。

（2）石材表面处理。石材表面充分干燥（含水率应小于 8%）后，用石材护理剂进行石材六面体防护处理。此工序必须在无污染的环境下进行，将石材平放于木方上，用羊毛刷蘸上防护剂，均匀涂刷于石材表面，涂刷必须到位。第一遍涂刷完间隔 24 h 后用同样的方法涂刷第二遍石材防护剂，间隔 48 h 后方可使用。

（3）石材准备。首先用比色法对石材的颜色进行挑选分类，安装在同一面的石材颜色应一致，并根据设计尺寸和图样要求，将专用模具固定在台钻上，进行石材打孔。为保证位置准确垂直，要钉一个定型石材托架，使石板放在托架上，要打孔的小面与钻头垂直，使孔成形后准确无误，孔深为 22 ~ 23 mm，孔径为 7 ~ 8 mm，钻头直径为 5 ~ 6 mm。随后在石材背面刷不饱和树脂胶，主要采用一布二胶的做法，布为无碱、无捻 24 目的玻璃丝布，石板在刷头遍胶前，先把编号写在石板上，并将石板上的浮灰及杂污清除干净，用钢丝刷、粗砂纸将其清除再刷胶，胶要随用随配，防止固化后造成浪费。注意边角处一定要刷好。特别是打孔部位是个薄弱区域，必须刷到。布要铺满，刷完第一遍胶，在铺贴玻璃纤维网格布时要从一边用刷子赶平，铺平后再刷第二遍胶，刷子蘸胶不要过多，防止流到石材小面给嵌缝带来困难，出现质量问题。

（4）基层准备。清理预做饰面石材的结构表面，同时进行吊垂直、套方、找规矩，弹出垂直线、水平线，并根据设计图样和实际需要弹出安装石材的位置线和分块线。

（5）挂线。按设计图样要求，石材安装前要事先用经纬仪打出大角两个面的竖向控制线，最好弹在离大角 20 cm 的位置上，以便随时检查垂直挂线的准确性，保证顺利安装。竖向挂线宜用 ϕ0.1 ~ ϕ0.2 的钢丝，下边沉铁随高度而定，一般 40 m 以下高度沉铁质量为 8 ~ 10 kg，上端挂在专用的挂线角钢架上，角钢架用膨胀螺栓固定在建筑大角的顶端，一定要挂在牢固、准确、不易碰动的地方，并要注意保护和经常检查。然后在控制线的上、下做出标记。

（6）支底层饰面板托架。把预先加工好的支托按水平线支在将要安装的底层石板上面。支托要支承牢固，相互之间要连接好，也可和架子接在一起。支架安好后，顺支托方向铺通长的 50 mm 厚木板，木板上口要在同一水平面上，以保证石材上下面处在同一水平面上。

（7）在围护结构上打孔、安装膨胀螺栓。在结构表面弹好水平线，按设计图样及石材钻孔位置，准确地弹在围护结构墙上并做好标记，然后按点打孔。打孔可使用冲击钻，冲击钻头选择 ϕ12.5 的。打孔时先用尖錾子在预先弹好的点上凿一个点，然后用钻打孔，孔深为 60 ~ 80 mm。若遇结构里的钢筋时，可以将孔位在水平方向移动或往上抬高，连接铁件时利用可调余量调回。成孔要求与结构表面垂直，成孔后把孔内的灰粉用小钩勺掏出。随后安装膨胀螺栓，宜将本层所需的膨胀螺栓全部安装就位。

（8）安装连接铁件。用设计规定的不锈钢螺栓固定角钢和平钢板。调整平钢板的位置，使平钢板的小孔与石板的插入孔对正，固定平钢板，用力矩扳手拧紧，如图 3–3–6 所示。

（9）底层石材安装。把侧面的连接铁件安装完成以后，便可把底层面板靠角上的一起就位，如图 3–3–7 所示。方法是用夹具暂时固定，先将石材侧孔抹胶，调整铁件，插固定钢针，调整面板固定。依次按顺序安装底层面板，待底层面板全部就位后，检查一下各板水平是否在一条线上，如有高低不平的要进行调整；低的可用木楔垫平；高的可轻轻适当推出木楔，到与面板上口在一条水平线上为止。先调整好面板的水平与垂直度，再检查板缝，板缝宽应按设计要求，板缝均匀，将板缝嵌进背衬条，嵌缝高度要高于 25 cm。然后用 1 : 2.5 白水泥配制的砂浆，灌于底层面板内 20 cm 高，砂浆表面上设排水管。

图 3–3–6　安装连接铁件

（10）石板上孔抹胶及插连接钢针（见图 3–3–8）。把 1 : 1.5 的白水泥环氧树脂倒入固化剂、促进剂，用小棒将配好的胶抹入孔中，再把长 40 mm 的 ϕ4 连接钢针通过平板上的小孔插入，直至面板孔，上钢针前检查其有无伤痕，长度是否满足要求，钢针安装要保证垂直。

图 3-3-7　石板安装

图 3-3-8　石板上孔抹胶

（11）调整固定。面板暂时固定后，调整水平度，如板面上口不平，可在板底的一端下口的连接平钢板上垫一相应的双股铜丝垫。若铜丝粗，可用小锤砸扁；若高，可把另一端下口用以上方法垫一下。调整垂直度，并调整面板上口的不锈钢连接件的距墙空隙，直至面板垂直。

（12）顶部面板安装。顶部最后一层面板除了一般石材安装要求外，安装调整后，在结构与石板缝隙里吊一通长的 20 mm 厚木条，木条上平为石板上口下去 250 mm，吊点可设在连接铁件上，可采用铅丝吊木条。木条吊好后，即在石板与墙面之间的空隙里塞放聚苯板条，聚苯板条要略宽于空隙，以便填塞严实，防止灌浆时漏浆，造成蜂窝、孔洞等，灌浆至石板口下 20 mm 作为压顶盖板之用。

（13）贴防污条、嵌缝。沿面板边缘贴防污条，应选用 4 cm 左右的纸带型不干胶带，边沿要贴齐、贴严，在大理石板间缝隙处嵌弹性泡沫填充条（棒），填充条（棒）也可用 8 mm 厚的高连发泡片剪成 10 mm 宽的条，填充条（棒）嵌好后离装修面 5 mm。最后在填充条（棒）外用嵌缝枪把中性硅胶打入缝内，打胶时用力要均，走枪要稳而慢。如胶面不太平顺，可用不锈钢小勺刮平，小勺要随用随擦干净。嵌底层石板缝时，注意不要堵塞流水管。根据石板颜色可在胶中加适量矿物质颜料。

（14）清理大理石、花岗石表面，刷罩面剂。把大理石、花岗石表面的防污条掀掉，用棉丝将石板擦净，若有胶或其他黏结牢固的杂物，可用开刀轻轻铲除，用棉丝蘸丙酮擦干净。在刷罩面剂前，应掌握和了解天气趋势，阴雨天和 4 级以上风天不得施工，防止污染漆膜；冬、雨季可在避风条件好的室内操作，刷在板块面上。罩面剂按配合比在刷前 0.5 h 兑好，注意区别底漆和面漆，最好分阶段操作。配制罩面剂要搅匀，防止成膜时不均，涂刷要用 3 in（1 in=25.4 mm）羊毛刷，蘸漆不宜过多，防止流挂，尽量少回刷，以免有刷痕，要求无气泡、不漏刷，刷得平整、有光泽。

亦可参考金属饰面板安装工艺中固定骨架的方法，来进行大理石、花岗石饰面板等干挂工艺的结构连接法的施工，尤其是室内干挂饰面板安装工艺。

2. 质量标准

（1）主控项目。

1）饰面石材板的品种、防腐、规格、形状、平整度、几何尺寸、光洁度、颜色和图案必须符合设计要求，要有产品合格证。

2）面层与基底应安装牢固，粘贴用料、干挂配件必须符合设计要求和国家现行有关标准的规定，碳钢配件须做防锈、防腐处理，焊接点应做防腐处理。

3）饰面板安装工程的预埋件（或后置埋件）、连接件的数量、规格、位置、连接方法和防腐处理必须符合设计要求。后置埋件的现行拉拔强度必须符合设计要求。饰面板安装必须牢固。

（2）一般项目。

1）表面平整、洁净；拼花正确、纹理清晰通顺，颜色均匀一致；非整板部位安排适宜，阴阳角处的板压向正确。

2）缝格均匀，板缝通顺，接缝填嵌密实、宽窄一致、无错台错位。

3）凸出物周围的板采取整板套割，尺寸准确，边缘吻合整齐、平顺，墙裙、贴脸等上口平直。

4）滴水线顺直，流水坡向正确、清晰美观。

5）室内外墙面干挂石材的允许偏差和检查方法见表3–3–2。

表3–3–2　　室内外墙面干挂石材的允许偏差和检查方法

项次	项目		允许偏差（mm）		检查方法
			光面	粗磨面	
1	立面垂直度	室内	2	2	用2 m托线板和尺量检查
		室外	2	4	
2	表面平整度		1	2	用2 m托线板和塞尺检查
3	阴阳角方正		2	3	用20 cm方尺和塞尺检查
4	接缝平直		2	3	用5 m小线和尺量检查
5	墙裙上口平直		2	3	用5 m小线和尺量检查
6	接缝高低差		1	1	用钢板短尺和塞尺检查
7	接缝宽度偏差		1	2	用尺量检查

3. 成品保护

（1）要及时清理干净残留在门窗框、玻璃和金属饰面板上的污物，如密封胶、手印、尘土、水等杂物，宜粘贴保护膜，预防污染、锈蚀。

（2）认真贯彻合理施工顺序，少数工种的活应做在前面，防止损坏、污染外挂石材饰面板。

（3）拆改架子和上料时，严禁碰撞干挂石材饰面板。

（4）外饰面施工完成后，易破损部分的棱角处要钉护角保护，其他工种操作时不得划伤面漆和碰坏石材。

（5）室外罩面剂刷完未干燥前，严禁倾倒渣土和翻转脚手板等。

（6）已完工的外挂石材应设专人看管。

三、贴挂类饰面构造（锚固灌浆法、螺栓锚固法）质量问题及防治

1. 接缝不平、板面纹理不顺、色泽不匀

（1）产生原因。板材质量不好，材质没有严格挑选；没有预拼和编号；施工操作没按要点进行。板面色泽不匀如图 3–3–9 所示。

（2）防治方法。安装前，应将质量较差的板材剔出，并对每块石材作套方检查；根据墙面弹线找规律进行板块试拼，使板与板之间纹理通顺、颜色协调并标号备用；施工时应按操作要点进行，每道工序都要用靠尺检查调整，使板面镶贴平整。

2. 板材开裂

（1）产生原因。板材有色纹、暗缝、隐伤等缺陷，以及凿孔、开槽受到应力集中而引起开裂；板材安装不严密，侵蚀气体和湿空气透入板缝，使挂网遭到锈蚀，造成外推塌落。板材开裂如图 3–3–10 所示。

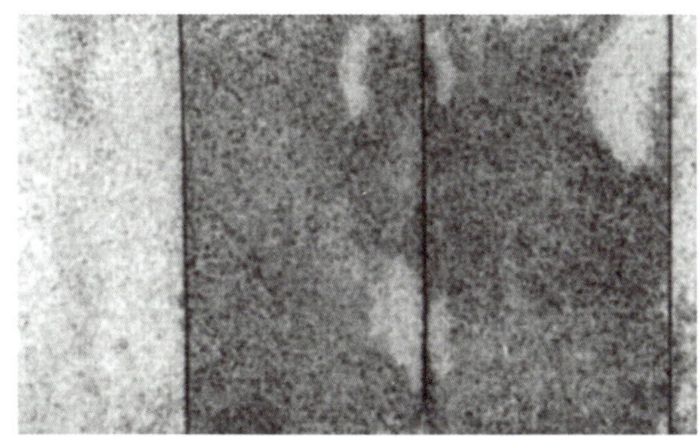

图 3–3–9　板面色泽不匀

图 3–3–10　板材开裂

（2）防治方法。选料时应剔除有缺陷的板材，加工孔洞、开槽时应仔细操作；待结构沉降稳定后再镶贴块料，并在顶部和底部安装块材时留有一定缝隙，以防结构压缩变形，导致块材直接承受重力被压开裂；灌浆应饱满，嵌缝要严密，避免腐蚀性气体锈蚀挂网损坏板面。

3. 空鼓、脱落

（1）产生原因。粘合层砂浆不饱满，灌浆不密实。

（2）防治方法。粘合层水泥砂浆应满抹满刮，厚薄均匀；灌浆应分层，插捣必须仔细。

4. 墙面碰损、污染

（1）产生原因。主要是块材搬运、堆放的方法不正确；操作时未及时清洗板材上的砂浆等污染物以及安装好后没有认真做好成品保护。

（2）防治方法。搬运和堆放过程中，必须直立，避免正面边角先着地或一角着地，以防正面棱角受损；浅色板材不宜用草绳捆扎，以避免板面被潮湿绳的色素污染，镶贴后的成品应用塑料薄膜遮盖，并用木板保护，如沾上砂浆，应立即擦抹干净。

思考与练习

1. 简述常用的贴面材料种类。
2. 简述陶瓷锦砖（马赛克）镶贴工艺流程。
3. 简述陶瓷锦砖（马赛克）镶贴质量问题。
4. 简述饰面板钢筋网片锚固灌浆法的主要缺点。

第四章 涂料类饰面工程

学习目标

1. 了解涂料类饰面工程施工常用的机具。

2. 熟悉不同类型涂料施工工艺，以及其完整施工过程。

3. 熟悉涂料类饰面工程施工工艺，掌握为达到施工质量要求正确选择材料和组织施工的方法，培养解决施工现场常见工程质量问题的能力。

4. 在掌握施工工艺的基础上，通过施涂技能操作领会工程验收质量标准。

第一节 涂料饰面概述

一、建筑装饰涂料的功能、成分和分类

1. 建筑装饰涂料的功能

（1）装饰功能。建筑物内外墙面经过涂装后可以形成具有不同颜色、不同花纹、不同光泽和不同质感的涂膜，从而起到美化居住环境的作用。

（2）保护功能。所谓保护功能就是保护建筑物不受环境的影响或将其影响减至最小。涂料经涂装后在建筑物内外墙表面形成均匀连续的涂膜。这种涂膜具有一定的厚度、柔韧性和硬度，以及具有耐磨、耐水、耐酸碱腐蚀、耐污染、耐紫外光照射、耐气候变化、耐霉菌侵蚀等特征，可以减少或消除大气、水分、酸雨、灰尘、微生物对建筑物的破坏作用，延长建筑物使用寿命，提高建筑物经济价值。

（3）特种功能。特殊功能的建筑涂料，如防霉涂料用于酒厂、糖厂、食品厂等厂房的内壁，具有防止霉菌生长的功能，防火涂料具有防止火焰燃烧及蔓延作用。此外还有防水涂料、防虫涂料、防锈涂料、防腐涂料、吸声涂料、抗结露涂料、示温涂料、防尘涂料、防辐射涂料、防电波干扰涂料等。

2. 建筑装饰涂料的成分

涂料的成分有主要成膜物质、次要成膜物质和辅助成膜物质等。“成膜”是组成涂料各种成分的核心。

3. 建筑装饰涂料的分类

（1）按材质（成膜物质）分。建筑装饰涂料有有机涂料、无机涂料和复合型涂料。其中有机涂料又分为水溶性涂料、乳液涂料、溶剂型涂料等。

（2）按涂膜的厚度和质感分。建筑装饰涂料有薄质涂料、厚质涂料、复层涂料、多彩涂料等。

（3）按使用部位分。建筑装饰涂料有外墙涂料、内墙涂料、地面（或地板）涂料、顶棚涂料、屋面涂料、木材饰面涂料、金属饰面涂料等。

二、涂料施涂技术

1. 刷涂

（1）施工工艺。刷涂顺序一般为先左后右、先上后下、先难后易、先边后面。在大面积木材面上刷油时可采用“开油—横油—斜油—竖油—理油”的操作方法。刷涂如图 4–1–1 所示。

1）开油。将刷子蘸上涂料，首先在被涂面上直刷几道（木面应顺木纤维方向），每道间距为 5 ~ 6 cm，把一定面积需要涂刷的涂料在表面上摊成几条。

2）横油、斜油。不再蘸涂料，将开好的油料横向、斜向涂刷均匀。

3）竖油。看着木纹方向竖刷，以刷涂接痕。

4）理油。待大面积刷匀刷齐后，将漆刷上的剩余涂料在料桶边上刮净，用漆刷的毛尖轻轻地在涂料面上顺木纹理顺，并且刷匀物面（构件）边缘和棱角上的流漆。

（2）刷涂施工要点。

1）刷涂时，刷涂方向和行程长短均应一致。

2）如果涂料干燥快，应勤蘸短刷，接槎最好在分格缝处。

3）刷涂层次，一般不少于两层，在前一层涂层表干后才能进行后一层刷涂。前后两次刷涂的相隔时间与施工现场的温度、湿度有密切关系，通常不少于 4 h。

（3）刷涂施工质量要求。涂膜厚薄一致、平整光滑、色泽均匀。操作中不应出现流挂、皱纹、漏底刷花、起泡和刷痕等缺陷。

2. 滚涂

滚涂是利用涂料辊子进行涂饰的一种操作方法，如图 4–1–2 所示。

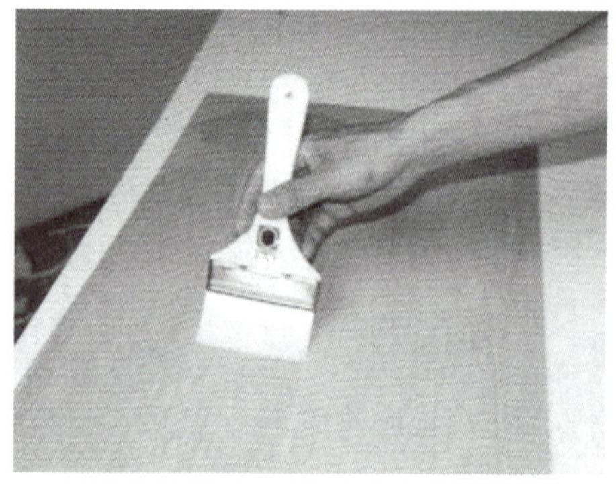

图 4–1–1　刷涂

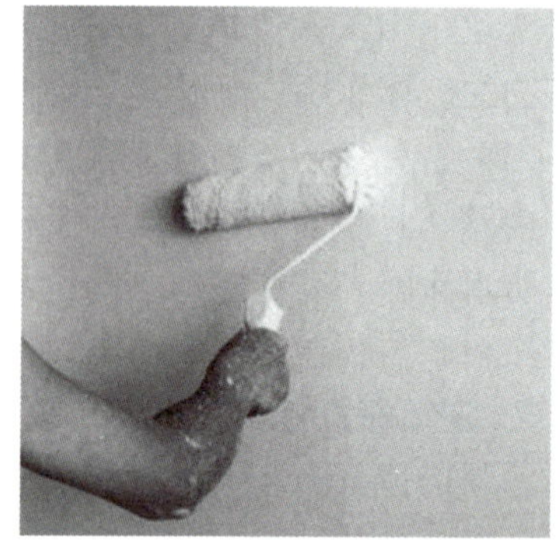

图 4–1–2　滚涂

（1）滚涂施工要点。

1）将涂料搅匀，调至施工黏度，取出少许倒入平漆盘中摊开。

2）用辊子在盘中蘸取涂料，滚动辊子，使所蘸涂料均匀适量附着于辊子上。滚涂操作应根据涂料的品种、要求的花饰确定辊子的种类。

3）在墙面涂饰时，先使辊子按 W 形运动，将涂料大致涂在墙面上，然后用不蘸取涂料的毛辊紧贴基层上下、左右平稳地来回滚动，让涂料在基层上均匀展开，最后用蘸取涂料的毛辊按一定方向满滚一遍，完成大面。

4）阴角、上下口采用漆刷、排笔刷涂找齐。

5）滚涂至接槎部位或达到一定段落时，应使用不蘸涂料的空辊子滚压一遍，以免接槎部位不匀而露出明显痕迹。

（2）滚涂施工质量要求。涂膜厚薄均匀，平整光滑，不流挂、不漏底。饰面式样花纹图案完整清晰、匀称一致，颜色协调。

3. 喷涂

喷涂是利用压力或压缩空气将涂料涂布于物面、墙面的机械化施工方法，如图 4-1-3 所示。

（1）喷涂施工要点。

1）控制好空压机施工喷涂压力，按涂料产品使用说明调好压力，一般压力为 0.4 ~ 0.8 MPa。

2）涂料稠度必须适中，太稠，不便施工；太稀，影响涂层厚度，也容易流淌。

3）喷涂作业时，手握喷枪要稳，涂料出口应与被涂面垂直，喷枪（喷斗）移动时应与喷涂面保持平行。

4）喷涂时，喷嘴与被涂面距离控制在 40 ~ 60 cm，如图 4-1-4 所示。

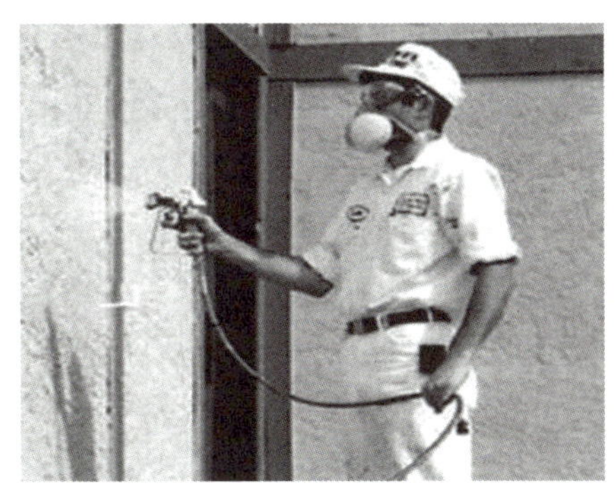

图 4-1-3　喷涂

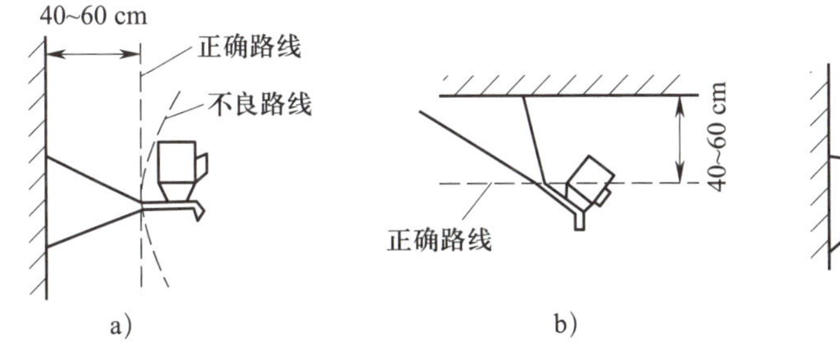

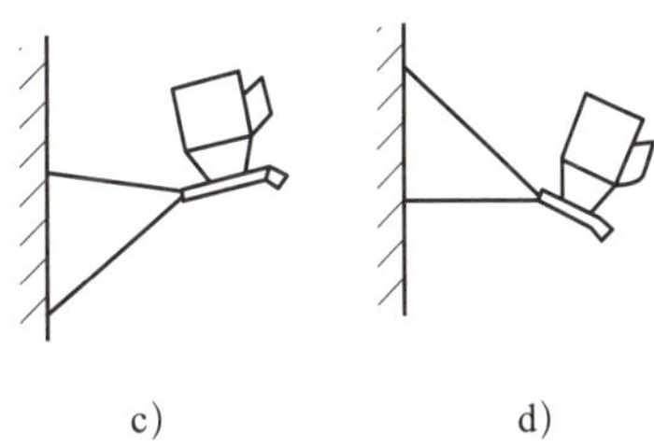

图 4-1-4　喷涂施工示意

a）喷涂墙面示意　b）喷涂顶棚示意　c）、d）喷墙时喷壶不正确的位置

5）喷枪（或喷斗、喷壶）的运行速度适当且保持一致，一般为 40 ~ 60 cm/min。

6）一般直线喷涂 70 ~ 80 cm 后，拐弯 180° 反向喷涂下一行。两行重叠宽度控制在喷涂宽的 1/3 ~ 1/2。喷涂行走路线如图 4-1-5 所示。尽量连续作业，争取到分格缝处停歇。

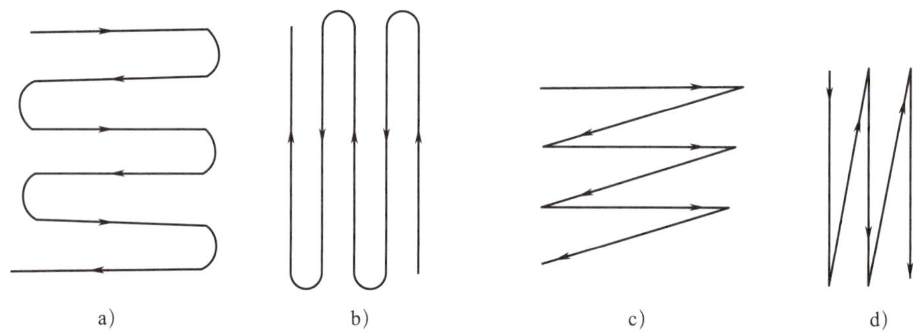

图 4-1-5　喷涂行走路线

a）横向喷涂正确路线　b）竖向喷涂正确路线　c）、d）错误喷涂路线

7）室内喷涂一般先喷顶后喷墙，外墙喷涂一般为两遍，高级的饰面为 3 遍，间隔时间约 2 h。

（2）喷涂施工质量要求。涂膜应厚度均匀，颜色一致，平整光滑，不应有露底、皱纹、流挂、针孔、气泡、失光、发花等缺陷。

4. 抹涂

抹涂是将纤维涂料抹涂成薄层涂料饰面，如图 4-1-6 所示。其特点是硬度很高，有着类似汉白玉、大理石等天然石材饰面的装饰效果。

（1）抹涂施工要点。抹涂施工一般包括抹涂底层涂料和抹涂饰面涂料两个过程。

1）抹涂底层涂料操作方法是用刷涂或滚涂，达到质量要求即可。当底层质量较差时，可增加一遍刮涂找平。

2）抹涂面层在底涂完成后过 24 h 进行。使用工具应为不锈钢制品，如不锈钢抹子。

3）抹涂面层一遍成活，不能过多反复抹压。内墙抹涂厚为 1.5 ~ 2 mm，外墙抹涂厚为 2 ~ 3 mm。

4）抹完后，间隔 1 h 左右，用不锈钢抹子拍抹饰面并压光，使涂料中的胶粘剂在表面形成一层光亮膜。

（2）抹涂施工质量要求。

1）饰面涂层应表面平整、光滑，石粒清晰、色泽一致，无缺损、抹痕及接槎痕迹。

2）饰面涂层与基层结合牢固，无空鼓、开裂现象。

3）阴阳角方正、垂直，分格条方正平直、宽度一致，无错缝及缺棱少角现象。

5. 刮涂

刮涂是用刮板将涂料厚浆料均匀地批刮于饰涂面上，形成 1 ~ 2 mm 厚涂层的施涂方法，多用于地面涂饰，如图 4-1-7 所示。

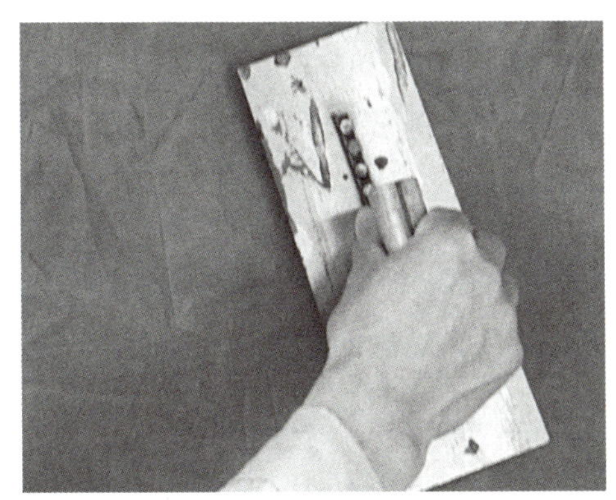

图 4-1-6　抹涂

图 4-1-7　刮涂

（1）刮涂施工要点。

1）用刮刀（或牛角刀、油灰刀、橡皮刮刀、钢皮刮刀等）与饰涂面成 60°角进行刮涂。

2）孔眼较大的饰面应用腻子嵌实，并打磨平整。每刮一遍腻子或涂料，都应待其干燥后打磨平整。

3）刮涂时只能来回刮 1～2 次，不能往返多刮，否则会出现“皮干里不干”现象。

4）批刮一次厚度不应超过 0.5 mm。待批刮完成的腻子或厚浆料全部干燥后，再涂刷涂料。

（2）刮涂施工质量要求。刮涂应做到膜层不卷边、不漏刮，经打磨后表面平整光滑，无明显白点。

三、涂饰所用材料

涂料是一种可借特定的施工方法涂覆在物体表面上，经固化形成连续性涂膜的材料，可以对被涂物体起保护、装饰和其他特殊作用。涂料的组成如下。

1. 主要成膜物质

主要成膜物质（见图 4-1-8）有油脂和树脂两种材料，是指涂于物体表面能干结成膜的材料，是能使涂料牢固附着于被涂物表面形成连续薄膜的主要物质。现涂料工业中常用合成树脂为原料，如醇酸树脂、丙烯酸树脂等，它们是构成涂料的主要成分。

2. 次要成膜物质

颜料、填料、染料属次要成膜物质（见图 4-1-9）。颜料是指一些微细的粉末状物质，具有使涂料显示各种颜色和遮盖力，调整涂料黏度，增加漆膜厚度，提高机械强度和填充性等功能，可增强漆膜的耐久性和耐磨性。根据颜料的性质又可分为无机颜料、有机颜料、体质颜料。颜料具有着色力和遮盖力。填料具有填充作用。染料具有着色力，不具遮盖力。

图 4-1-8　主要成膜物质

图 4-1-9　次要成膜物质

3. 辅助成膜物质

辅助成膜物质（见图 4-1-10）在涂料中用量很少，但能显著地改善涂料的性能，比如分散剂、流平剂、消泡剂、增稠剂等。

4. 挥发物质

挥发物质（溶剂）（见图 4-1-11）是指能将其他物质溶解而形成均一相溶液体的物质，对涂料的黏度、光泽、流平、润湿性、附着力等有很大影响。如 CAC（乙二醇乙醚乙酸酯）、环己酮、二甲苯等稀释剂使成膜物质正常溶解，调整出合适的黏度，保证涂料的流平、润湿、干燥、固化等性能的实现。溶剂分为有机溶剂和无机溶剂。

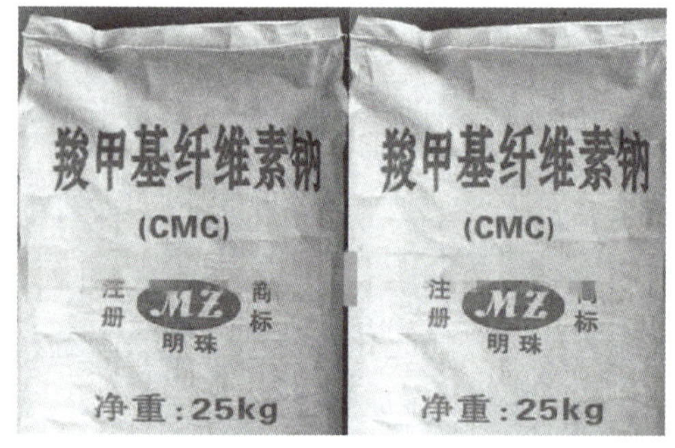

图 4-1-10　辅助成膜物质

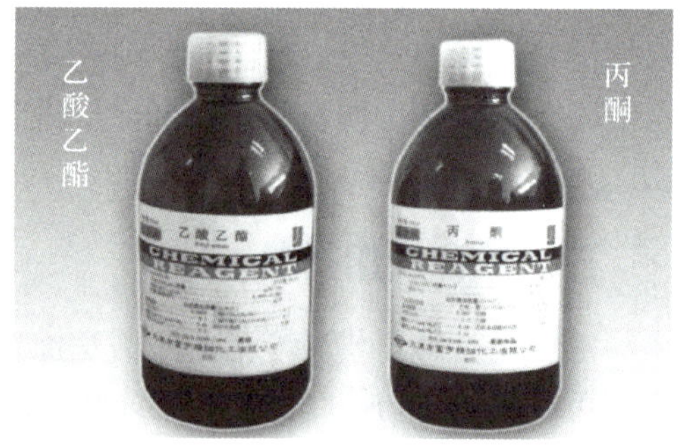

图 4-1-11　挥发物质

涂料由以上物质组成，根据性能要求有时略有变化，比如清漆中没有颜料、填料，而粉末涂料中没有溶剂等。

四、常用机具

1. 一般的施工机具

一般的施工机具如图 4-1-12 所示。

（1）手刷涂饰用具。

1）毛刷。毛刷的种类繁多、性能各异。根据毛的种类、材质、长短、形状不同，可分为硬毛刷、软毛刷，猪鬃刷、羊毛刷，合成纤维刷、混合纤维刷，长毛刷、中毛刷、短毛刷，平口刷、直筒刷等。

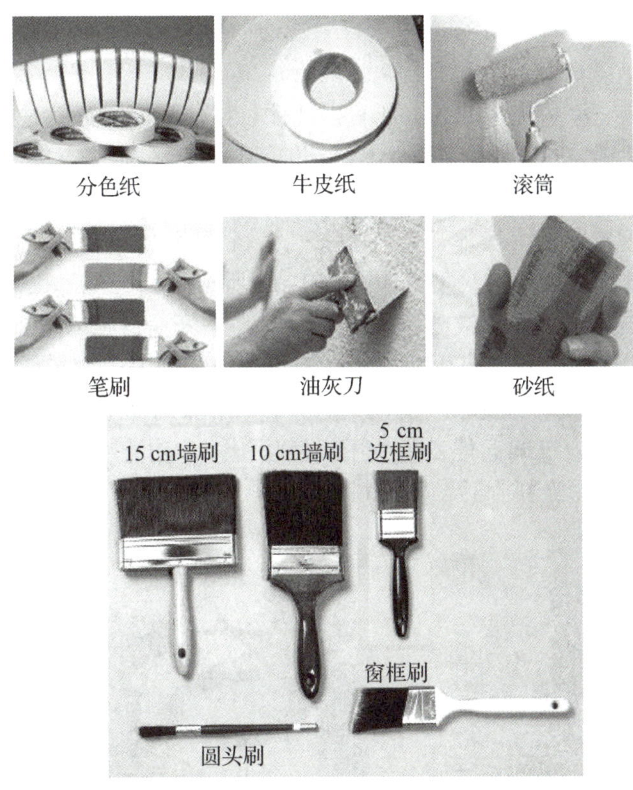

图 4-1-12 一般的施工机具

2）滚筒。滚筒是最常用的涂饰工具，滚筒通常由手柄、支架、筒芯与筒套构成，分为普通型、异型、花纹型和压送型四种。压送型滚筒的筒芯表面布满小孔，涂料经真空泵、软管和手柄送到筒芯，再经小孔从筒套流出，可提高功效并防止涂料滴落。

目前滚筒大多采用合成纤维制成的绒毛，绒毛长度有超短毛（2 mm）、短毛（4～7 mm）、中毛（10 mm）、超长毛（20 mm 以上）等。最常用的是中毛滚筒，它能吸附较多的涂料，适用于无光墙面和顶棚的涂饰。短毛滚筒吸料较少，适用于光滑面上滚涂半光或有光涂料。长毛滚筒吸料较多，滚涂的涂层较厚。滚筒宽度有多种，宽的滚筒效率高，但对狭窄面较多的墙面宜用中等宽度的滚筒。

（2）基层处理工具。

1）油灰刀。又称铲刀，用于清除基层杂物、调腻子、局部刮补腻子等。规格是以其刀口宽度来表示，常用的有 25 mm、50 mm、75 mm 和 100 mm。

2）钢丝刷。钢丝刷用于清除基层面上的黏附物，除去表层疏松部分。

3）腻子托板。腻子托板是刮腻子用的配套工具，将腻子置于托板上可减少施工中材料的滴落。

4）橡胶刮板。橡胶刮板是由普通（或耐油）橡胶皮夹在胶合板或塑料板之间制成的腻子刮涂工具。胶皮厚度为 5 mm，夹板尺寸为 200 mm × 100 mm。

5）磨料。常用磨料是木砂纸、水砂纸和金刚砂布（铁砂布）。粗砂纸用于打磨硬质腻子和清理基层，中砂纸（布）用于打磨普通的腻子，细砂纸用于打磨涂层表面的杂质颗粒。

（3）其他工具。涂料施工的工具还有搅拌棒、提桶、匀料板、过滤筛、遮盖胶带、挂钩、人字梯、架板、鸭嘴锤、钳子、钢卷尺、粉线包、墨斗等。

2. 常用的电动施工机具

（1）喷枪。喷枪通常由枪体、空气喷嘴、涂料喷嘴、调节阀、扳机、涂料罐、手柄、空气接头等部件组成。气动喷枪如图 4–1–13 所示。

另外还有特殊喷枪，如丝纹喷枪。喷涂时对高黏度涂料施以适当的压力，涂料缓慢喷出而不雾化，形成丝状的自由花纹。在建筑物内外墙中层涂多色涂料用点块喷枪，喷嘴形状是长方形，适用于喷涂颗粒较大的涂料或含短纤维、切屑的涂料。涂装建筑物的墙壁上部、天花板等偏远处，可使用长柄喷枪。多功能喷枪可以更换各种特殊喷嘴，从薄质涂料、多彩涂料到砂壁状涂料均可用。

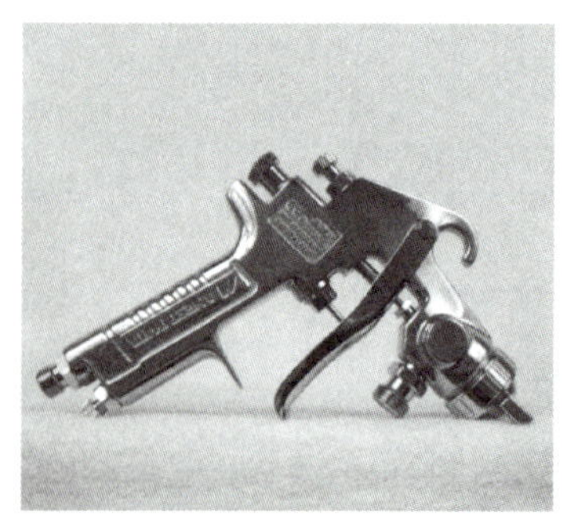

图 4–1–13　气动喷枪

（2）空气压缩机。空气压缩机由电动机、压缩气缸、储气罐、空气净化器、压力调节器、安全阀、排液阀等部件组成。

（3）无气喷涂设备。无气喷涂设备是通过直接对涂料施以高压，使涂料在压力下由喷嘴的小孔中呈雾状喷出。无气喷涂装置由高压泵、无空气喷枪、高压力软管、蓄压器和过滤器组成。

无气喷涂的压力比空气喷涂大得多，喷射量也远远大于空气喷涂，施工效率高，适用于大面积涂装工程。无气喷涂是液压雾化，喷涂时涂料反弹比空气喷涂少，可节约材料；可喷涂高黏度涂料，得到较厚的涂膜；同时对空气喷涂难操作的拐弯部位也能自如地喷涂。

（4）往复式打磨机。用于基层处理和腻子打磨。

（5）手提式电动搅拌机。用于现场搅拌。

（6）电动弹涂器。用于复色纹涂装工艺的施工，由料筒、电动机、转轴、弹棒、挡杆组成。

（7）电动吊篮。用于外墙涂料施工时人员和材料的支承，比脚手架使用更加灵活方便。

第二节 内墙涂料施工

一、内墙涂料

内墙涂料多用水性涂料。凡是用水作溶剂或者作分散介质的涂料，都可称为水性涂料。水性涂料包括水溶性涂料、水稀释性涂料、水分散性涂料（乳胶涂料）3 种。水溶性涂料是以水溶性树脂为成膜物质，以聚乙烯醇及其各种改性物为代表，除此之外还有水溶醇酸树脂、水溶环氧树脂及无机高分子水性树脂等。

一般装修常用的内墙水性涂料就是乳胶漆。乳胶漆是乳液性涂料，按照基材的不同，分为聚醋酸乙烯乳液和丙烯酸乳液两大类。乳胶漆以水为稀释剂，是一种施工方便、安全、耐水洗、透气性好的涂料，它可根据不同的配色方案调配出不同的色泽。

二、施工工艺

1. 材料要求

（1）生石灰块或灰膏。用于普通刷（喷）浆工程。

（2）大白粉。大白粉又称滑石粉、腻子粉，是家庭装修中墙面找平的常用材料，一般在大白粉中加入纤维素、白乳胶和水，揉成稠状，用以抹墙壁面、屋顶，为防止其开裂、脱落，可于底层涂上一层界面剂。要求细度为 140 ~ 325 目，白度为 90%。

（3）可赛银。可赛银主要用于涂刷墙面及顶棚刷浆。可赛银浆粉由碳酸钙、滑石粉、颜料研磨后加入胶而成。颜色有粉红、中青、杏黄、米黄、浅蓝、深绿、蛋青、天蓝、深黄等。配制时先掺可赛银重量 70% 的温水，拌成奶浆，待胶溶化后，再加入 30% ~ 40% 的水拌成稀浆，过筛后再注入水调成适用浓度使用。可赛银浆膜的附着力、耐水性、耐磨性均比大白浆强。

（4）建筑石膏粉。建筑石膏粉是一种气硬性的胶结材料，通常用粉碎分筛煅烧窑一步法制成，就是将生石膏烘干脱水—粉碎—煅烧—分选（去掉杂物）—改性一次完成。

（5）胶粘剂。聚醋酸乙烯乳液、羧甲基纤维素。

（6）颜料。采用遮盖力强、耐光、耐碱、耐气候影响的各种矿物颜料，如氧化铁黄、氧化铁红、群青、锌白、铬黄、铬绿等。

（7）其他。如用于一般刷石灰浆的食盐，用于制普通大白浆的火碱，白水泥或普通水泥，胶等。

2. 工艺流程

基层处理—修补墙面—磨平—第一遍满刮腻子—第二遍满刮腻子—涂刷第一遍乳胶漆—磨光—涂刷第二遍乳胶漆。

3. 施工要点

（1）基层处理。先将装饰表面的灰尘、浮渣等杂物清除干净，如表面有油污，应用清洗剂和清水洗净，干燥后再用棕刷将表面灰尘清扫干净。

（2）修补墙面。局部填缝、刮腻子。用腻子将墙面麻面、蜂窝、洞眼等缺残补好，如图 4–2–1 所示。

（3）磨平。等腻子干透后，用开刀将凸起的腻子铲开，用粗砂纸磨平，如图 4–2–2 所示。

图 4–2–1　局部填缝、刮腻子

图 4–2–2　磨平

（4）第一遍满刮腻子。先用胶皮刮板满刮第一遍腻子，要求横向刮抹平整、均匀、光滑、密实，线角及边棱整齐。满刮时，不漏刮，接头不留槎。不沾污门窗框及其他部位，沾污部位及时清理。腻子干透后用粗砂纸打磨平整。

（5）第二遍满刮腻子。与第一遍方向垂直，方法相同，干透后用细砂纸打磨平整、光滑。

（6）涂刷乳胶漆。涂刷前用手提电动搅拌枪将涂料搅拌均匀，如稠度较大，可加清水稀释，但稠度应控制在适当的范围内，不得稀稠不匀。滚涂不到的阴角处，需用毛刷补齐，不得漏涂。要随时剔除墙上的刷毛。一面墙面要一气呵成，避免出现接槎刷迹重叠，沾污到其他部位的乳胶漆要及时清洗干净。

（7）磨光。第一遍滚涂乳胶漆结束 4 h 后，用细砂纸磨光，若天气潮湿，4 h 后未干，应延长间隔时间，待干后再磨。

（8）涂刷乳胶漆一般为两遍，根据普通或高级涂饰的要求，可以增加或减少涂刷遍数。每遍涂刷的厚薄应一致，充分盖底，表面均匀。最后清理预先覆盖在踏脚板，水、暖、电、卫设备及门窗等部位的遮挡物。

除手工滚涂外，还可喷涂。喷涂顺序一般为墙—柱—顶—门窗，也可根据现场需要变更，以不增加重复遮挡和不影响已完成饰面为原则来安排操作顺序。两遍喷涂之间应有足够的间隔时间，约 6 h，以确保第一遍乳胶漆干燥。根据质量要求，可以适当增加喷涂遍数。各种涂刷方式如图 4–2–3 所示。

三、质量标准

1. 主控项目

（1）选用刷（喷）浆的品种、型号和性能应符合设计要求。

（2）选用刷（喷）浆的颜色、图案应符合设计要求。

（3）刷（喷）工程应涂饰均匀、黏结牢固，不得漏涂、透底、起皮和掉粉。

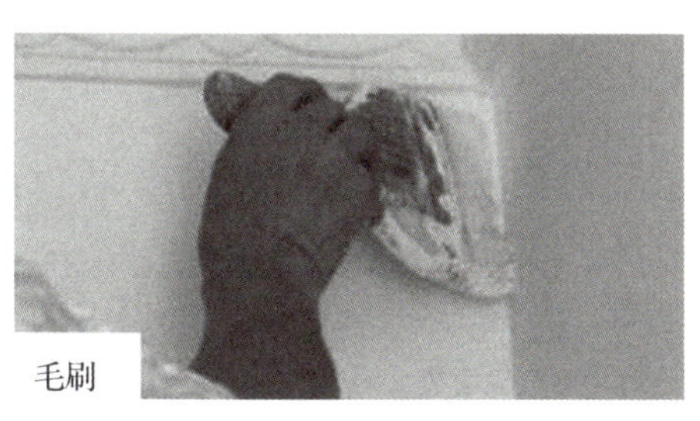

刷涂最原始也很普遍，简单、省涂料，适合多种形状，刷涂效率较低

滚涂适用于大面积施工，效率较高，省漆，滚涂容易出现不均匀的滚筒痕迹

喷枪适合刷高明度涂料，喷涂速度快，拐角和间隙也能很好地上漆，比较费漆

图 4-2-3　各种涂刷方式

（4）刷（喷）工程的基层处理应符合以下要求。

1）新建筑物的混凝土或抹灰层基层在涂饰前应涂刷抗碱封闭底漆。

2）旧墙面在涂饰涂料前应清除疏松的旧装饰层，并涂刷界面剂。

3）混凝土或抹灰基层涂刷溶剂型涂料时，含水率不得大于 8%；涂刷乳液型涂料时，含水率不得大于 8%。木材基层的含水率不得大于 8%。

4）基层腻子应平整、坚实、牢固、无粉化、无起皮和裂缝；内墙腻子的黏结强度应符合《建筑室内用腻子》（JG/T 298—2010）的规定。

5）厨房、卫生间墙面必须使用耐水腻子。

2. 一般项目

室内、外刷（喷）浆工程一般项目质量和检查方法见表 4-2-1。

表 4-2-1　　室内、外刷（喷）浆工程一般项目质量和检查方法

项次	项目	中级涂饰	高级涂饰	检查方法
1	颜色	均匀一致	均匀一致	观察
2	泛碱、咬色	允许少量轻微	不允许	
3	流坠、疙瘩	允许少量轻微	不允许	
4	砂眼、刷纹	允许少量轻微砂眼，刷纹通顺	无砂眼，无刷纹	
5	装饰线、分色线直线度允许偏差	2 mm	1 mm	拉 5 m 线，不足 5 m 拉通线，用钢直尺检查

四、成品保护

1. 刷（喷）浆工序与其他工序要合理安排，避免刷（喷）后其他工序又进行修补工作。

2. 刷（喷）浆时室内外门窗、玻璃、水暖管线、电气开关盒、插座和灯座及其他设备不刷（喷）浆的部位，及时用废报纸或塑料薄膜遮盖好。

3. 刷（喷）浆完工后应加强管理，认真保护好墙面。

4. 为减少污染，应事先将门窗边框用排笔刷好后，再进行大面积施涂工作。

5. 刷（喷）浆前应对已完成的地面面层进行保护，严禁落浆造成污染。

6. 刷（喷）浆前对墙、地应进行遮挡和保护。

7. 移动浆桶、喷浆机等施工工具时，严禁在地面上拖拉，防止损坏地面。

8. 浆膜干燥前，应防止尘土沾污和热气侵袭。

9. 拆架子或移动高凳时，应注意保护好已刷浆的墙面。

第三节　外墙涂料施工

一、外墙涂料

1. 苯乙烯－丙烯酸酯乳液涂料

苯乙烯－丙烯酸酯乳液涂料，简称苯－丙乳液涂料。

（1）特点。具有耐水、耐碱、耐污染性能，且具有耐光性、耐候性、不易泛黄性，耐洗刷。与水泥、混凝土等建材有较好的黏附力，颜色艳丽、质感好。

（2）分类。分为无光、亚光、有光型。

2. 聚氨酯系外墙涂料

（1）特点。除各项性能较好外，还具有一定的弹性和抗伸缩疲劳性。颜色多样，涂膜光洁度高，呈瓷质感，耐污性好。使用寿命长，属于高档外墙涂料。

（2）使用。分主涂层涂料和面层涂料，属双组分涂料，施工时需现场按比例混合。

3. 合成树脂乳液砂壁状建筑涂料

此类涂料有采砂涂料、砂壁状涂料（见图 4–3–1）、真石漆、防石涂料等。

（1）成分。苯－丙乳液或丙烯酸乳液中加入粒径小于 2 mm 的彩砂、彩陶或石粉作为骨料配制而成。

（2）特点。可仿大理石、花岗石等，质感强。

（3）使用。采用喷涂施工或抹涂施工，要求基层较为平整，也可用于内墙。

4. 复层建筑涂料

此类涂料有凹凸花纹涂料、立体花纹涂料、浮雕涂料、喷塑涂料等，如图 4–3–2 所示。

图 4-3-1　合成树脂乳液砂壁状建筑涂料

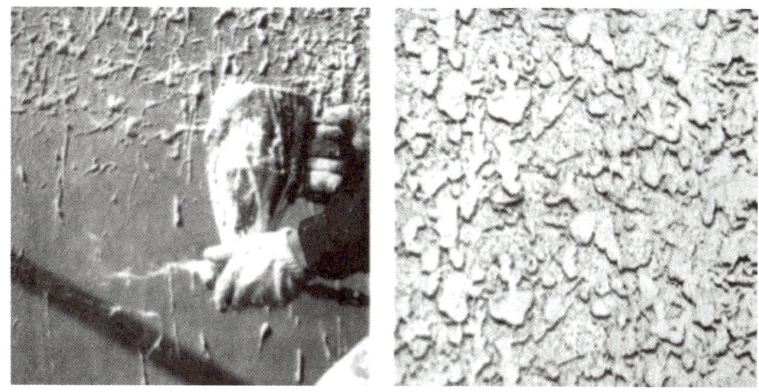
图 4-3-2　复层建筑涂料

（1）特点。由两种以上涂层组成的复合涂料，具有较强的立体质感。

（2）分类。按主层涂料基料种类分为聚合物水泥系复层涂料（CE）、硅酸盐系复层涂料（Si）、合成树脂乳液复层涂料（E）、反应固化型合成树脂乳液系复层涂料（RE）。我国主要使用前三类。

5. 氟碳树脂涂料

此类涂料有氟碳金属漆、仿铝板幕墙涂料等，如图 4-3-3 所示。

（1）特点。以氟烯烃聚合物或氟烯烃和其他单体的共聚物为成膜物质。有普通色系和金属色系，可模仿金属质感。

（2）使用。可用于混凝土、钢材等为基层的建筑表面装饰保护，涂膜效果有平面效果和立体浮雕效果，有低、中、高等各种光泽。

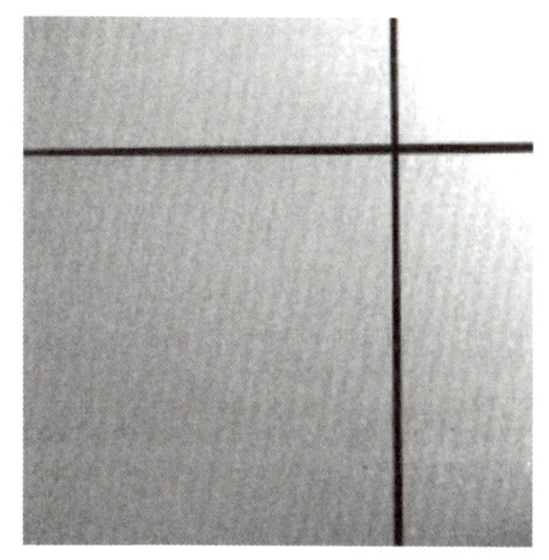
图 4-3-3　氟碳树脂涂料

6. 弹性质感涂料

弹性质感涂料属于厚浆型外墙装饰涂料，与普通平涂或弹性涂料相比，耐磨损，抗开裂性、柔韧性较好，并具有抗紫外线辐射功能（见图 4-3-4）。水性，无毒害。表面质感强，色彩丰富。

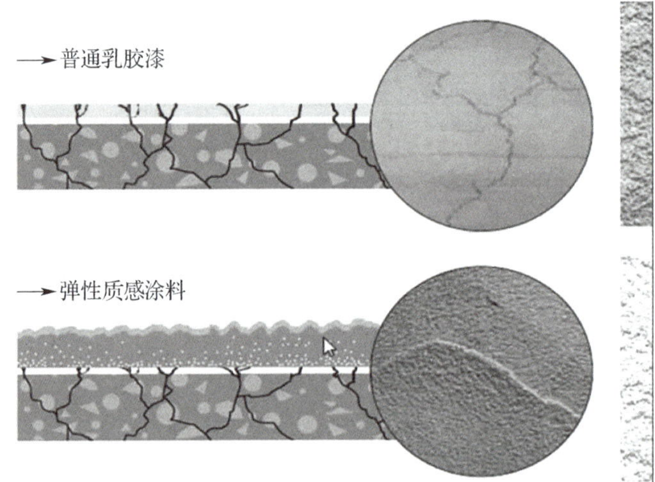

图 4-3-4　弹性质感涂料与普通乳胶漆的效果对比

二、施工工艺

1. 涂料选用原则

（1）注意涂料耐候性。对于建筑物抗污性及耐候性要求高的工程，维护不太方便的高层建筑，重要的工业及民用建筑，应优先选用耐候性能较好的溶剂型氟碳树脂外墙涂料、溶剂型有机硅改性丙烯酸树脂外墙涂料等。

（2）根据装饰物部位的不同选择涂料，如室内墙面采用的涂料应附着力强、质感细腻；厨房、浴室、盥洗间涂料应具有防水、防霉、易洗刷的性能。

（3）根据基底材料选择涂料。

（4）注意地域差别。如海滨建筑应选用耐盐雾性好的涂料，高原地区选用耐紫外线、保色性能好的涂料。

（5）注意施工环境条件的要求。水性乳液涂料施工温度一般要求高于 5 ℃，溶剂型涂料施工温度一般要求高于 -10 ℃。

2. 涂料外墙设计重点

（1）注意通过体块组合、虚实对比、色彩对比、阴影效果、分缝形式及比例推敲等手法创造出良好的视觉效果，如图 4-3-5 所示。

（2）注意通过选择自洁性较高的涂料，并通过构造设计解决污渍问题，如图 4-3-6 所示。

（3）注意通过分隔缝设计控制开裂，如图 4-3-7 所示。水泥砂浆抹灰基层在温度应力作用下开裂，面层为非弹性类普通涂料，从而导致面层开裂甚至剥落，裂缝宽度通常为 1 ~ 3 mm。因此对于普通外墙涂料应该注意分格缝的设计，采用弹性涂料。我国涂料分格缝间距经验值如下。

1）普通外墙涂料。横竖缝间距不宜大于 3 m。

2）弹性基层及普通弹性涂料。竖缝间距不宜大于 12 m。

图 4-3-5　体块组合、虚实对比等手段

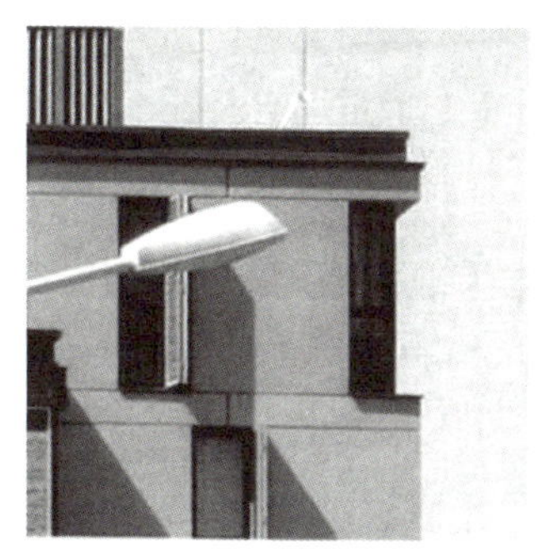

图 4-3-6　选择自洁性较高的涂料

3）横缝可每层设一道分格缝，设置宜从抹灰面层基底开始，宽度和深度一般在 1 cm 以上。

图 4-3-7　分隔缝设计控制开裂

3. 涂饰工艺流程

基层修补、清扫处理—填补缝隙—腻子打底找平—打磨—封底漆—第一遍面涂—细部处理—第二遍面涂—检查验收—涂料清理。

4. 施工要点

涂料具体施工要求详见《建筑涂饰工程施工及验收规程》(JGJ/T 29—2015)。

（1）修补。基体的空鼓必须剔除，连同蜂窝、孔洞等提前 2 ~ 3 d 用聚合物水泥腻子修补完整。腻子配合比（重量比）为：水泥∶胶∶纤维素（2%浓度）∶水 =1∶0.2∶适量∶适量。水电及设备、预留件、预埋件已完成。门窗安装已完成并已施涂一遍底子油（干性油、防锈涂料）。

（2）清扫。施工前，必须将基层表面的灰浆、浮灰、附着物等清除干净，用水冲洗更好。油污、铁锈、隔离剂等必须用洗涤剂洗净，并用水冲洗干净。基层要有足够的强度，无酥松、脱皮、起砂、粉化等现象。

（3）涂饰。

1）新抹水泥砂浆湿度、碱度均高，对涂膜质量有影响。因此，抹灰后需间隔 3 d

以上再进行涂饰。混凝土和墙面抹混合砂浆已完成，且经过干燥，在表面施涂溶剂型涂料时，含水率不得大于 8%；表面施涂水性和浮液涂料时，含水率不得大于 10%。雨前 4 ~ 8 h 不得施工，避免涂饰面淋雨。风力 4 级以上时不宜施工。

2）基层表面应平整，纹路质感应均匀一致，否则光影作用会造成颜色深浅不一，影响装饰效果。如采用机械喷涂时，应将不喷涂的部位遮盖，以防污染。

3）涂料使用前，将涂料搅匀，以获得一致的色彩。大面积施工前，应先做样板，经鉴定合格后，方可组织班组施工。

4）涂料所含水分应按比例调整，使用中不宜加水稀释。涂料中不能掺加其他填料、颜料，也不能与其他品种涂料混合，否则会引起涂料变质。如稠度过大而不易施工确需稀释时，可采用自来水调至合适黏度，一般加水量为 10%。

5）刷涂时，先清洁墙面，一般刷涂两次。如涂料干燥很快，注意刷涂摆幅放小，以求均匀一致。

6）滚涂时，先将涂料按刷涂做法的要求刷在基层上，随即滚涂，滚筒上必须蘸少量涂料，滚压方向要一致，操作应迅速。

7）机械喷涂可不受喷涂遍数的限制，以达到质量要求为准。采用喷涂施工，空气压缩机压力需保持在 0.4 ~ 0.7 MPa，排气量 0.63 m^3/s 以上，将涂料喷成雾状，喷口直径一般如下。

①如果喷涂砂粒状，保持在 4.0 ~ 4.5 mm。

②如果喷涂云母片状，保持在 5 ~ 6 mm。

③如果喷涂细粉状，保持在 2 ~ 3 mm。

喷料要垂直墙面，不可上、下做料，以免出现虚喷发花，不能漏喷、挂流。漏喷及时补上，挂流及时清除。喷涂厚度以盖底后最薄为佳，不宜过厚。

8）如施涂第二遍涂料后，装饰效果不理想时，可增加 1 ~ 2 遍涂料。

9）注意事项如下。

①稳定性。确保保温的墙体是稳定的，对有疑问的基面必须经专家鉴定，基面必须具有抵抗扭转力的强度，同时具有可以继续负载的能力，如图 4-3-8 所示。

②平整度。平整度施工前（特别是旧墙翻新工程），应预先估量好安装的效果，基面平整度应满足 ±4 mm/2.0 m，如图 4-3-8 所示。

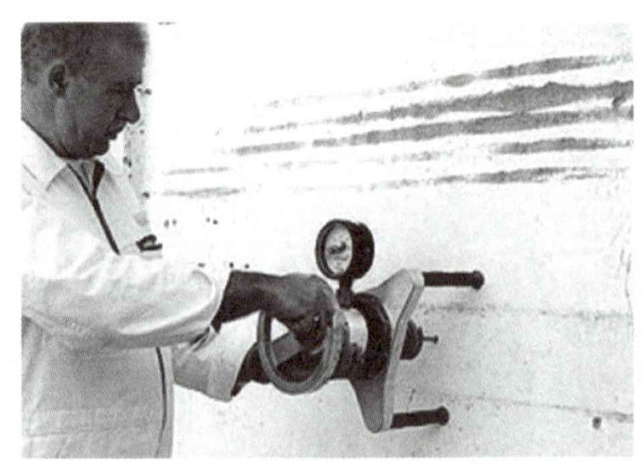

图 4-3-8　稳定性、平整度

③清洁度。施涂基面应无油渍、污渍等可能影响铺装强度的杂质和污物，如图 4–3–9 所示。

图 4–3–9　清洁度

三、质量标准

1. 主控项目

（1）涂料工程所用涂料的品种、型号和性能应符合设计要求。检验方法：检查产品合格证书、性能检测报告和进场验收记录。

（2）涂料工程的颜色、图案应符合设计要求。检验方法：观察。

（3）涂料工程应涂饰均匀、黏结牢固，不得漏涂、透底、起皮和掉粉。检验方法：观察，用手摸检查。

（4）涂料工程的基层处理，基层腻子应平整、坚实、牢固，无粉化、起皮和裂缝。检验方法：观察，用手摸检查，检查施工记录。

2. 一般项目

外墙涂料涂饰一般项目质量和检查方法见表 4–3–1。

表 4–3–1　外墙涂料涂饰一般项目质量和检查方法

项次	项目	普通涂饰	高级涂饰	检查方法
1	颜色	均匀一致	均匀一致	观察
2	泛碱、咬色	允许少量轻微	不允许	
3	流坠、疙瘩	允许少量轻微	不允许	
4	砂眼、刷纹	允许少量轻微砂眼，刷纹通顺	无砂眼，无刷纹	
5	装饰线、分色线直线度允许偏差	2 mm	1 mm	拉 5 m 线，不足 5 m 拉通线，用钢直尺检查

四、成品保护

1. 成品保护的组织管理

（1）在准备工作阶段，由项目施工领导，配合土建、安装、分包单位对施工进行统一协调。合理安排工序，加强工种的配合，正确划分施工段，避免因工序不当或工种配合不当造成成品损坏。

（2）建立成品保护责任制，责任到人，派专人负责成品保护工作的监督管理。

（3）加强对工人进行质量教育和成品保护教育，同时为成品保护人员提供岗前培训，以提高工人的协同配合和保护意识。

2. 施工过程成品保护

（1）涂料施工过程中，工完场清，及时对散落的涂料及污染到门窗、玻璃的涂料加以清理。

（2）认真考虑涂刷的先后顺序，避免交叉污染。及时清理外立面上积存的建筑垃圾灰土。

3. 装饰成品保护

（1）不得在装饰成品上涂写、敲击、刻画。

（2）作业时应避免碰撞墙及墙角。

（3）严禁施工现场生火、泼水，以防墙面脱皮及霉变。

（4）雨天禁止施工。

（5）墙面油漆涂料施工时，对门窗进行覆盖保护。

（6）外墙装饰尽量避免雨天施工，刚刷好的外墙涂料遇雨时需在墙顶覆盖防雨布。

第四节 油漆施工

一般来讲，油漆就是能涂覆在被涂物体表面并能形成牢固附着的连续薄膜的材料。油漆是用氧化铁或树脂等原料制成的、用以装饰和保护物品的涂料。早期油漆大多以植物油为主要原料，如健康环保原生态的熟桐油。不论是传统的以天然物质为原料的涂料产品，还是现代发展中的以合成化工产品为原料的涂料产品，都属于有机化工高分子材料，所形成的涂膜属于高分子化合物类型。

油漆为黏稠油性涂料，未干情况下易燃，不溶于水，微溶于脂肪，可溶于醇、醛、醚、苯、烷，易溶于汽油、煤油、柴油。

一、油漆施工材料

1. 油漆

油漆有清油、光油、铅油、漆片、调和漆（磁性调和漆、油性调和漆）、防锈漆（如红丹防锈漆、铁红防锈漆）、清漆等。清漆以树脂为主要成膜物质，在木家具油漆中广泛使用。常用清漆如下。

（1）酯胶清漆。酯胶清漆又称耐水清漆，它是用干性油和甘油松香为胶粘剂制成的。这种清漆漆膜光亮、耐水性较好，但光泽不持久，干燥性较差，适用于木制家具、门窗、板壁等的涂刷及金属表面罩光。

（2）酚醛清漆。酚醛清漆俗称永明漆，是用干性油和改性酚醛树脂为胶粘剂制成

的。它干燥快、漆膜坚韧耐久、光泽好，并耐热、耐水、耐弱酸碱，缺点是涂膜容易泛黄。一般用于室内外木器和金属面涂饰。

（3）醇酸清漆。醇酸清漆又称三门漆，是用干性油和改性醇酸树脂溶于溶剂中制成的。这种漆的附着力、光泽度、耐久性强于酯胶清漆和酚醛清漆，漆膜干燥快、硬度高、电绝缘性好，可抛光、打磨，色泽亮光。但膜脆，耐热、抗大气性较差。醇酸清漆主要用于涂刷室内门窗、木地面、家具等，不宜室外用。

（4）虫胶清漆。虫胶清漆又名泡立水、酒精凡立水，简称漆片。它是虫胶片（干切片）用酒精（纯度 95% 以上）溶解而得的溶液，这种漆使用方便、干燥快，漆膜坚硬光亮。缺点是耐水性和耐候性差，暴晒会失光，热水浸烫会泛白，一般用于室内刷底涂饰。

（5）硝基清漆。硝基清漆又称清喷漆，简称腊克。它是以硝化纤维素为基料，加入其他树脂、增塑剂而制成的，具有干燥快、坚硬、光亮、耐磨、耐久等优点。它是一种高级涂料，适用于木材和金属表面的涂饰。

（6）环氧树脂漆。它是一种新型合成树脂涂料，具有突出的耐化学药品性、极佳的附着力、很高的耐磨性、很好的弹性与抗张力，可用于金属及水泥、混凝土表面涂饰。

（7）聚氨酯漆。聚氨酯漆俗称“685”，为含有氨甲基酸酯的高分子化合物。聚氨酯漆大致可分为聚氨酯改性油、湿固化型、封闭型、羟基固化型与催化固化型 5 种。家具应用的主要是羟基固化型聚氨酯漆，具有耐磨、耐水、耐久性、附着力强、干燥快、漆膜坚硬等优点，是一种高级涂料，适用于所有的木面、金属面涂饰。

（8）聚酯漆。它是以聚酯树脂为基础的一类涂料，在一定条件下（如在引发剂或热作用下）能与苯乙烯发生聚合反应而形成体型结构的聚酯树脂，即性能优异的不饱和聚酯漆的漆膜。分为含蜡型和不含蜡型两种，现在大多数都是含蜡型，且为多组分漆，主要用于高级家具的油漆。

2. 防潮剂

防潮剂又称防白剂，它由沸点较高的溶剂（如酯类、酮类等）配成。将它加到硝基漆、过氯乙烯漆等挥发性漆中，可以防止漆膜泛白或出现针孔等弊病。防潮剂还可以代替部分稀释剂来调节漆液黏度。防潮剂与稀释剂配合使用，一般可在稀释剂中加入 10% ~ 20%。

3. 填充料

填充料用于打底，如石膏、大白粉（老粉）、立德粉、色粉、双飞粉、地板黄、红土子、黑烟子等。

4. 稀释剂

稀释剂用于稀释油漆的稠度，便于施工，增加油漆的渗透能力，改善黏结性能，节约油漆，但掺量过多会降低漆膜的强度和耐久性。常用的稀释剂有香蕉水、松节油、松香水、酒精、汽油、煤油、苯、丙酮、乙醚等。

5. 催干剂

催干剂的作用主要是促进油漆干燥，一般用钴催干剂等。

6. 上光材料

上光材料有上光蜡、砂蜡等。

7. 着色材料

着色材料的主要作用是着色和遮盖物体表面，并能提高涂膜的耐久性、耐候性和耐磨性。

二、木饰面清漆施涂

木基层施涂清漆适用于门、窗、木质家具、板壁表面的清色油漆工程，可选用酯胶清漆、酚醛清漆等。

1. 施涂工艺流程

基层处理—润油粉—满刮油腻子—刷油色—刷第一遍清漆—修补腻子—修色—打磨—刷第二遍清漆—刷第三遍清漆。

2. 施工要点

（1）基层处理。用刮刀或碎玻璃片将表面的灰尘、胶迹、锈斑刮干净，注意不要刮出毛刺。用砂纸将基层打磨光滑，顺木纹打磨，先磨线，后磨四口平面。

（2）润油粉。用棉丝蘸油粉在木材表面反复擦涂，将油粉擦进棕眼，然后用麻布或木丝擦净，线角上的余粉用竹片剔除。待油粉干透后，用 1 号砂纸顺木纹轻打磨，打到光滑为止。需要保护裱角。

（3）满刮油腻子。颜色要浅于样板 1 ~ 2 成，腻子油性大小适宜。用开刀将腻子刮入钉孔、裂纹内，刮腻子时要横抹竖起，腻子要刮光，不留散腻子。待腻子干透后，用 1 号砂纸轻轻顺纹打磨，磨至光滑，用潮布擦粉尘。

（4）刷油色。涂刷动作要快，顺木纹涂刷，收刷、理油时都要轻快，不可留下接头刷痕，每个刷面要一次刷好，不可留有接头，涂刷后要求颜色一致、不盖木纹，涂刷程序与刷铅油相同。

（5）刷第一遍清漆。刷法与刷油色相同，但应略加些汽油以便消光和快干，并应使用已磨出口的旧刷子。待漆干透后，用 1 号旧砂纸彻底打磨一遍，将头遍漆面先基本打磨掉，再用潮布擦干净。

（6）修补腻子。使用牛角腻板、带色腻子要收刮干净、平滑、无腻子疤痕，不可损伤漆膜。

（7）修色。将表面的黑斑、节疤、腻子疤及材色不一致处拼成一色，并绘出木纹。

（8）打磨。使用细砂纸轻轻往返打磨，再用潮布擦净粉末。

（9）刷第二、三遍清漆。周围环境要整洁，操作同刷第一遍清漆，但动作要敏捷，多刷多理，涂刷饱满、不流不坠、光亮均匀。涂刷后一遍油漆前应打磨消光。

冬期施工时，室内油漆工程应在采暖条件下进行，室温保持均衡，温度不宜低于 10 ℃，相对湿度不宜低于 60%。

3. 质量标准

（1）主控项目。

1）溶剂型涂料涂饰工程所选用涂料的品种型号和性能应符合设计要求。检验方

法：检查产品合格证、性能检测报告和进场验收记录。

2）溶剂型涂料工程的颜色、光泽应符合设计要求。

3）溶剂型涂料涂饰工程应涂刷均匀、黏结牢固，不得透底、起皮。

4）基层腻子应平整、坚实、牢固、无粉化。

（2）一般项目。木饰面施涂清漆的一般项目的质量和检查方法见表 4–4–1。

表 4–4–1　木饰面施涂清漆的一般项目的质量和检查方法

项次	项目	普通涂饰	高级涂饰	检查方法
1	颜色	均匀一致	均匀一致	观察
2	木纹	棕眼刮平、木纹清楚	棕眼刮平、木纹清楚	观察
3	光泽、光滑	光泽基本均匀、光滑无挡手感	光泽均匀一致、光滑	观察、用手摸
4	刷纹	无刷纹	无刷纹	观察
5	裹棱、流坠、皱皮	明显处不允许	不允许	观察
6	装饰线、分色线直线度允许偏差	2 mm	1 mm	拉 5 m 线，不足 5 m 时拉通线，用尺量
7	五金、玻璃等	洁净	洁净	观察

4. 成品保护

（1）刷每遍油漆前，都应将地面、窗台清扫干净，防止尘土飞扬，影响油漆质量。

（2）刷每遍油漆后，应将门窗扇用挺钩钩住，防止门窗扇、框与油漆黏结，避免破坏漆膜。

（3）刷油漆后应将滴在地面或窗台上及污染在墙上的油点清刷干净。

（4）油漆完成后，应派专人负责看管，并设警告牌。

三、木饰面混色漆施涂

木饰面混色漆适用于木质家具、门窗及中高级木饰表面的施涂。常用混色油漆有磁性调和漆、油性调和漆。

1. 施涂工艺流程

基层处理—刷底子油—抹腻子—打砂纸—刷第一遍混色漆—打砂纸—刷第二遍混色漆—刷第三遍混色漆。

2. 施工要点

（1）基层处理。除去表面灰尘、油污胶迹、木毛刺等，对缺陷部位进行填补、磨光、脱色处理。清扫、起钉子、除油污、刮灰土，刮时不要刮出木毛并防止刮坏抹灰面层；铲去脂囊，将脂迹刮净，流松香的节疤挖掉，对较大的脂囊，应选择与木纹相同的材料用胶镶嵌；打砂纸，先磨线角，后磨四口平面，顺木纹打磨，小块活翘皮用小刀撕掉，有重皮的地方用小钉子钉牢固；点漆片，在木节疤和油迹处用酒精漆片点刷。

（2）刷底子油。严格按刷涂次序刷涂，要刷到刷匀。

刷清油一遍：清油用汽油、光油配制，略加一些红土子（避免漏刷不好区分）。先从框上部左边开始，顺木纹涂刷，框边涂油不得碰到墙面上，厚薄要均匀，框上部刷好后，再刷亮子。刷窗扇时，如为两扇窗，应先刷左扇后刷右扇；如为三扇窗，应最后刷中间一扇。将窗扇外面全部刷完后，用挺钩钩住，不可关闭，然后刷里面。

刷门时，先刷亮子，再刷门框，门扇的背面刷完后，用木楔将门扇固定，最后刷门扇的正面。全部刷完后，检查有无遗漏，注意里外门窗油漆分色是否正确，并将小五金等处沾染的油漆擦净，此道工序亦可在框或扇安装前完成。

（3）抹腻子。清油干透后，将钉孔、裂缝、节疤以及边棱残缺处，用石膏油腻子嵌批平整，腻子要横抹竖起，将腻子刮入钉孔裂纹内。如接缝或裂纹较宽、孔洞较大时，可用开刀将腻子挤入缝洞内，使腻子嵌入后刮平、收净，表面上的腻子要刮光，无野腻子、残渣。上下冒头、榫头等处均应批刮到。

腻子的重量配合比为石膏：熟桐油：松香水：水 =16：5：1：6。

（4）打砂纸。腻子干透后，用 1 号砂纸打磨，磨法与底层磨砂纸相同，不要磨穿油膜，保护好棱角，不留松散腻子痕迹。磨完后应打扫干净，并用潮布将散落的粉尘擦净。

（5）刷第一遍混色漆。刷铅油，先将铅油、光油、清油、汽油、煤油等（冬季可加入适量催干剂）混合在一起搅拌过箩，其重量配合比为铅油：光油：清油：汽油：煤油 =50：10：8：20：10。可使用红、黄、蓝、白、黑铅油调配成各种所需颜色的铅油涂料，其稠度以达到盖底、不流淌、不显刷痕为准。刷涂厚薄要均匀。门或窗刷完后，应上下左右观察一遍，检查有无漏刷、流坠、裹棱及透底，最后将窗扇打开钩上挺钩；木门窗下口要用木楔固定。

（6）打砂纸。等腻子干透后，用 1 号以下的砂纸打磨，做法同前，磨好后用潮布将粉尘擦干净，然后安装玻璃。

（7）刷第二遍混色漆。刷铅油，做法同前。用潮布或废报纸将玻璃内外擦干净，注意不得损伤油灰表面和八字角（如打玻璃胶，应待胶干透），然后用 1 号砂纸或旧细砂纸轻磨一遍，方法同前，不要把底油磨穿，要保护好棱角。磨好后用潮布将粉尘擦干净。

（8）刷第三遍混色漆。要注意刷油饱满，不流不坠，光亮均匀，色泽一致。油灰（玻璃胶）要干透。刷完油漆后，要仔细检查一遍，发现做工不完善的地方，应及时修整。最后用挺钩或木楔将门窗固定好。注意成品保护。

3. 质量标准

（1）主控项目。

1）溶剂型涂料涂饰工程所选用涂料的品种、型号和性能应符合设计要求。检验方法：检查产品合格证、环保检测报告和进场验收记录。

2）溶剂型涂料工程的颜色、光泽应符合设计要求。检验方法：观察。

3）溶剂型涂饰工程应涂刷均匀、黏结牢固，不得漏涂、透底、起皮。检验方法：观察、用手摸检查。

4）基层腻子应平整、坚实、牢固，无粉化、起皮和裂缝。

（2）一般项目。木饰面施涂溶剂型混色涂料的一般项目的质量和检查方法见表 4–4–2。

表 4-4-2　　木饰面施涂溶剂型混色涂料的一般项目的质量和检查方法

项次	项目	普通涂饰	高级涂饰	检查方法
1	颜色	均匀一致	均匀一致	观察
2	木纹	刷纹通顺	无刷纹	观察
3	光泽、光滑	光泽基本均匀、光滑无挡手感	光泽均匀一致、光滑	观察、用手摸
4	裹棱、流坠、皱皮	明显处不允许	不允许	观察
5	装饰线、分色线直线度允许偏差	2 mm	1 mm	拉 5 m 线，不足 5 m 时拉通线，用尺量

4. 成品保护

（1）刷油漆前应首先清理完施工现场的垃圾及灰尘，以免影响油漆质量。

（2）每遍油漆刷完后，所有能活动的门扇及木饰面成品都应该临时固定，防止油漆面相互黏结影响质量。必要时设置警告牌。

（3）刷油后立即将滴在地面或窗台上的油漆擦干净，五金、玻璃等应事先用报纸等隔离材料进行保护，在工程交工前拆除。

（4）油漆完成后应派专人负责看管，严禁摸碰。

第五节　涂料类饰面工程质量问题及防治

一、流坠（流挂、流淌）

1. 特征

流坠是指在被涂面上或线角的凹槽处，涂料产生流淌，使涂膜厚薄不匀，形成泪痕，重者似帷幕下垂状，如图 4-5-1 所示。

2. 产生原因

涂料施工黏度过低，每遍涂膜又太厚；施工场所温度太高，涂料干燥较慢，在成膜中流动性又较大；漆刷蘸油太多；喷枪的孔径太大；涂饰面凹凸不平，在凹处积油太多；喷涂施工中喷涂压力大小不均，喷枪与施涂面距离不一致；选用挥发太快或太慢的稀释剂。

图 4-5-1　流坠（流挂、流淌）

3. 防治措施

调整涂料的施工黏度，每遍涂料的厚度应控制合理；加强施工场所的通风，选用干燥稍快的涂料品种；漆刷蘸油应勤蘸、少蘸；调整喷嘴孔径；在施工中，应尽量使基层平整，磨去棱角；刷涂料时，用力刷匀；调整空气压力机，使压力均匀，气压一般为 0.4 ~ 0.6 MPa；喷枪嘴与施涂面距离调到足以消除此项疵病，并应均匀移动；应选择各种涂料配套的稀释剂，注意稀释剂的挥发速度和涂料干燥时间的平衡。

二、刷纹（刷痕）

1. 特征

在刷涂施工中，如果依靠涂料自身的表面张力不能消除漆刷在施工中留下的痕迹，就会形成刷纹（刷痕），如图 4-5-2 所示。

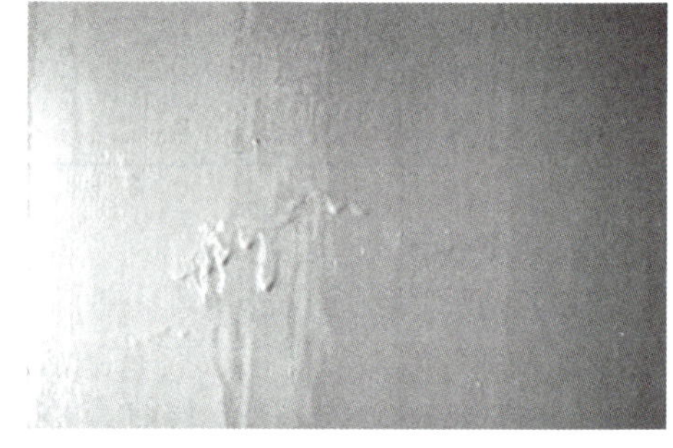

图 4-5-2　刷纹（刷痕）

2. 产生原因

涂料的施工黏度过高，而稀释剂的挥发速度又太快；涂料中的填料吸油性大，或涂料中混进了水分，使涂料的流平性变差；在木制品刷涂中，没有顺木纹方向平行操作；选用的漆刷过小或刷毛过硬，或漆刷保管不善使刷毛不齐或干硬；被涂物面对涂料的吸收能力过强，涂刷困难。

3. 防治措施

调整涂料施工黏度，选用配套的稀释剂；刷涂所选用的涂料应具有较好的流平性，挥发速度适宜。若涂料中混入水，应用滤纸吸除后再用；应顺木纹的方向进行施工；刷涂磁漆时，用较软的漆刷，理油动作要轻巧。漆刷用过后，应用稀释剂洗净，妥善保管，刷毛不齐的漆刷应尽量不用；先用黏度低的涂料封底，然后进行正常刷涂。

刷纹处理：应用水砂纸轻轻打磨平整，并用湿布擦净，然后再刷涂一遍涂料。

三、渗色（渗透、洇色）

1. 特征

渗色是指面层涂料把底层涂料的涂膜软化或溶解，使底层涂料的颜色渗透到面层涂料中，如图 4-5-3 所示。

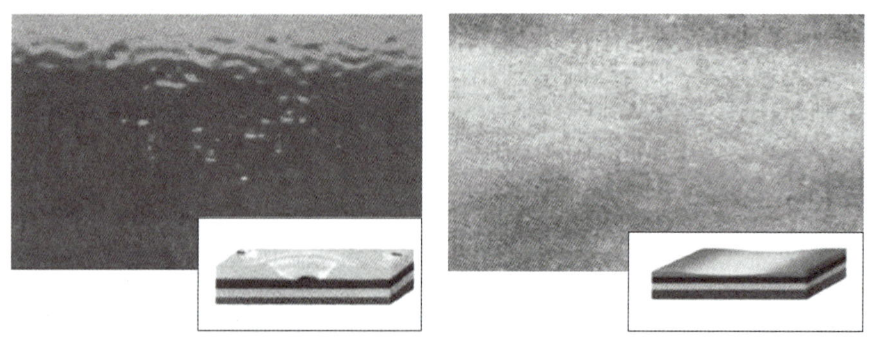

图 4-5-3　渗色（渗透、洇色）

2. 产生原因

在底层涂料未充分干透的情况下刷涂面层涂料；在一般的底层涂料上刷涂强溶剂的面层涂料；底层涂料中使用了某些有机颜料（如酞菁蓝、酞菁绿）、沥青、杂酚油等；木材中含有某些有机染料、木脂等，如不涂封底涂料，日久或在高温情况下，易出现渗色；底层涂料的颜色深，而面层涂料的颜色浅。

3. 防治措施

底层涂料充分干燥后，再刷涂面层涂料；底层涂料和面层涂料应配套使用；底漆中最好选用无机颜料或抗渗色性好的有机颜料，避免沥青、杂酚油等混入涂料；木材中的染料、木脂应尽量清除干净，并用虫胶漆（漆片）进行封底，待干后再施涂面层涂料；面层涂料的颜色一般应比底层涂料深。

四、咬底

1. 特征

咬底是指面层涂料把底层涂料的涂膜软化、膨胀、咬起，如图 4–5–4 所示。

2. 产生原因

在一般底层涂料上刷涂强溶剂型的面层涂料；底层涂料未完全干燥就刷涂面层涂料；刷涂面层涂料时，动作不迅速，反复刷涂次数过多。

3. 防治措施

底层涂料和面层涂料应配套使用；应待底层涂料完全干透后，再刷面层涂料；涂刷强溶剂型涂料，应技术熟练、操作准确、迅速，反复次数不宜多。

咬底处理：应将涂层全部铲除洁净，待干燥后，再进行一次涂饰施工。

五、泛白

1. 特征

泛白是指各种挥发性涂料在施工中和干燥过程中，出现涂膜混浊，光泽减退甚至发白，如图 4–5–5 所示。

图 4–5–4　咬底

图 4–5–5　泛白

2. 产生原因

在喷涂施工中，由于油水分离器失效，而把水分带进涂料中；快干涂料施工中使用大量低沸点的稀释剂，涂膜不但会发白，有时也会出现多孔状和细裂纹；快干挥发性涂料在低温、高湿度（80%）的条件下施工，使部分水蒸气凝结在涂膜表面形成白雾状；凝结在湿涂膜上的水蒸气，使涂膜中的树脂或高分子聚合物部分析出，从而引起涂料的涂膜发白；基层潮湿或工具内带有大量水分。

3. 防治措施

喷涂前，应检查油水分离器，不能漏水；快干涂料施工中应选用配套的稀释剂，而且稀释剂的用量也不宜过多；快干挥发性涂料不宜在低温、高湿度的场所中施工；在涂料中加入适量防潮剂（防白剂）或丁醇类憎水剂；基层应干燥，清除工具内的水分。

六、浮色（涂膜发花）

1. 特征

浮色是指含有多种颜料的复色涂料，在施工中颜料分层离析，造成干膜和湿膜的颜色差异很大，如图 4–5–6 所示。

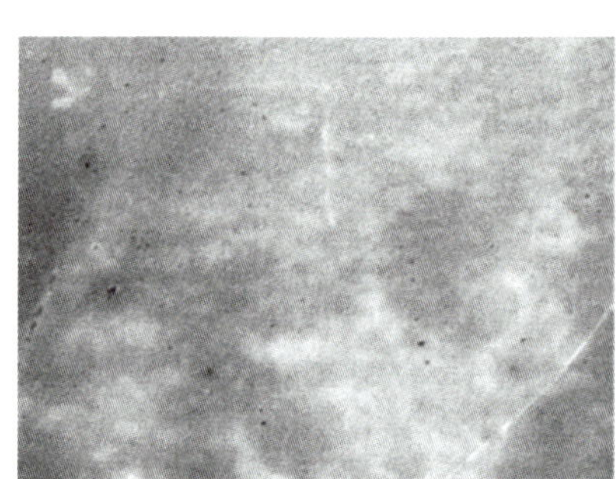

图 4–5–6　浮色

2. 产生原因

复色涂料的混合颜料中，各种颜料的密度差异较大；漆刷的毛太粗、太硬；使用涂料时，未将已沉淀的颜料搅匀。

3. 防治措施

在颜料密度差异较大的复色涂料的生产和施工中适量加入甲基硅油；使用含有密度大的颜料的净料，最好选用软毛漆刷。刷涂时经常搅拌均匀。

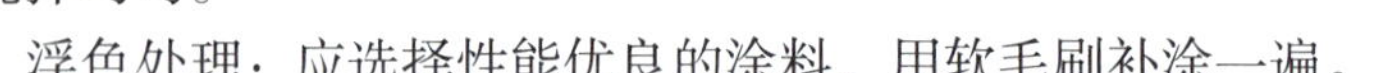

浮色处理：应选择性能优良的涂料，用软毛刷补涂一遍。

七、起泡

1. 特征

起泡是指涂膜在干燥过程中或高温高湿条件下，表面出现许多大小不均、圆形不规则的凸起物，如图 4–5–7 所示。

2. 产生原因

木材、水泥等基层含水率过高；木材本身含有芳香油或松脂，自然挥发；耐水性低的涂料用于浸水物体的涂饰；油性腻子未完全干燥或底层涂料未干时刷涂面层涂料；金属表面处理不佳，凹陷处积聚潮气或包含铁锈，使涂膜附着不良而产生气泡；喷涂时，压缩空气中有水蒸气，与涂料混在一起；涂料的黏度较大，刷涂时易夹带空气进入涂层；施工环境温度太高，或日光强烈照射使底层涂料未干透；遇雨水后又刷涂面层涂料，底层涂料干结时产生气体将面层涂膜顶起。

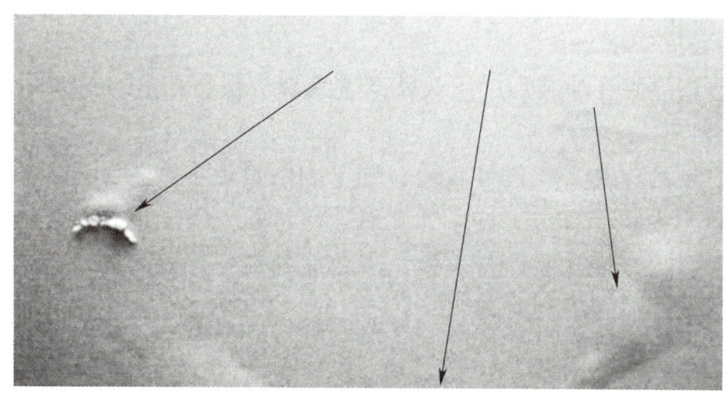

图 4-5-7　起泡

3. 防治措施

应在基层充分干燥后，再进行涂饰施工；除去木材中的芳香油或松脂；在潮湿处选用耐水涂料；应在腻子、底层涂料充分干燥后，再刷面层涂料；金属表面涂饰前，必须将铁锈清除干净；涂料黏度不宜过大，一次涂膜不宜过厚；喷涂前，检查油水分离器，防止水蒸气混入；应在底层涂料完全干透、表面水分除净后再涂面层涂料。

八、针孔

1. 特征

针孔是指涂料在涂装后由于溶剂急剧挥发，使漆液来不及补充，而形成的许多圆形小圈、小穴，如图 4-5-8 所示。

2. 产生原因

涂料施工黏度过大，施工场所温度较低；涂料搅拌后，气泡未消就被使用；溶剂搭配不当，低沸点挥发性溶剂用量过多，造成涂膜表面迅速干燥，而底部的溶剂不易逸出；在 30 ℃以上的温度下喷涂或刷涂含有低沸点挥发快溶剂的涂料；喷涂施工中喷枪压力过大，喷嘴直径过小，喷枪和被涂面距离太远；涂料中有水分，空气中有灰尘。

图 4-5-8　针孔

3. 防治措施

涂料施工黏度不宜过大，施工温度不宜过低；涂料搅拌后，应停一段时间后再用；注意溶剂的搭配，应控制低沸点溶剂的用量；应在较低的温度下进行施工，酯胶清漆可加入 3% ~ 5%松节油来改善；应掌握好喷涂技术；配制使用涂料时，应防止水分混入；风沙天、大风天不宜施工。

九、涂膜开裂

1. 特征

涂膜开裂是指涂膜在涂装后，不久就产生细裂、粗裂和龟裂，如图 4–5–9 所示。

2. 产生原因

涂膜干后，硬度过高，柔韧性较差；催干剂用量过多或各种催干剂搭配不当；涂层过厚，表干里不干；受有害气体（如二氧化硫、氨气等）的侵蚀；木材的松脂未除净，在高温下易渗出，使涂膜产生龟裂；混色涂料在使用前未搅匀；面层涂料中的挥发成分太多，影响成膜的结合力。

3. 防治措施

面层涂料的硬度不宜过高，应选用柔韧性较好的面层涂料来涂装；应注意催干剂的用量和搭配；施工中每遍涂膜不能过厚；施工中应避免有害气体的侵蚀；木材中的松脂应除净，并用封底涂料封底后再涂面层涂料；施工前应将涂料搅匀；面层涂料的挥发成分不宜过多。

十、涂膜脱落

1. 特征

涂膜脱落是指涂膜开裂后失去应有的黏附力，以致分成小片或整张揭皮脱落，如图 4–5–10 所示。

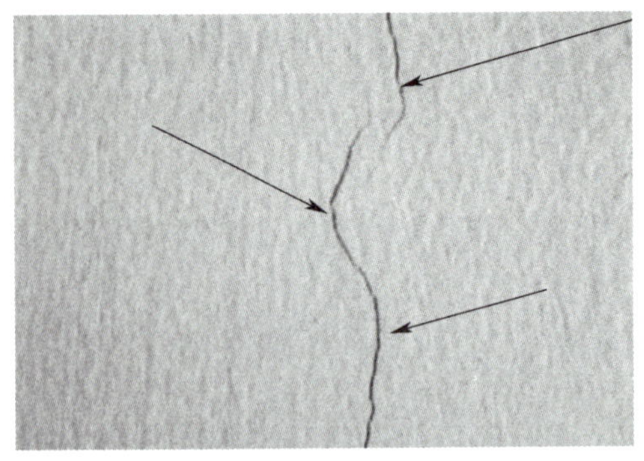

图 4–5–9　涂膜开裂

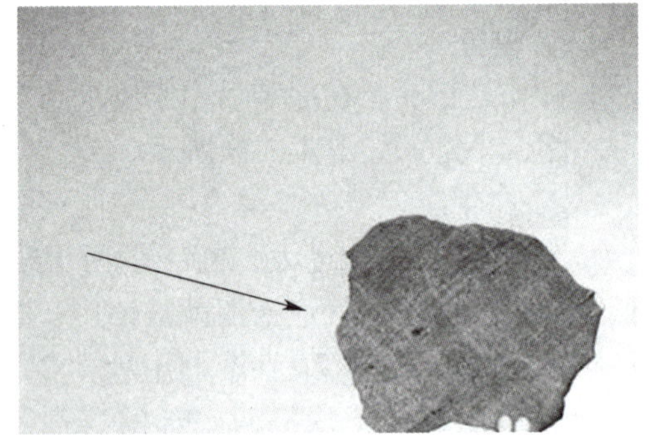

图 4–5–10　涂膜脱落

2. 产生原因

基层处理不当，表面有油垢、锈垢、水汽、灰尘或化学药品等；在潮湿或霉染了的砖、石和水泥基层上涂装，涂料与基层黏结不良；每遍涂膜太厚；底层涂料的硬度过大，涂膜表面光滑，使底层涂料和面层涂料的结合力较差。

3. 防治措施

施涂前，应将基层处理干净；基面应当干燥，除去霉染物后再刷涂；控制每遍涂料的涂膜厚度；注意底层涂料和面层涂料的配套，应选用附着力和润湿性较好的底层涂料。

思考与练习

1. 简述建筑装饰涂料的功能。
2. 简述建筑装饰涂料的成分。
3. 简述建筑装饰涂料的分类。
4. 简述木饰面混色漆施涂工艺流程。

第五章 裱糊类饰面工程

学习目标

1. 了解裱糊类饰面工程施工常用的机具。
2. 熟悉不同类型裱糊施工工艺，以及其完整施工过程。
3. 熟悉裱糊类饰面工程施工工艺，掌握为达到施工质量要求正确选择材料和组织施工的方法，培养解决施工现场常见工程质量问题的能力。
4. 在掌握施工工艺的基础上，通过裱糊技能操作领会工程验收质量标准。

第一节 裱糊饰面概述

裱糊类饰面工程简称裱糊工程，是指在室内平整光洁的墙面、顶棚面、柱体面和室内其他构件表面，用墙纸、墙布等材料裱糊的装饰工程。裱糊工艺是一种古老而传统的装饰工艺，同涂料工艺一样，随着科学的进步和工业的发展，新材料、新工艺和新技术使裱糊工程的内容向多样化发展。

一、裱糊材料分类

裱糊的特点是装饰效果好、多功能性、施工方便、维护保养简便、使用寿命长。裱糊材料主要有以下两种类型。

1. 墙纸

（1）普通墙纸（见图 5-1-1）。材料组成：基层——纸；面层——高分子乳液涂布经印花压纹制成。优点：防水、透气、耐磨、质感丰富。

（2）塑料墙纸（见图 5-1-2）。材料组成：基层——纸；面层——聚氯乙烯塑料膜。优点：表面不吸水、可擦洗、强度好。种类：浮雕、压花、发泡。

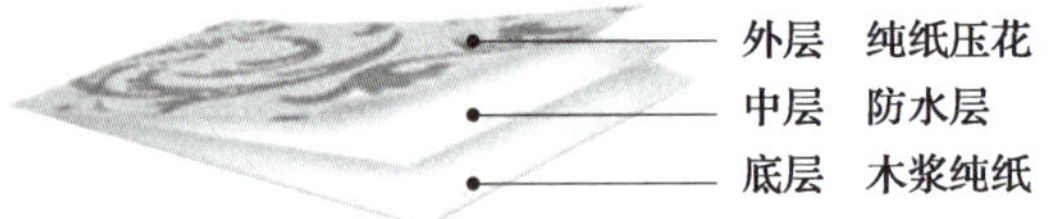

图 5-1-1　普通墙纸

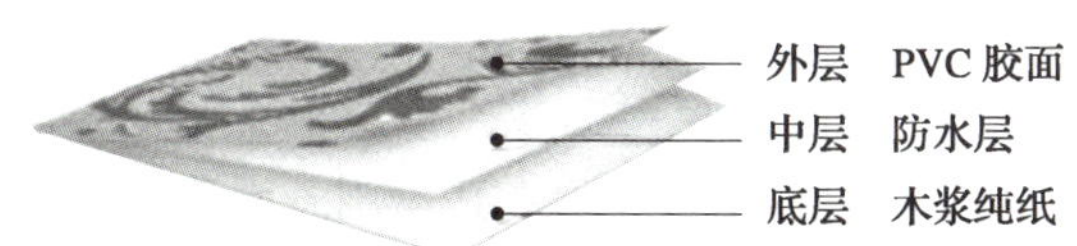

图 5-1-2 塑料墙纸

2. 墙布

（1）玻璃纤维墙布（见图 5-1-3）。材料组成：基层——玻璃纤维；面层——耐磨树脂。优点：不褪色、不老化、防水、防潮、可刷洗。

（2）无纺布墙布（见图 5-1-4）。材料组成：基层——用棉、麻等天然纤维或涤纶、腈纶等纤维制成；面层——耐磨树脂。优点：挺括、富有弹性、不易折断、色彩艳丽、不褪色、可刷洗。

图 5-1-3 玻璃纤维墙布

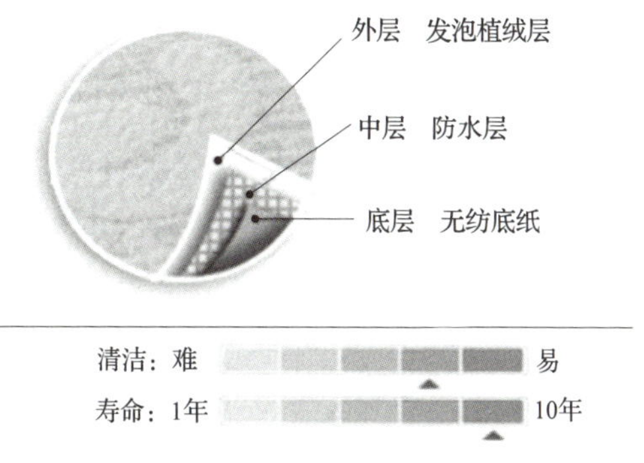

图 5-1-4 无纺布墙布

（3）丝绒织缎饰面（见图 5-1-5）。优点：质感温暖、高雅精致、色泽自然逼真。缺点：不耐脏、不能擦洗、易发霉。主要用于高级场所，一般场所应用较少。

（4）皮革合成革饰面（见图 5-1-6）。用于高级场所，如包房、卡拉 OK 厅等，一般场所应用较少。

图 5-1-5 丝绒织缎饰面

图 5-1-6 皮革合成革饰面

（5）微薄木饰面（见图 5–1–7）。天然名贵木材切削而成，一般用于家具局部装饰、高级装饰拼花等。

（6）金属墙布（见图 5–1–8）。材料组成：基层——布；面层——涂金属膜（颜色有古铜、红铜、咖啡、银白等）。优点：质感好。用于大堂等场所。

图 5–1–7　微薄木饰面

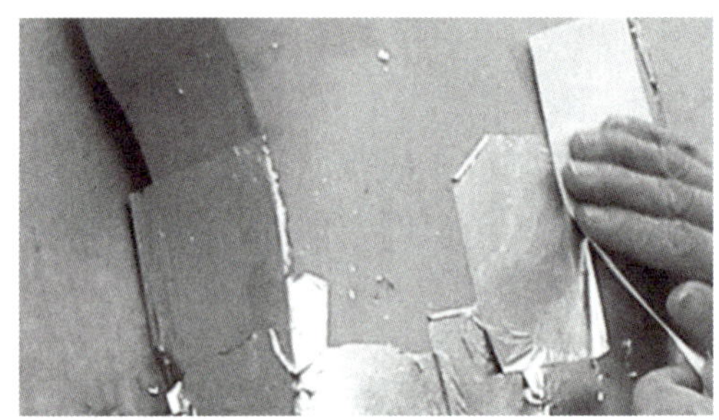

图 5–1–8　金属墙布

墙纸和墙布的性能国际通用标志如图 5–1–9 所示。

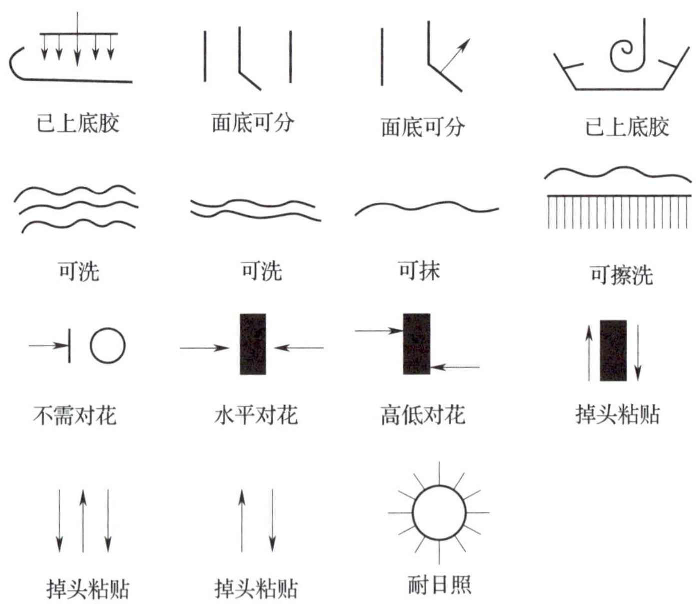

图 5–1–9　墙纸和墙布的性能国际通用标志

二、常用胶粘剂

1. 成品胶粘剂

成品胶粘剂的类别及其应用见表 5–1–1。

2. 现场调制胶粘剂

现场调制胶粘剂见表 5–1–2。

表 5-1-1　成品胶粘剂的类别及其应用

形态类别	主要黏料	分类代号		现场调用
		第 1 类	第 2 类	
粉状胶	一般为改性聚乙烯醇、纤维素及其衍生物等	1F	2F	根据产品使用说明将胶粉缓慢撒入定量清水中，边撒边搅拌或静置沉淀后搅拌，使之溶解直至均匀无团块
糊状胶	淀粉类及其改性胶等	1H	2H	按产品使用说明直接施用或用清水稀释搅拌至均匀无团块
液体胶	聚醋酸乙烯酯、聚乙烯醇及其改性胶等	1Y	2Y	按产品使用说明

表 5-1-2　现场调制胶粘剂

材料组成	配合比（质量比）	适用的墙纸、墙布	备注
白乳胶 : 2.5% 羧甲基纤维素:水	5 : 4 : 1	无纺墙布或 PVC 墙纸	配比可经试验调整
白乳胶 : 2.5% 羧甲基纤维素溶液	6 : 4	玻璃纤维墙布	基层颜色较深时可掺入 10% 白色乳胶漆
SJ-801 胶 : 淀粉糊	1 : 0.2		
面粉（淀粉）: 明矾 : 水	1 : 0.1 : 适量	普通墙纸 复合纸基墙纸	调配后煮成糊状
面粉（淀粉）: 酚醛 : 水	1 : 0.002 : 适量		
成品裱糊胶粉或化学浆糊	加水适量	墙毡、锦缎	胶粉按使用说明

三、常用机具

1. 剪裁工具

（1）剪刀。对于较重型的墙纸或纤维墙布，宜采用长刃剪刀。剪裁时先沿直尺用剪刀背划出印痕，再沿印痕将墙纸或墙布剪断。

（2）裁刀。裱糊材料较多采用活动裁纸刀，即普通多用刀。另外，还有一种裁刀是轮刀，分为齿形轮刀和刃形轮刀两种。齿形轮刀能在墙纸上需要裁割的部位压出连串小孔，能够沿孔线将墙纸很容易地整齐撕开；刃形轮刀通过对墙纸的滚压而直接将其切断，适宜质地较脆的墙纸和墙布的裁割。

2. 刮涂工具

（1）刮板。刮板主要用于刮抹基层腻子及刮压平整裱糊操作中的墙纸和墙布，可用薄钢片、塑料板或防火胶板自制，要求有较好的弹性且不能有尖锐的刃角，以利于抹压操作，但不至于损伤墙纸和墙布表面。

（2）油灰铲刀。油灰铲刀主要用于修补基层表面的裂缝、孔洞及剥除旧裱糊面上的墙纸和墙布残留。

3. 刷具

刷具用于刷涂裱糊胶粘剂，其刷毛可以是天然纤维或合成纤维，宽度一般为 15 ~ 20 mm；此外，刷涂胶粘剂较适宜的是排笔。

4. 滚压工具

滚压工具主要是指滚筒，其在裱糊工艺中有三种作用：一是使用绒毛滚筒，通过滚涂胶粘剂、底胶或墙纸、墙布保护剂；二是采用橡胶滚筒，通过滚压铺平、粘实、贴牢墙纸、墙布；三是使用小型橡胶轧辊或木质轧辊，通过滚压而迅速压平墙纸、墙布的接缝和边缘部位，滚压时在胶粘剂干燥前做短距离快速滚压，特别适用于重型墙纸、墙布的拼缝压平与贴严。

5. 其他工具

其他工具包括裁纸案台、钢卷尺、水平尺、粉线包、软布、毛巾、排笔及板刷等。

第二节 裱糊饰面工程施工

一、施工要求

根据《建筑装饰装修工程质量验收标准》（GB 50210—2018）及《住宅装饰装修工程施工规范》（GB 50327—2001）等的规定，在裱糊之前，基层处理质量应达到下列要求。

1. 新建筑物的混凝土或水泥砂浆抹灰层在刮腻子前，应先刷涂一道抗碱底漆。
2. 旧基层在裱糊前，应清除疏松的旧装饰层，并刷涂界面剂，以利于黏结牢固。
3. 混凝土或抹灰基层的含水率不得大于 8%，木材基层的含水率不得大于 12%。
4. 基层的表面应坚实、平整，不得有粉化、起皮、裂缝和凸出物，色泽应基本一致。有防潮要求的基体和基层，应事先进行防潮处理。
5. 基层批刮腻子应平整、坚实、牢固，无粉化、起皮和裂缝；腻子的黏结强度应符合《建筑室内用腻子》（JG/T 298—2010）中 N 型腻子的规定。
6. 裱糊基层的表面平整度、立面垂直度及阴阳角方正，应符合《建筑装饰装修工程质量验收标准》（GB 50210—2018）中对于高级抹灰的要求。
7. 裱糊前，应用封闭底胶刷涂基层。

二、施工工艺

1. 工艺流程

裱糊饰面工程的工艺流程：基层处理—基层弹线—墙纸与墙布处理—刷涂胶粘剂—裱糊。

2. 施工要点

下面以墙纸裱糊为例说明施工要点。

（1）基层处理。在基层处理时应注意以下几个方面。

1）清理基层上的灰尘、油污、疏松和黏附物；安装于基层上的各种控制开关、插座、电气盒等凸出的设置，应先卸下扣盖等影响裱糊施工的部分。

2）根据基层的实际情况，对基层进行有效嵌补，采取腻子批刮并在每遍腻子干燥后均用砂纸磨平。

3）基层处理经工序检验合格后，即采用喷涂或刷涂的方法施涂封底涂料或底胶，做基层封闭处理一般不少于两遍。封底涂刷不宜过厚，并要均匀一致。

（2）基层弹线。

1）为了使裱糊饰面横平竖直、图案端正、装饰美观，每个墙面第一幅墙纸都要挂垂线找直，作为裱糊施工的基准标志线，自第二幅开始，可先上端后下端对缝依次裱糊，以保证裱糊饰面分幅一致，并防止累积歪斜。

2）对于图案形式鲜明的墙纸，为保证做到整体墙面图案对称，应在窗口横向中心部位弹好中心线，由中心线再向两边弹分格线；如果窗口不在中间位置，为保证窗间墙的阳角处图案对称，可在窗间墙弹中心线，然后由此中心线向两侧分幅弹线。对于无窗口的墙面，可以选择一个距离窗口墙面较近的阴角，在距墙纸幅宽 50 mm 处弹垂线。

3）对于墙纸裱糊墙面的顶部边缘，如果墙面有挂镜线或天花阴角装饰线时，即以此类线脚的下缘水平线为准，作为裱糊饰面上部的收口；如无此类顶部收口装饰，则应弹出水平线以控制墙纸饰面的水平度。

（3）墙纸处理。

1）裁割下料。墙纸下料计算方法如图 5-2-1 所示。

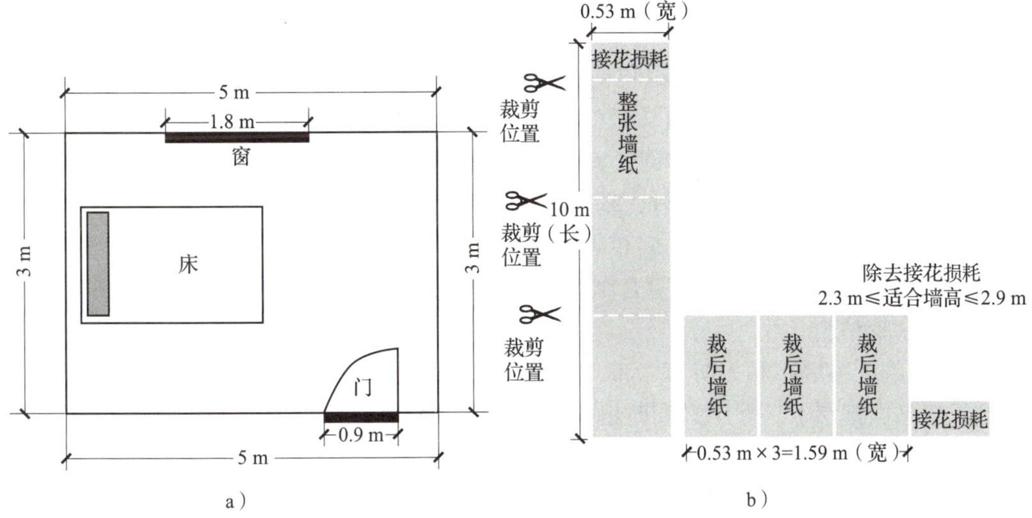

图 5-2-1　墙纸下料计算方法

a）卧室平面示意　b）墙纸裁剪示意

墙面周长算法如下：

图 5-2-1a 是一间卧室的平面图，宽是 5 m，长是 3 m，那么周长是（5 m+3 m）× 2=16 m，需铺墙纸墙面总宽度 = 房间周长 − 门的宽度 − 窗的宽度，即

$$16\ \text{m}-0.9\ \text{m}-1.8\ \text{m}=13.3\ \text{m}$$

每卷墙纸铺贴墙面宽度：

如图 5-2-1b 所示，墙纸宽度 0.53 m（以长 10 m、宽 0.53 m 的规格为例），每卷可以裁剪 3 条，每卷可铺墙面宽度 0.53 m × 3=1.59 m。

需要墙纸卷数：

卧室需铺墙纸墙面宽度 ÷ 每卷可铺墙面宽度，即

$$13.3 \div 1.59 \approx 8.4\text{（取大于 8.4 的整数 9）}$$

2）浸水润纸。对于裱糊墙纸的事先湿润，俗称闷水，这是针对纸胎的塑料墙纸的施工工序。

玻璃纤维基材及无纺贴墙布类材料，遇水后无伸缩变形，所以不需要进行湿润；而复合纸质墙纸则严禁进行闷水处理。

①聚氯乙烯塑料墙纸遇水或胶液浸湿后即膨胀，需 5 ~ 10 min 胀足，干燥后又自行收缩，掌握和利用这一特性是保证塑料墙纸裱糊质量的重要环节。

②金属墙纸在裱糊前也需要进行适当的润纸处理，但闷水时间应当短些，即将其浸入水槽中 1 ~ 2 min 取出，抖掉多余的水，静置 5 ~ 8 min，然后进行裱糊操作。

③复合纸基墙纸的湿强度较差，严禁进行裱糊前的浸湿处理。为达到软化此类墙纸以利于裱糊的目的，可在墙纸背面均匀刷涂胶粘剂，然后将胶面对胶面自然对折静置 5 ~ 8 min，即可上墙裱糊。

④带背胶的墙纸，应在水槽中浸泡数分钟后取出，并由底部开始图案朝外卷成一卷，待静置 1 min 后，便可进行裱糊。

⑤纺织纤维墙纸不能在水中浸泡，可先用洁净的湿布在其背面稍做擦拭，然后进行裱糊操作。

（4）刷涂胶粘剂。墙纸裱糊胶粘剂的刷涂，应当做到薄而均匀，不得漏刷；墙面阴角部位应增刷胶粘剂 1 ~ 2 遍。对于自带背胶的墙纸，则无须再刷涂胶粘剂。

1）塑料墙纸用于墙面裱糊时，其背面可以不涂胶粘剂，只在被裱糊基层上施涂胶粘剂。当塑料墙纸裱糊于顶棚时，基层和墙纸背面均应刷涂胶粘剂。

2）纺织纤维墙纸、化纤贴墙布等品种，为了增强其裱贴黏结能力，材料背面及装饰基层表面均应刷涂胶粘剂。复合纸基墙纸采用纸背涂胶进行静置软化，裱糊时其基层也应刷涂胶粘剂。

3）玻璃纤维墙布和无纺布墙布，要求选用黏结强度较高的胶粘剂，只需将胶粘剂刷涂于裱贴面基层上，而不必同时也在布的背面涂胶。

4）金属墙纸质脆而薄，在其纸背刷涂胶粘剂之前，应准备一卷未开封的发泡墙纸或一个长度大于金属墙纸宽度的圆筒，然后一边在已经浸水后阴干的金属墙纸背面刷胶，一边将刷过胶的部分向上卷在发泡墙纸卷或圆筒上。

5）锦缎刷涂胶粘剂时，由于材质过于柔软，传统的做法是先在其背面衬糊一层宣

纸，使其略有挺韧平整，而后在基层上刷涂胶粘剂进行裱糊。

（5）裱糊。裱糊的基本顺序：先垂直面，后水平面；先细部，后大面；先保证垂直，后对花拼缝；垂直面先上后下，先长墙面、后短墙面；水平面先高后低。裱糊饰面的大面，尤其是装饰的显著部位，应尽可能采用整幅墙纸，不足整幅者应裱贴在光线较暗或不明显处。与顶棚阴角线、挂镜线、门窗装饰包框等线脚或装饰构件交接处，均应衔接紧密，不得出现亏纸而留下残余缝隙。不同类型墙纸裱糊中也有很多注意要点。

1）根据分幅弹线和墙纸的裱糊顺序编号，从距离窗口处较近的一个阴角部位开始，依次到另一个阴角收口，如此顺序裱糊，其优点是不会在接缝处出现阴影，从而方便操作。

2）无图案的墙纸，接缝处可采用搭接法裱糊。

3）对于有图案的墙纸，为确保图案的完整性及其整体的连续性，裱糊时可采用拼接法。先对花，后拼缝，从上至下图案吻合后，用刮板斜向刮平，将拼缝处赶压密实；拼缝处挤出的胶液，及时用洁净的湿毛巾或海绵擦除。

4）为了防止在使用时由于被碰划而造成墙纸开胶，裱糊时不可在阳角处甩缝，应包过阳角不小于 20 mm。阴角处搭接时，应先裱糊压在里面的墙纸，再裱贴搭在上面的墙纸，一般搭接宽度为 20 ~ 30 mm；搭接宽度不宜过大，否则其褶痕过宽会影响饰面美观。重点装饰造型部位的阳角采用搭接时，应考虑采取其他包角、封口形式的配合装饰措施（由设计确定）。

5）遇有基层卸不下的设备或附件，裱糊时可在墙纸上剪口。方法是将墙纸轻糊于裱贴面凸出物件上，找到中心点，从中心点往外呈放射状剪裁（即星型剪切），再使墙纸舒平，用笔描出物件的外轮廓线，轻手拉起多余的墙纸，剪去不需要的部分，如此沿轮廓线套割贴严，不留缝隙。

6）顶棚裱糊时，宜沿房间的长度方向，先裱糊靠近主窗的部位。裱糊前先在顶棚与墙壁交接处弹一条粉线，基层涂胶后，将已刷好胶并保持折叠状态的墙纸托起，展开其顶褶部分，边缘靠齐粉线，先敷平一段，然后沿粉线铺平其他部分，直至整幅贴牢。按此顺序完成顶棚裱糊，分幅赶平铺实、剪除多余部分并修齐各处边缘及衔接部位。

不同类型墙纸施工注意事项见表 5–2–1。

表 5–2–1　　不同类型墙纸施工注意事项

PVC 胶面墙纸	纯纸墙纸	无纺布墙纸
PVC 胶面墙纸施工比较简单，重点是对好花形	粘贴纯纸墙纸时要注意不可用刮板等硬物直接接触，最好是刮板外包裹一层毛巾布方可，以免掉色，贴上后有小气泡属正常现象，一般 3 d 左右干了即可消失	无纺布墙纸表面为纤维材料，所以被污染后比较不容易擦洗，施工时要注意胶水要刷于墙上，避免胶水溢到材料表面而造成污染

续表

沙粒水晶墙纸	天然材料墙纸	金属墙纸
表面的沙粒水晶等材料，不可用刮板等硬的施工工具直接接触，应该使用专业施工工具（马尾刷）将墙纸刷平	一般需要先用湿布将其底面擦湿，使其柔软后再刷胶施工，这样可以避免施工时墙纸起皱	金属墙纸表面的一层金箔或锡箔也会导电，因此要小心避开电源、开关灯带电线路

三、质量标准

1. 主控项目

（1）墙纸、墙布的种类、规格、图案、颜色和燃烧性能等级必须符合设计要求及国家现行的有关规定。供应商应提供墙纸、墙布的质量、环保、防火性能的检测报告。

（2）裱糊工程基层处理质量应符合要求。新建筑物的混凝土或抹灰基层墙面在刮腻子前应刷涂抗碱封闭底漆；旧墙面在裱糊前应清除疏松的旧装修层，并刷涂界面剂；混凝土或抹灰基层含水率不得大于 8%，木材基层的含水率不得大于 12%；基层腻子应平整、坚实、牢固，无粉化、起皮和裂缝；基层表面平整度、立面垂直度及阴阳角方正程度应达到高级抹灰的要求；基层表面颜色应一致；裱糊前应用封闭底胶刷涂基层。

（3）裱糊后各幅拼接应横平竖直，拼接处花纹、图案应吻合，不离缝，不搭接，不显拼缝。

（4）壁纸、墙布应粘贴牢固，不得有漏贴、补贴、脱层、空鼓和翘边。

2. 一般项目

（1）裱糊后的墙纸、墙布表面应平整，色泽应一致，不得有波纹起伏、气泡、裂缝、皱褶及污斑，斜视时应无胶痕。

（2）复合压花墙纸的压痕及发泡墙纸的发泡层应无损伤。

（3）墙纸、墙布与各种装饰线、设备线盒应交接严密。

（4）墙纸、墙布边缘应平直整齐，不得有纸毛、飞刺。

（5）墙纸、墙布阴角处搭接应顺光，阳角处应无接缝。

四、成品保护

1. 墙布、锦缎装修饰面已裱糊完的房间应及时清理干净，不准做临时料房或休息室，避免污染和损坏，应设专人负责管理，如及时锁门，定期通风换气、排气等。

2. 在整个墙面装饰工程裱糊施工过程中，严禁非操作人员随意触摸成品。

3. 在暖通、电气及上下水管工程裱糊施工过程中，操作者应注意保护墙面，严防污染和损坏成品。

4. 严禁在已裱糊完墙布、锦缎的房间内剔眼打洞。若纯属因设计变更所致，也

应采取可靠有效措施，施工时要小心保护，施工后要及时认真修补，以保证成品完整。

5. 在二次补油漆、涂浆活及地面水磨石、花岗石清理打蜡时，要注意保护好成品，防止污染、碰撞与损坏墙面。

6. 墙面裱糊时，各道工序必须严格按照规程施工，操作时要做到干净利落，边缝要切割整齐到位，胶痕迹要擦干净。

7. 冬期在采暖条件下施工，要派专人负责看管，严防发生跑水、渗漏水等事故。

第三节　软包装饰工程施工

软包是一种在室内墙表面用柔性材料加以包装的墙面装饰方法，如图 5-3-1 所示。它所使用的材料质地柔软，色彩柔和，能够柔化整体空间氛围，其纵深的立体感亦能提升家居档次。除了美化空间的作用外，更重要的是它具有阻燃、吸声、隔声、防潮、防霉、抗菌、防水、防油、防尘、防污、防静电、防撞的功能。软包大多运用于高档宾馆、会所、KTV 等地方，一些高档小区的商品房、别墅等也会大面积使用。软包可划分为以下三大类。

图 5-3-1　墙面软包

1. 常规传统软包

施工工艺：先用基层板（9 厘板或 12 厘板）铺设，然后上面加一层 3 ~ 5 cm 厚的泡沫垫，再用布艺或者人造皮革或者真皮饰（包）面包好。

2. 型条软包

施工工艺：先将型条按需要的图形固定在墙面，中间填充海绵，最后用塞刀把布或皮革塞在型条里。

3. 皮雕软包

皮雕软包是一种新型软包，是用专用模具经高温一次热压成型，款式新颖，阻燃耐磨。

一、软包工程施工有关规定

根据《建筑装饰装修工程质量验收标准》（GB 50210—2018）及《住宅装饰装修工程施工规范》（GB 50327—2001）等的规定，用于墙面、门等部位的软包工程应符合以下规定。

1. 软包面料、内衬材料和边框的材质、颜色、图案等，以及木材的含水率，均应符合设计要求及国家现行标准的有关规定。

2. 软包墙面所用的填充材料、纺织面料和龙骨、木质基层等，均应进行防火处理。

3. 软包工程的安装位置及构造做法，应符合设计要求。

4. 基层墙面有防潮要求时，应均匀刷涂一层清油或满铺油纸（沥青纸），不得采用沥青油毡作为防潮层。

5. 木龙骨宜采用凹榫工艺进行预制，可整体或分片安装，与墙体连接应紧密、牢固。

6. 填充材料的尺寸应正确，棱角应方正，固定安装时应与木基层衬板黏结紧密。

7. 织物面料裁剪时，应经纬顺直。安装时应紧贴基面，接缝应严密，无凹凸不平，花纹应吻合，无波纹起伏、翘边和褶皱，表面应清洁。

8. 软包饰面与压线条、贴脸板、踢脚板、电气盒等交接处，应严密、顺直，无毛边。电气盒盖等开洞处，套割尺寸应准确。

9. 单块软包面料不应有接缝，四周应绷压严密。

二、软包施工工艺

1. 工艺流程

基层或底板处理—吊直、套方、找规矩、弹线—计算用料、截面料—粘贴面料—安装贴脸或装饰边线、刷镶边油漆—修整软包墙面。

2. 施工要点

（1）基层或底板处理。在结构墙上预埋木砖，抹水泥砂浆找平层。如果是直接铺贴，则应先将底板拼缝用油腻子嵌平密实，满刮腻子 1 ~ 2 遍，待腻子干燥后，用砂纸磨平，粘贴前基层表面满刷清油一道。

（2）吊直、套方、找规矩、弹线。根据设计图样要求，把该房间需要软包墙面的装饰尺寸、造型通过吊直、套方、找规矩、弹线等工序落实到墙面上。

（3）计算用料、截面料（套裁填充料和面料）。根据设计图样的要求，确定软包墙面的具体做法。

（4）粘贴面料。如采取直接铺贴法施工，应待墙面细木装修基本完成时，边框油漆达到交活条件，方可粘贴面料。

（5）安装贴脸或装饰边线、刷镶边油漆。根据设计选定和加工好的贴脸或装饰边线，按设计要求把油漆刷好（达到交活条件），便可进行装饰板安装工作。首先经过试拼，达到设计要求的效果后，便可与基层固定和安装贴脸或装饰边线，最后刷涂镶边油漆成活。

（6）修整软包墙面。除尘清理，钉粘保护膜和处理胶痕。

三、质量要求

1. 主控项目

（1）软包的面料、内衬材料及边框的材质、颜色、图案、燃烧性能等级，以及木

材的含水率应符合设计要求及国家现行标准的有关规定。

（2）软包工程的安装位置及构造做法应符合设计要求。

（3）软包工程的龙骨、衬板、边框应安装牢固，无翘曲，拼缝应平直。

（4）单块软包面料不应有接缝，四周应绷压严密。

2. 一般项目

（1）软包工程表面应平整、洁净，无凹凸不平及皱褶；图案应清晰、无色差，整体应协调美观。

（2）软包边框应平整、顺直、接缝吻合。其表面涂饰质量应符合涂饰的相关规定。

（3）清漆涂饰木质边框的颜色、木纹应协调一致。

（4）软包工程安装的允许偏差和检验方法应符合表 5-3-1 的规定。

表 5-3-1　　软包工程安装的允许偏差和检验方法

项次	项目	允许偏差 /mm	检验方法
1	垂直度	3	用 1 m 垂直检测尺检查
2	边框宽度、高度	0、-2	用钢尺检查
3	对角线长度差	3	用钢尺检查
4	裁口、线条接缝高低差	1	用直尺和塞尺检查

四、成品保护

1. 施工过程中对已完成的其他成品注意保护，避免损坏。

2. 施工结束后将面层清理干净，现场垃圾清理完毕，洒水清扫或用吸尘器清理干净，避免扫起灰尘，造成软包二次污染。

3. 软包相邻部位需做油漆或其他喷涂时，应用纸胶带或废报纸进行遮盖，避免污染。

第四节　裱糊类饰面工程质量问题及防治

一、腻子翻皮

1. 产生原因

腻子胶性小或稠度大；基层的表面有灰尘、隔离剂、油污等；基层表面太光滑，表面温度较高的情况下刮腻子；基层太干燥，腻子刮得太厚。

2. 防治措施

调制腻子时可以加入适量的胶液，稠度以使用方便为准；基层表面的灰尘、隔离剂、油污等必须清除干净；在光滑的基层表面或清除油污后，要刷涂一层胶粘剂（如乳胶等），再刮腻子；每遍刮腻子不宜过厚，不可在有冰霜、潮湿和高温的基层表面上刮腻子；翻皮的腻子应铲除干净，找出产生翻皮的原因，采取措施后重新刮腻子。

二、腻子裂纹

1. 产生原因

腻子胶性小，稠度较大，失水快，腻子面层出现裂纹；凹陷坑洼处的灰尘、杂物未清理干净，干缩后脱落；凹陷洞孔较大时，刮抹的腻子有半眼、蒙头等缺陷，造成腻子不生根或一次刮抹腻子太厚，形成干缩裂纹。

2. 防治措施

在调制腻子时，稠度要适中，胶液应略多些；基层表面特别是孔洞凹陷处，应将灰尘、浮土等清除干净，并刷涂一遍胶粘剂，增加腻子的附着力；当洞孔较大时，腻子胶性要略大些，并分层进行，反复刮抹平整、坚实、牢固；对裂纹较大且已脱离基层的腻子，要铲除干净，待基层处理后，重新刮一遍腻子；洞口处的半眼、蒙头腻子必须挖出，处理后再分层刮腻子直至平整。

三、表面粗糙、有疙瘩

1. 产生原因

基层表面的污物未清除干净；凸起部分未处理平整；砂纸打磨不够或漏磨；使用的工具未清理干净，有杂物混入材料中；操作现场周围有灰尘飞扬或污物落在刚粉刷的表面上。

2. 防治措施

基层表面污物应清除干净，特别是混凝土流坠的灰浆或接槎棱印，需用铁铲或电动砂轮磨光；腻子疤等凸起部分要用砂纸振荡机打磨平整；使用的材料要保持洁净，所用工具和操作现场也应清洁，防止污物混入腻子或浆液中；对表面粗糙的粉饰，可以用细砂浆轻轻打磨光滑，或用铲刀将小疙瘩铲除平整，并上底油。

四、透底、咬色

1. 产生原因

基层表面太光滑或有油污等，浆膜难以覆盖严实而露出底色或个别处颜色改变；基层表面或上道粉饰颜色较深，表面刷浅色浆时，覆盖不住，使底色显露；底层预埋铁件等物未处理或未刷防锈漆及白厚漆覆盖。

2. 防治措施

基层表面油污要清除干净；表面太光滑时，可以先喷一遍清胶液；表面颜色太深，可先涂刷一遍浆液；如原粉饰颜色较深，应用细砂纸打磨或刷水起底色，再做刮腻子刷底油；底层如有裸露的铁件，凡能挖除的一定要挖除，如不能挖掉，必须刷防锈漆和白厚漆覆盖；对有透底或咬色弊病的粉刷工程，要进行局部修补，再喷

1～2遍面浆覆盖。

五、裱贴不垂直

1. 产生原因

裱糊墙纸前未吊垂线，第一张贴得不垂直，依次继续裱糊多张墙纸后，偏离更厉害，有花饰的墙纸问题更严重；墙纸本身的花饰与纸边不平行，未经处理就进行裱贴；基层表面阴阳角抹灰垂直偏差较大，影响墙纸裱贴的接缝和花饰的垂直；搭缝裱贴的花饰墙纸，对花不准确，重叠对裁后，花饰与纸边不平行。

2. 防治措施

墙纸裱贴前，应先在贴纸的墙面上吊一条垂直线，并弹上粉线，裱贴的第一张墙纸纸边必须紧靠此线边缘，检查垂直无偏差后方可裱贴第二张墙纸；采用接缝法裱贴花饰墙纸时，应先检查墙纸的花饰与纸边是否平行，如不平行，应将斜移的多余纸边裁割平整，然后再裱贴；采用搭接法裱糊第二张墙纸时，对一般无花饰的墙纸，拼缝处只需要重叠2～3 cm；对有花饰的墙纸，可将两张墙纸的纸边相对花饰重叠，对花准确后，在拼缝处用钢直尺将重叠处压实，由上而下一刀裁割到底，将切断的余纸撕掉，然后将拼缝敷平压实。

裱贴墙纸的基层裱贴前应先做检查，阴阳角必须垂直、平整、无凹凸。对不符合要求之处，必须修整后才能施工；裱糊墙纸的每一个墙面都必须弹出垂直线，越细越好，防止贴斜；最好裱贴2～3张墙纸后，就用线锤在接缝处检查垂直度，及时纠正偏差；对于裱贴不垂直的墙纸应撕掉，把基层处理平整后，重新裱贴墙纸。

六、离缝或亏纸

1. 产生原因

未按照量好的尺寸裁割墙纸、裁割尺寸偏小，裱贴后不是上亏纸，就是下亏纸；搭缝裱糊墙纸裁割时，接缝处不是一刀裁割到底，而是变换多次刀刃的方向或钢直尺偏移，使墙纸忽胀忽亏，裱糊后亏损部分就造成离缝；裱贴的第二张墙纸与第一张墙纸拼缝时，未连接准确就压实，或赶压底层胶液推力过大而使墙纸伸张，在干燥过程中产生回缩，造成离缝或亏纸。

2. 防治措施

下刀裁割墙纸前应复核裱糊墙面实际尺寸，尺压紧纸边后刀刃紧贴尺边，一气呵成，手劲均匀，不得中间停顿或变换持刀角度。尤其裁割已裱贴在墙上的墙纸，更不能用力太猛，以免影响裁割质量；墙纸裁割一般以上口为准，上、下口可比实际尺寸长2～3 cm；花饰墙纸应将上口的花饰全部统一成一种形状，墙纸裱糊后，在上口线和踢脚线上口压尺，分别裁割掉多余的墙纸。

裱糊的每一张墙纸都必须与前一张靠紧，争取无缝隙，在赶压胶液时，由拼缝处横向往外赶压胶液和气泡，不准斜向来回赶压或由两侧向中间推挤，应使墙纸对好缝后不再移动，如果出现位移要及时赶回原来位置；对于离缝或亏纸轻微的墙纸饰面，可用同墙纸颜色相同的乳胶漆点描在缝隙内，漆膜干燥后可以掩盖。对于较严重的部位，可用相同的墙纸补贴或撕掉重贴。

七、花饰不对称

花饰不对称如图 5-4-1 所示。

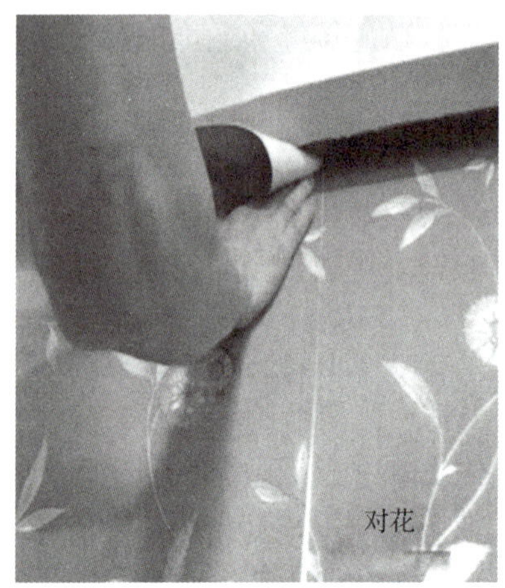

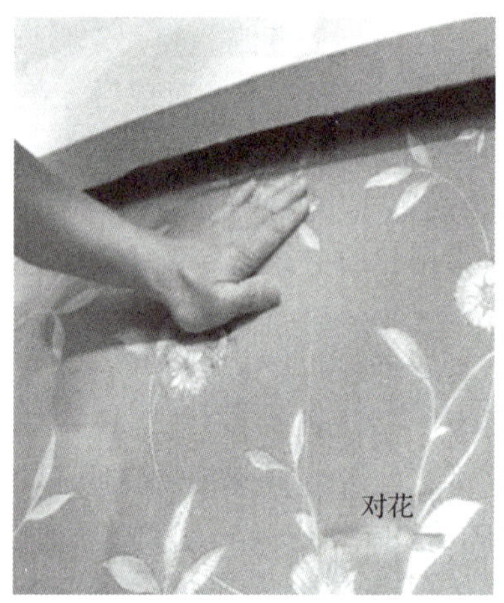

图 5-4-1　花饰不对称

1. 产生原因

裱糊墙纸前没有区分无花饰和花饰墙纸的特点，盲目裁割墙纸；在同一张纸上印有正花和反花、阴花与阳花饰，裱糊时未仔细区别，造成相邻墙纸花饰相同；对要裱糊墙纸的房间未进行周密的观察研究，门窗口的两边、室内对称的柱子、两面对称的墙，裱糊的墙纸花饰不对称。

2. 防治措施

墙纸裁割前，对于有花饰的墙纸经认真区别后，将上口的花饰全部统一成一种形状，按照实际尺寸留有余量统一裁纸。在同一张墙纸上印有正花与反花、阴花与阳花饰时，仔细分辨，最好采用搭缝法进行裱贴，以避免由于花饰略有差别而误贴。如采用接缝法施工，已裱贴的墙纸边花饰如为正花，必须将第二张墙纸边正花饰裁割掉。对准备裱糊墙纸的房间，应观察有无对称部位。若有，应认真设计排列墙纸花饰，应先裱贴对称部位。如房间只有中间一个窗户，裱贴前在窗口取中心线，并弹好粉线，向两边分贴墙纸，这样墙纸花饰就能对称。如窗户不在中间，为使窗间墙阳角花饰对称，也可以先弹中心线向两侧裱糊；对花饰明显不对称的墙纸饰面，应将裱糊的墙纸全部铲除干净，修补好基层，重新裱贴。

八、搭缝

1. 产生原因

未将两张墙纸连接缝推压分开，造成重叠。

2. 防治措施

在裁割墙纸时，应保证墙纸边直而光洁，不出现凸出和毛边。对塑料层较厚的墙纸更应注意。如果裁割时只将塑料层割掉而留有纸基，会给搭缝质量带来隐患。

裱糊无收缩性的墙纸，不准搭接。对于收缩性较大的墙纸，粘贴时可适当多搭接一些，以便收缩后正好合缝。墙纸裱糊前应先试贴，掌握墙纸的性能，方可取得良好的效果。

有搭缝弊病的墙纸工程，一般可用钢直尺压紧在搭缝处，用刀沿尺边裁割搭接的墙纸，处理平整，再将面层墙纸粘贴好。

九、翘边（张嘴）

1. 产生原因

基层有灰尘、油污等，基层表面粗糙、干燥或潮湿，使胶液与基层粘贴不牢，墙纸卷翘；胶粘剂胶性小，造成纸边翘起，特别是阴角处，第二张墙纸粘贴在第一张墙纸的塑料面上，更易出现翘起；阳角处裹过阳角的墙纸少于 2 cm，未能克服墙纸的表面张力，也易起翘；涂胶不均匀，或胶液过早干燥。

2. 防治措施

基层表面的灰尘、油污等必须清除干净，含水率不得超过 20%。若表面凸凹不平，必须用腻子刮抹平整。根据不同的墙纸选择不同的黏结胶液。阴角墙纸搭缝时，应先裱贴压在里面的墙纸，再用黏性较大的胶液粘贴面层墙纸。搭接宽度一般不大于 3 mm，纸边搭在阴角处，并且保持垂直无毛边。严禁在阴角处甩缝，墙纸裹过阳角应不小于 2 cm，包角墙纸必须使用黏性较强的胶液，要压实，不能有空鼓和气泡，上下必须垂直，不能倾斜。有花饰的墙纸更应注意花纹与阳角直线的关系。将翘边墙纸翻起来，检查产生的原因，属于基层有污物的，待清理后，补刷胶液粘牢；属于胶粘剂胶性小的，应换用胶性较大的胶粘剂粘贴；如果墙纸翘边已坚硬，除了应使用较强的胶粘剂粘贴外，还应加压，待粘牢平整后，才能去掉压力。

十、空鼓（气泡）

空鼓（气泡）如图 5-4-2 所示。

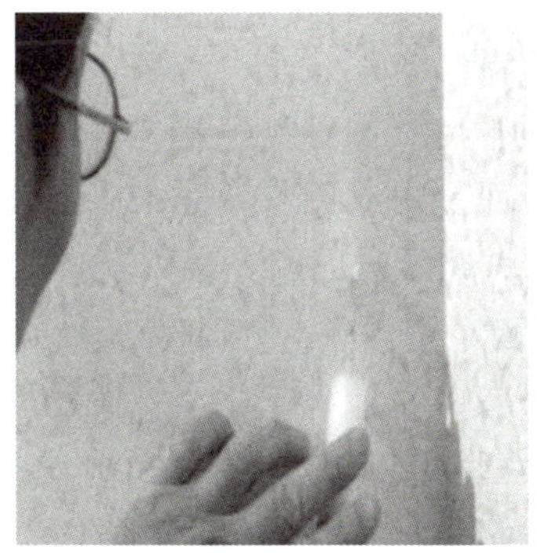

图 5-4-2 空鼓（气泡）

1. 产生原因

周边墙纸过早压实、空气不易被排出；或赶压无顺序；或持纸上墙时未从上往下按顺序抚平，带进空气而又未排出；往返挤压胶液次数过多，胶液干结失去黏结作用；或挤压时用力过重，胶液被赶挤过薄，墙纸粘贴不牢；或用力过轻，胶液过厚，长期难以干结，形成胶囊状；或胶液刷涂厚薄不匀，并有漏刷；基层过分干燥或含水率超过要求，或基层面不洁净；裱糊作业时，有局部阳光直射或通风不均，使墙纸粘贴胶液干固时间不一；石膏板或木板面及不同材料基层接头处嵌缝不密实，糊条粘贴不牢，或石膏板面纸基起泡、脱落；或木板面有较大节疤及油脂未经处理；白灰面或其他基层面强度低而又疏松，本身有裂纹、空鼓，或洞孔、凹陷处未用腻子分遍刮抹修补平整，存在未干透或不紧密的弊病。

2. 防治措施

墙纸上墙时，应从上而下按顺序紧贴基层面抚平，并注意从中间向两边轻轻而有顺序地一板接一板（或用毛巾等）压平，使墙纸附着于基层上，不使空气积存于墙纸与基层间，不得将墙纸周边先压实、再压中间；赶压胶液时，用力应均匀；当接缝对好以后，应从接缝一边向另一边并稍朝下一板接一板地将胶液赶压至厚薄均匀；基层过分干燥时，应先刷一遍底油或底胶或涂料，不得喷水湿润基层面。

如基层含水率过高，应采取措施（如加强通风，安装空调机、吸湿机，或喷吹热风等）使其含水率不超过规定时，才可开始施工；应避免在阳光直射或穿堂风劲吹，以及室内温度、湿度差异过大条件下作业。石膏板或木板面及不同材料基层面接头处嵌缝必须密实，糊条必须粘贴牢固和平整；如石膏板面纸基起泡脱落，必须铲除干净，重新补贴；如木材面有较大节疤及油脂，可用棉纱蘸酒精消除油脂，再刮腻子修补平整；基层洞孔和凹陷不平过大处，必须分遍塞腻子或刮腻子，干燥后再塞刮第二遍，直至平整、密实、干燥，切忌一遍成活；如基层疏松、裂缝、空鼓，必须进行彻底处理直至符合要求；如墙纸面空鼓，应用医疗用注射器穿过墙纸、挤出空气，如空鼓原因还有基层潮湿，应待其干燥后，再用注射器按原针孔将胶液注入空鼓部位，先用手指盖住针孔使胶液不流出，同时用手将胶液往针孔四周外压挤，使胶液附着整个空鼓面，以后再将多余胶液从针孔处挤出并及时擦抹干净，直至赶压平整粘贴牢固。

十一、墙纸颜色不一

1. 产生原因

墙纸材质不良、本身颜色不匀；墙纸吸水受潮褪色；基层干湿程度不一，或部分墙纸因受暴晒而泛白、色彩变浅；墙纸较薄，混凝土或水泥砂浆的深色映透到墙纸表面；基层泛碱；墙纸表面因外来因素（如烟熏、飘雨打湿等）被污染变色。

2. 防治措施

应选用材质可靠、较厚、不易褪色的墙纸。基层颜色深浅不一时，应先刷一层白色胶浆（如 1∶5 的乳胶漆胶水浆液）盖底，并应选用较厚、颜色较深、花饰较大的墙纸。基层如有泛碱现象，应先使用 9% 稀醋酸中和清洗，待干燥后才能裱糊墙纸。基层干湿程度应一致，其含水率不得超过允许范围。施工过程中不得使墙纸受到雨淋、

暴晒和烟熏等。如墙纸褪色严重、颜色不一时，在保持墙纸色调一致的条件下，应将其铲除重新裱糊。

十二、墙纸表面不干净

1. 产生原因

拼缝处的胶痕将墙纸表面局部弄脏，未擦净所导致的墙纸表面不干净；非拼缝处的胶痕，主要是操作者的手沾有胶，存留在墙纸表面。

2. 防治措施

操作者应人手一条毛巾，提倡毛巾随擦随用水洗干净。最好不要合用一条毛巾，否则越擦越脏，使墙面整体装饰效果受到影响。若手上有胶，应及时擦干净。

思考与练习

1. 简述墙纸与墙布的种类。
2. 简述裱糊基层处理时的注意事项。
3. 简述裱糊的施工要点。
4. 简述软包施工工艺。

第六章 楼地面工程

学习目标

1. 了解楼地面工程施工常用的构配件。
2. 熟悉不同类型楼地面工程施工工艺，以及其完整施工过程。
3. 掌握为达到施工质量要求正确选择材料和组织施工的方法，培养解决施工现场常见工程质量问题的能力。
4. 在掌握施工工艺的基础上，通过技能操作领会工程验收质量标准。

第一节 楼地面构造概述

一、楼地面的构造

楼地面装饰包括楼面装饰和地面装饰两部分，两者的主要区别是其饰面承托层不同。楼面装饰面层的承托层是架空的楼面结构层，地面装饰面层的承托层是室内回填土。楼面装饰面要注意防渗漏问题，地面装饰面要注意防潮问题，楼面、地面的组成分为基层、垫层和面层三部分。

1. 基层

基层的作用是承担其上面的全部荷载，它是楼地面的基体。地面的基层多为素土或加入石灰、碎砖的夯实土，楼面的基层一般是现浇或预制钢筋混凝土楼板。

2. 垫层

垫层位于基层之上，其作用是将上部的各种荷载均匀地传给基层，同时还起着隔声和找平作用。垫层按材料性质的不同，分为刚性垫层和非刚性垫层两种。可增设填充层、隔离层、找平层、结合层等其他构造层。

3. 面层

面层是楼地面的表层，即装饰层，它直接受外界各种因素的作用。地面的名称通常以面层所用的材料来命名，如水泥砂浆楼地面、塑料楼地面等。根据使用要求不同，对面层的要求也不相同。按工程做法和面层材料不同，楼地面可分为整体铺设楼地面、

块板铺贴楼地面、木（竹）铺装楼地面、卷材铺设楼地面以及涂料涂布楼地面等。

二、楼地面的功能

1. 保护支承结构物

保护楼板或地坪是楼地面饰面应满足的最基本要求。楼地面的饰面层可以起到耐磨作用。

2. 保证正常使用要求

因房屋的使用性质不同，对房屋楼地面的要求也不同。一般要求坚固、耐磨、平整、不易起灰和易于清洁等。对于居住和人们长时间停留的房间，要求面层有较好的蓄热性和弹性；对于厨房、卫生间等房间，则要求耐水和耐火等。

（1）隔声要求。隔声包括隔绝空气传声和隔绝固体传声两个方面。

1）空气传声的隔绝方法。首先，避免地面有裂缝、孔洞；其次，可增加楼板层的容重或采用层叠结构。

2）固体传声的隔绝方法。首先，防止在楼板产生太多的冲击能量，可利用富有弹性的材料作面层（即弹性地面），如橡皮、地毯、软木砖等，使其吸收一定的冲击能量；其次，在结构或构造上采用间断的方式来隔绝固体传声，如浮筑层或夹心地面。

（2）吸声要求。一般来说，表面致密光滑、刚性较大的地面，如大理石地面，对声波的反射能力较强，吸声能力较小；而各种软质地面，如化纤地毯，有较大的吸声作用。因此对于标准较高、室内音质控制要求严格的建筑，应选择和布置具有吸声作用的地面材料。

（3）防水防潮要求。对于一些特别潮湿的房间，如卫生间、厨房等要处理好防潮防水问题，通常是设置具有防水性能的各种铺面，如水磨石、锦砖等。

（4）热工要求。从材料特性的角度考虑，水磨石地面、大理石地面等热传导性能较高，而木地面、塑料地面热传导性能低。从满足人们卫生和舒适度角度出发，对于起居室、卧室等地面不宜采用蓄热系数过小的材料，避免冬季使人感觉不舒服。

在采暖或空调建筑中，当上下两层温度不同时，应在楼面垫层中放置保温材料，以减少能量损失。

（5）弹性要求。弹性材料的变形具有吸收冲击能量的性能，冲力很大的物体接触到弹性材料后，其所受到的反冲力会比原来的冲力小很多。因此，人们在具有一定弹性的地面上行走，感觉比较舒适。对于一些装饰标准要求较高的建筑室内地面，如篮球比赛场地、演出舞台等，应尽可能采用具有一定弹性的材料（如木地面、地毯等）作为地面的装饰面层。

3. 满足美观要求

楼地面装饰应从整体上与顶棚及墙面的装饰呼应，巧妙处理界面，以便产生优美的空间序列感；楼地面的装饰应与空间的实用技能紧密联系，如室内走道线的标志具有视觉诱导功能；楼地面饰面材料的质感可与环境共同构成统一对比的关系；楼地面的图案和色彩的设计运用，能够起到烘托室内环境气氛与风格的作用。图 6–1–1 为富有装饰作用的楼地面图案。

图 6-1-1 富有装饰作用的楼地面图案

第二节 整体式楼地面施工

整体式楼地面的形式包括水泥砂浆楼地面、现浇水磨石楼地面等。

一、水泥砂浆楼地面施工

水泥砂浆楼地面是应用较多的一种传统楼地面，如图 6-2-1 所示。其优点是造价低、施工简便、使用耐久；不足是如果施工操作不当，易产生起灰、起砂、脱皮等现象。

水泥砂浆楼地面有单层和双层构造之分，如图 6-2-2 所示。对于卫生间等防水要求较高的楼地面，在结构层与装修装饰层之间要加设防水层。

图 6-2-1 水泥砂浆楼地面

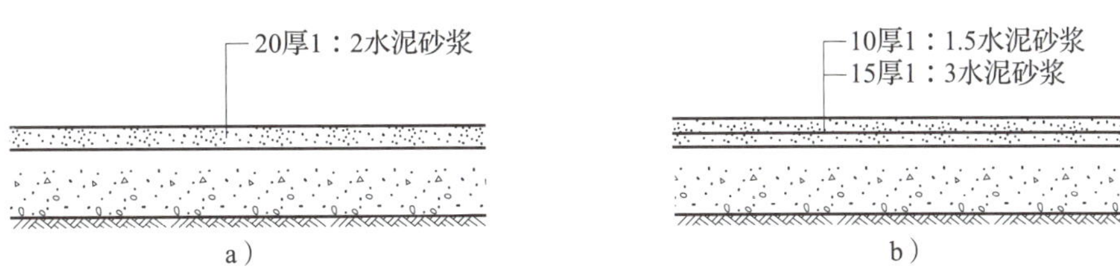

图 6-2-2　水泥砂浆楼地面面层

a）单层　b）双层

1. 施工材料

（1）水泥。应采用硅酸盐水泥、普通硅酸盐水泥，水泥强度等级不小于 32.5，并严禁混用不同品种、不同强度等级的水泥。

（2）砂。应采用中砂或粗砂，过 8 mm 孔径筛子，含泥量不大于 3%。

2. 主要机具

搅拌机、手推车、木刮杠、木抹子、铁抹子、劈缝溜子、喷壶、铁锹、小水桶、长把刷子、扫帚、钢丝刷、粉线包、錾子、锤子。

3. 操作工艺

（1）工艺流程。基层处理—找标高、弹线—洒水湿润—抹灰饼和标筋—搅拌砂浆—刷水泥浆结合层—铺水泥砂浆面层—用木抹子搓平—用铁抹子压第一遍—第二遍压光—第三遍压光—养护。

（2）施工工艺。

1）基层处理。先将基层上的灰尘扫掉，用钢丝刷和錾子刷净、剔掉灰浆皮和灰渣层，用 10% 的火碱水溶液刷掉基层上的油污，并用清水及时将碱液冲净。

2）找标高、弹线。根据墙上的 +50 cm 水平线，往下测量出面层标高，并弹在墙上。

3）洒水湿润。用喷壶将地面基层均匀洒水一遍，如图 6-2-3 所示。

4）抹灰饼和标筋（或称冲筋，见图 6-2-4）。根据房间内四周墙上弹的面层标高水平线，确定面层抹灰厚度（应不小于 20 mm），然后拉水平线开始抹灰饼（5 cm × 5 cm），横竖间距为 1.5 ~ 2.0 m，灰饼上平面即地面面层标高。如果房间较大，为保证整体面层平整度，还须抹标筋，将水泥砂浆铺在灰饼之间，宽度与灰饼宽相同，用木抹子拍抹成与灰饼上表面相平一致。铺抹灰饼和标筋的砂浆材料配合比均与抹地面的砂浆相同。

图 6-2-3　洒水湿润

5）搅拌砂浆。水泥砂浆的质量比宜为 1∶2（水泥:砂），其稠度不大于 35 mm，强度等级应不小于 M15。为了控制加水量，应使用搅拌机搅拌均匀，颜色一致。

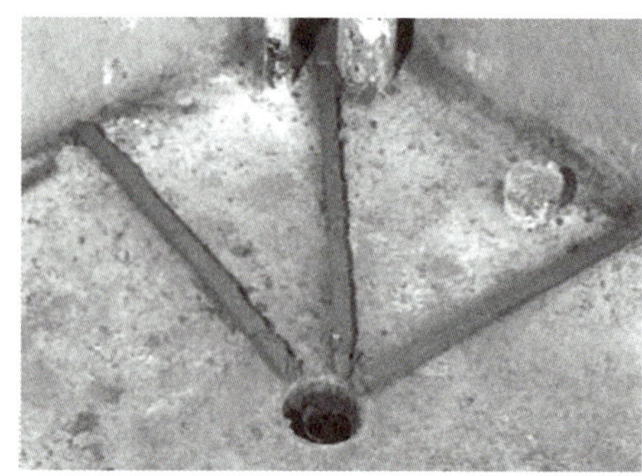

图 6-2-4　地面灰饼及地漏冲筋

6）刷水泥浆结合层。在铺设水泥砂浆之前，应涂刷一层水泥浆，其水灰比为 0.4～0.5（涂刷之前要将抹灰饼的余灰清扫干净，再洒水湿润），不要涂刷面积过大，随刷随铺面层砂浆。

7）铺水泥砂浆面层。涂刷水泥浆之后紧跟着铺水泥砂浆，在灰饼之间（或标筋之间）将砂浆铺均匀，然后用木刮杠按灰饼（或标筋）高度刮平。铺砂浆时如果灰饼（或标筋）已硬化，用木刮杠刮平后，同时将利用过的灰饼（或标筋）敲掉，并用砂浆填平。

8）用木抹子搓平（见图 6-2-5）。用木刮杠刮平后，立即用木抹子搓平，从内向外退着操作，并随时用 2 m 靠尺检查其平整度。

图 6-2-5　用木抹子搓平

9）用铁抹子压第一遍。木抹子抹平后，立即用铁抹子压第一遍，直到出浆，如果砂浆过稀，表面有泌水现象时，可均匀撒一遍干水泥和砂（1∶1）的拌和料（砂子要过 3 mm 筛），再用木抹子用力抹压，使干拌料与砂浆紧密结合为一体，吸水后用铁抹子压平。如有分格要求的地面，在面层上弹分格线，用劈缝溜子开缝，再用溜子将分缝内压至平、直、光。上述操作均在水泥砂浆初凝之前完成。

10）第二遍压光。面层砂浆初凝后，人踩上去，有脚印但不下陷时，用铁抹子压第二遍，边抹压边把坑凹处填平，要求不漏压，表面压平、压光。有分格的地面压过

后，应用溜子溜压，做到缝边光直、缝隙清晰、缝内光滑顺直。

11）第三遍压光（见图 6–2–6）。在水泥砂浆终凝前进行第三遍压光（人踩上去稍有脚印），用铁抹子抹上去不再有抹纹时，用铁抹子把第二遍抹压时留下的全部抹纹压平、压实、压光（必须在终凝前完成）。

12）养护（见图 6–2–7）。地面压光完工后 24 h，铺锯末或其他材料覆盖洒水养护，保持湿润，养护时间不少于 7 d。当抗压强度达 5 MPa 时，才能上人。

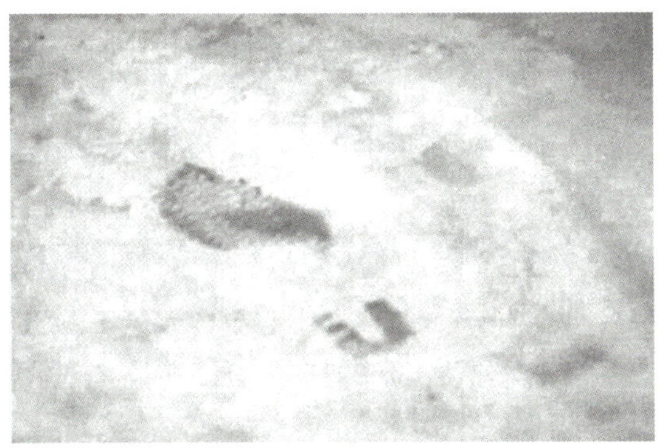

图 6–2–6　第三遍压光（人踩上去稍有脚印）

图 6–2–7　撒锯末养护

冬期施工时，室内温度不得低于 5 ℃。

4. 质量标准

（1）保证项目。水泥、砂的材质必须符合设计要求和施工及验收规范的规定。砂浆配合比要准确。地面面层与基层的结合必须牢固，无空鼓。

（2）基本项目。表面洁净，无裂纹、脱皮、麻面和起砂等现象。地漏和有坡度要求的地面，坡度应符合设计要求，不倒泛水，无积水，不渗漏，与地漏结合处严密平顺。踢脚板应高度一致，出墙厚度均匀，与墙面结合牢固，局部空鼓长度不大于 200 mm，且在一个检查范围内空鼓不多于 2 处。

5. 成品保护

（1）地面操作过程中要注意对其他专业设备的保护，如埋在地面内的管线不得随意移位，地漏内不得堵塞砂浆等。

（2）面层做完之后，养护期内严禁进入。

（3）在已完工的地面上进行油漆、电气、暖卫专业工序时，注意不要碰坏面层，油漆、浆活不要污染面层。

（4）当冬期施工的水泥砂浆地面操作环境温度低于 5 ℃时，应采取必要的防寒保暖措施，严格防止发生冻害，尤其是早期受冻，会使面层强度降低，造成起砂、裂缝等质量事故。

（5）当先做水泥砂浆地面，后进行墙面抹灰时，要特别注意对面层进行覆盖，严禁在面层上拌和砂浆和储存砂浆。

6. 应注意的质量问题

（1）空鼓、裂缝。

1）基层清理不彻底、不认真。在抹水泥砂浆之前，必须将基层上的黏结物、灰尘、油污彻底处理干净，并认真进行清洗湿润，这是保证面层与基层结合牢固、防止空鼓裂缝的一道关键性工序。如果不仔细认真清除，使面层与基层之间形成一层隔离层，致使上下结合不牢，就会造成面层空鼓裂缝。

2）涂刷水泥浆结合层不符合要求。在已处理洁净的基层上刷一遍水泥浆，目的是增强面层与基层的黏结力，因此这是一项重要的工序，涂刷水泥浆稠度要适宜（一般为 0.4 ~ 0.5 的水灰比），涂刷时要均匀，不得漏刷，面积不要过大，砂浆铺多少刷多少。一般往往是先刷涂一大片，而铺砂浆速度较慢，已刷上去的水泥浆很快干燥，这样不但不起黏结作用，相反起到隔离作用。

另外，一定要用刷子刷涂已调配好的水泥浆，不能采用干撒水泥面后，再浇水用扫帚来回扫的办法，由于浇水不匀，水泥浆干稀不匀，也影响面层与基层的黏结质量。

3）在预制混凝土楼板上及首层暖气沟盖上做水泥砂浆面层也易产生空鼓、裂缝，预制板的横、竖缝必须按结构设计要求用 C20 细石混凝土填塞，振捣密实。由于预制楼板安装完之后，上表面标高不能完全平整一致，高差较大，铺设水泥砂浆时厚薄不均，容易产生裂缝，因此一般是采用细石混凝土面层。

4）首层暖气沟盖板与地面混凝土垫层之间沉降不匀，也易造成此处裂缝，因此要采取防裂措施。

（2）地面起砂。

1）养护时间不够，过早上人。水泥硬化初期，在水中或潮湿环境中养护，能使水泥颗粒充分水化，提高水泥砂浆面层强度。如果在养护时间短、强度很低的情况下，过早上人使用，就会对刚刚硬化的表面层造成损伤和破坏，致使面层起砂、出现麻坑。因此，水泥地面完工后，养护工作是否到位对地面质量的影响很大，必须重视，当面层抗压强度达 5 MPa 时才能上人操作。

2）使用过期、强度等级不够的水泥，水泥砂浆搅拌不均匀，操作过程中抹压遍数不够等，都能造成起砂现象。

（3）有地漏的房间倒泛水。在铺设面层砂浆时，先检查垫层的排水坡度是否符合要求。设有垫层的地面，在铺设砂浆前抹灰饼和标筋时，按设计要求抹好坡度。

（4）面层不光、有抹纹。必须认真按前面所述的操作工艺要求去操作，最后在水泥终凝前用力抹压，不得漏压，将前遍的抹纹压平、压光为止。

二、现浇水磨石楼地面施工

水磨石是以水泥为胶结料，掺入不同色彩、不同粒径的大理石或花岗岩碎石，经过搅拌、成型、养护、研磨等工序而制成的一种具有一定装饰效果的人造石材。其特点是坚固、光滑、耐磨、易清洁、不易起灰、防水抗渗性好，均匀性、稳定性甚至超过某些天然石，造价比天然石低。现浇水磨石楼地面的优点是美观大方、平整光滑、坚固耐久、易于保洁、整体性好；缺点是施工工序多、施工周期长、噪声大、现场湿作业易形成污染。现浇水磨石楼地面适用于对清洁要求较高或潮湿的场所，如洁净厂房车间、医疗办公用房、卫生间、厨房等。

水磨石地面按其面层的效果，可分为普通水磨石和美术水磨石。美术水磨石是以白水泥或彩色水泥为胶结料，掺入不同色彩的石子所制成的。水磨石地面常见设计图案如图 6–2–8 所示。

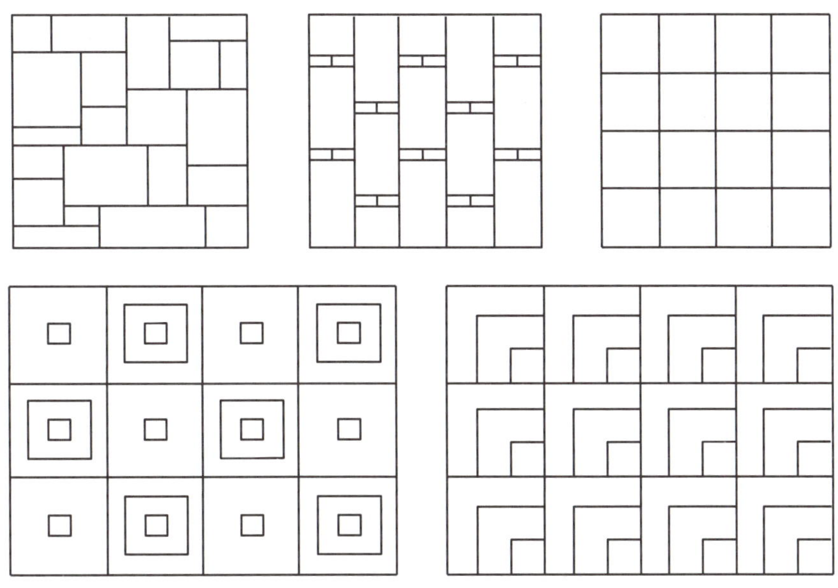

图 6–2–8　水磨石地面常见设计图案

1. 施工材料

（1）水泥。原色水磨石面层宜用水泥强度等级为 32.5 及以上的硅酸盐水泥、普通硅酸盐水泥。彩色水磨石应采用白色或彩色水泥。同一单项工程地面，应使用同一个出厂批号的水泥。

（2）砂子。采用中砂，通过 0.63 mm 孔径的筛，含泥量不得大于 3%。

（3）石子（石米）。石子应采用洁净无杂物的大理石粒，其粒径除特殊要求外，一般用 4 ~ 12 mm 的，或将大、中、小石料按一定比例混合使用。同一单位工程宜采用同批产地石子。颜色规格不同的石子应分类堆放，如图 6–2–9 所示。

（4）玻璃条。由设计确定或用普通 3 mm 厚平板玻璃裁制成宽 10 mm 左右（视石子粒径定）的玻璃条，长度由分块尺寸决定，如图 6–2–10 所示。

图 6–2–9　不同颜色水磨石石子骨料

（5）铜条。用厚度不小于 3 mm 的铜板，宽 10 mm 左右（视石子粒径定），长度由分块尺寸决定，铜条须经调直才能使用。铜条下部 1/3 处每米钻 4 个孔径 2 mm 的孔，穿铁丝备用，如图 6-2-10 所示。

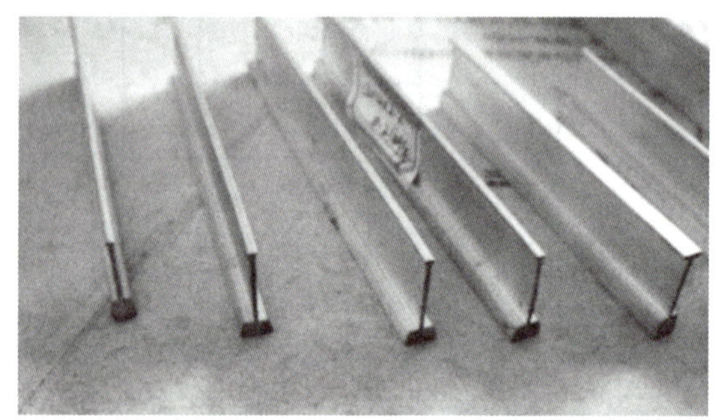

图 6-2-10　分隔条（玻璃条、铜条）

（6）颜料。采用耐光、耐碱的矿物颜料，其掺入量不大于水泥质量的 12%。不得使用酸性颜料，如采用彩色水泥，可直接与石子拌和使用。

（7）其他。草酸、地板蜡、ϕ（0.5 ~ 1.0）铅丝。

2. 作业条件

（1）石子料径及颜色须由设计人定板后才进货。

（2）彩色水磨石如用白色水泥掺色粉拌制时，应事先按不同的配合比做样板，交设计人定板。一般彩色水磨石色粉掺量为水泥量的 3% ~ 6%，深色则不超过 12%。

（3）水泥砂浆找平层施工完毕至少养护 24 h，最好养护 2 ~ 3 d 再做下道工序。

（4）石子（石米）应分别过筛，并尽可能用水洗净晾干使用。

3. 常用机具

水磨石楼地面施工除常用的抹灰手工工具如方头铁抹子、木抹子、刮杠、水平尺等以外，还需磨石机、湿式磨光机和滚筒等机具。

4. 操作工艺

（1）工艺流程。处理、润湿基层—打灰饼、做冲筋—抹找平层—养护—嵌镶分格条—铺水泥石子浆—养护试磨—磨第一遍并补浆—磨第二遍并补浆—磨第三遍并养护—过草酸上蜡抛光。

（2）施工工艺。

1）做找平层。

①打灰饼、做冲筋。做法同楼地面水泥砂浆抹面。

②刷素水泥浆结合层。做法同楼地面水泥砂浆抹面。

③铺抹水泥砂浆找平层。找平层用 1∶3 干硬性水泥砂浆，先将砂浆摊平，再用压尺按冲筋刮平，随即用木抹子压实抹平，要求表面平整密实、保持粗糙，找平层抹好后，应浇水养护至少 1 d。

2）分格条镶嵌（见图 6-2-11）。找平层养护 1 d 后，先在找平层上按设计要求弹出纵横两方向或图案墨线，然后按墨线截裁分格条。

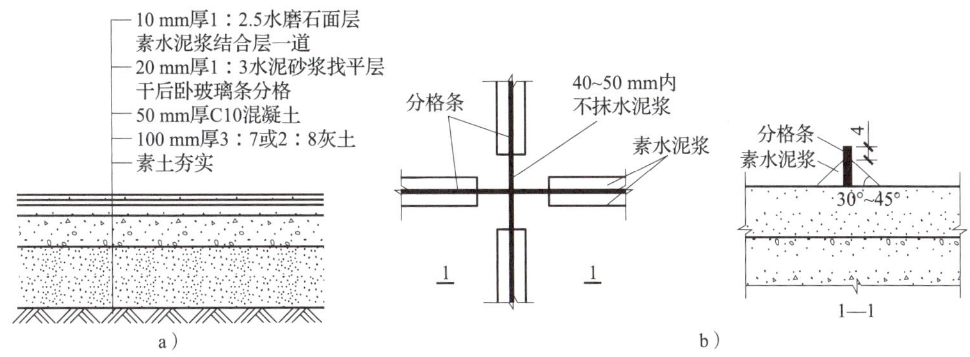

图 6-2-11　现浇水磨石楼地面的构造

a）地面构造　b）分格条镶固做法

①用纯水泥浆在分格条下部抹成八字角通长座嵌牢固（与找平层约成 30°角），铜条穿的铁丝要埋好。纯水泥浆的涂抹高度比分格条低 3 ~ 5 mm，分格条应镶嵌牢固，接头严密，顶面在同一平面上，并拉通线检查其平整度及顺直度。

②分格条镶嵌好以后，隔 12 h 开始浇水养护，最少应养护 2 d。

3）抹石子浆面层。

①水泥石子浆必须严格按照配合比计量。彩色水磨石应先按配合比将白水泥和颜料反复干拌均匀，拌完后密筛多次，使颜料均匀混合在白水泥中，并调足供补浆之用的备用量，最后按配合比与石子搅拌均匀，并加水搅拌。

②铺水泥石子浆前一天，洒水湿润基层。将分格条内的积水和浮砂清除干净，并刷涂一遍素水泥浆，水泥品种与石子浆的水泥品种一致，随即将水泥石子浆先铺在分格条旁边，将分格条边约 10 cm 内的水泥石子浆（石子浆配合比一般为 1 : 1.25 或 1 : 1.50）轻轻抹平压实，以保护分格条，然后整格铺抹，用木抹子或铁抹子抹平压实，但不应用刮尺平刮。面层应比分格条高 5 mm 左右，如局部石子浆过厚，应用铁抹子挖除，再将周围的石子浆刮平压实，对局部水泥浆较厚处，应适当补撒一些石子，并压平压实，要达到表面平整，石子分布均匀。

③石子浆面至少要经两次用毛刷粘拉开面浆，检查石粒均匀（若过于稀疏应及时补上石子）后，再用铁抹子抹平压实，至泛浆为止。要求将波纹压平，分格条顶面上的石子应清除掉。

④在同一平面上如有几种颜色图案时，应先做深色，后做浅色。待前一种色浆凝固后，再抹后一种色浆。两种颜色的色浆不应同时铺抹，避免串色。但间隔时间不宜过长，一般可隔日铺抹。

⑤养护。石子浆铺抹完成后，次日起应进行浇水养护，并应设警戒线严防行人践踏。

4）磨光（见图 6-2-12）。

①大面积施工宜用机械磨石机研磨，小面积、边角处可使用小型手提式磨石机研磨，对局部无法使用机械研磨时，可用手工研磨。开磨前应试磨，若试磨后石粒不松动，即可开磨。一般开磨时间同气温、水泥强度等级有关，可参考表 6-2-1。

图 6-2-12　磨光

表 6-2-1　水磨石面层开磨参考时间

平均温度（℃）	开磨时间（d）	
	机磨	人工磨
20 ~ 30	3 ~ 4	2 ~ 3
10 ~ 20	4 ~ 5	3 ~ 4
5 ~ 10	5 ~ 6	4 ~ 5

②磨光作业应采用“二浆三磨”方法进行，即整个磨光过程分为三遍磨光、两遍补浆。

用 60 ~ 80 号粗石磨第一遍，随磨随用清水冲洗，并将磨出的浆液及时扫除。对整个水磨面要磨匀、磨平、磨透，使石粒面及全部分格条顶面外露。

磨完后要及时将泥浆水冲洗干净，稍干后，刷涂一层同颜色水泥浆（补浆），用以填补砂眼和凹痕，对个别脱石部位要填补好，不同颜色上浆时，要按先深后浅的顺序进行。

补浆后需养护 3 ~ 4 d，再用 100 ~ 150 号磨石进行第二遍研磨，方法同第一遍。要求磨至表面平滑、无模糊不清之感。

经磨完清洗干净后，再刷涂一层同色水泥浆。继续养护 3 ~ 4 d 后，用 180 ~ 240 号细磨石进行第三遍研磨，要求磨至石子粒粒显露，表面平整光滑，无砂眼细孔，再用清水将其冲洗干净并养护。

③过草酸出光。对研磨完成的水磨石面层，经检查达到平整度、光滑度要求后，即可进行擦草酸打磨出光。操作时可刷涂 10% ~ 15% 的草酸溶液，或直接在水磨石面层上浇适量水及撒草酸粉，随后用 280 ~ 320 号细油石细磨，直至磨出白浆、表面光滑。然后用布擦去白浆，再用清水冲洗干净并晾干。

④上蜡抛光。按蜡 : 煤油 =1 : 4 的比例将其热熔化，并掺入适量松香水调成稀糊状，用布将蜡薄薄地均匀刷涂在水磨石面上。待蜡干后，用包有麻布的木块代替油石装在磨石机的磨盘上进行磨光，直到水磨石表面光滑洁亮。

5. 质量标准

（1）保证项目。面层的材料、强度（配合比）、密实度必须符合设计要求和施工

规范规定。面层与基层结合必须牢固，无空鼓（空鼓面积不大于 400 cm^2，无裂纹，且在一个检查范围内不多于两处者，可不计）。

（2）基本项目。

1）水磨石面层表面质量应符合下列规定。

①合格。表面基本光滑，无明显裂纹和起砂，石粒密实，分格条牢固。

②优良。表面光滑，无裂纹、砂眼和磨纹，石粒密实，显露均匀；颜色、图案一致，不混色；分格条牢固、顺直和清晰。

③检验方法。观察检查。

2）地漏和泛水应符合以下规定。

①合格。坡度满足排水要求，不倒泛水，无渗漏。

②优良。坡度符合设计要求，不倒泛水，无渗漏，无积水，与地漏（管道）结合处严密平顺。

③检验方法。观察或泼水检查。

3）踢脚线质量应符合以下规定。

①合格。高度一致；与墙柱面结合牢固，局部空鼓长度不大于 400 mm，且在一个检查范围内不多于两处。

②优良。高度一致，出墙厚度均匀；与墙柱面结合牢固；局部空鼓长度不大于 200 mm，且在一个检查范围内不多于两处。

③检验方法。用小锤轻击，用尺量和观察检查。

4）踏步、台阶应符合以下规定。

①合格。宽度基本一致，相邻两步宽度和高差不超过 20 mm，齿角基本整齐，防滑条顺直。

②优良。宽度一致，相邻两步宽度和高差不超过 10 mm，齿角整齐，防滑条顺直。

③检验方法。观察和用尺量检查。

5）镶边应符合以下规定。

①合格。面层邻接处镶边用料及尺寸符合设计要求和施工规范规定。

②优良。在合格的基础上，边角整齐光滑，不同颜色的邻接处不混色。

③检验方法。观察和用尺量检查。

（3）允许偏差。水磨石面层的允许偏差和检验方法应符合表 6–2–2 的规定。

表 6–2–2　　水磨石面层的允许偏差和检验方法

项目	允许偏差（mm）		检验方法
	普通水磨石	高级水磨石	
表面平整度	3	2	用 2 m 靠尺和楔形塞尺检验
踢脚线上口平直度	3	3	拉 5 m 长线，不足 5 m 拉通线，用尺量检查
分格缝平直度	3	2	拉 5 m 长线，不足 5 m 拉通线，用尺量检查

6. 施工注意事项

（1）工程质量通病。

1）石粒显露不均匀。

①石子规格不好、拌制不均匀及配合比不够准确。

②铺抹不平整，没有用毛刷开面，未认真检查石粒均匀度，开面后对欠石粒部位未补石搓平。

③磨面深度不均匀。

2）分格块内四角空鼓。

①基层清扫不干净，不够湿润。

②基层扫浆不均匀。

3）分格条掀起，显露不清晰或表面不够平整。

①分格条没有镶嵌牢固和平整。

②石子浆铺抹后分格条的显露高度不一致。

③磨面没有严格掌握平顺均匀。

（2）主要安全技术措施。

1）磨石机在操作前应试机检查，确认电线插头牢固，无漏电才能使用；开磨时磨石机电线、配电箱应架空绑牢，以防受潮漏电；配电箱内应设漏电掉闸开关，磨面机应设可靠安全接地线。

2）磨石机操作人员应穿高筒绝缘胶靴，戴绝缘胶手套，并经常进行有关机电设备安全操作教育。

（3）产品保护。

1）磨石机应有罩板，以免浆水四溅，沾污墙面。

2）磨石浆应有组织地排放到指定地点，不得流入地漏、下水排污口内，以免造成堵塞。

3）完成后的面层，严禁在上面推车、践踏、搅拌浆料和抛掷物件。堆放料具、杂物时要采取隔离防护措施，以免损伤面层。

第三节 块材式楼地面施工

块材式楼地面是指用铺砌或粘贴的方式，将预制加工好的块状楼地面材料（如陶瓷锦砖、大理石板、花岗岩板、碎拼大理石等）与基层连接固定所形成的楼地面。

块材式楼地面属于中高档装饰，具有花色品种多样，可供拼图方案丰富；强度高、刚性大、经久耐用、易于保持清洁；施工速度快、湿作业量少等优点。但这类楼地面属刚性楼地面，不具有弹性、保温、消声等性能，又有造价偏高、工效偏低等缺点。

这类楼地面尽管面层材料使用性能和装饰效果各异，但其基层处理及中间找平层、黏结材料要求和构造做法较为相似，如图 6-3-1 所示。

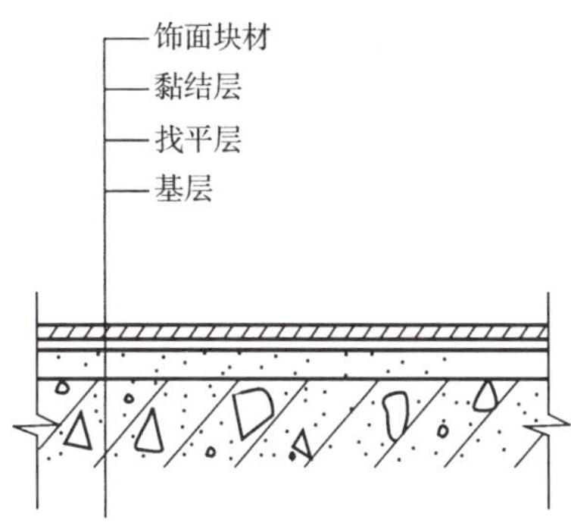

图 6–3–1　块材式楼地面构造

一、陶瓷锦砖楼地面施工

陶瓷锦砖（马赛克）为高温烧成的小型块材，它的特点是表面致密光滑，耐磨，防水性好，一般不会变色。

陶瓷锦砖有不同大小、形状和颜色，并由此可以组合成各种图案，使饰面能达到一定的艺术效果，如图 6–3–2 所示。

图 6–3–2　陶瓷锦砖拼贴图案

陶瓷锦砖出厂前已按照各种图案反贴在牛皮纸上，以便于施工。陶瓷锦砖构造如图 6–3–3 所示。

1. 饰面特点

陶瓷锦砖是以优质瓷土烧制而成的小块瓷砖。

2. 材料选用

陶瓷锦砖有多种规格，主要有正方形、长方形、多边形等，正方形一般为 15 ~ 39 mm 见方，厚度为 4.5 mm 或 5 mm。在工厂内预先按设计的图案拼好，然后将其正面贴在牛皮纸上，成为 300 mm × 300 mm 或 600 mm × 600 mm 的大张，块与块之间留 1 mm 的缝隙。根据其花色品种可拼成各种花纹图案，常见的拼花图案如图 6–3–4 所示。

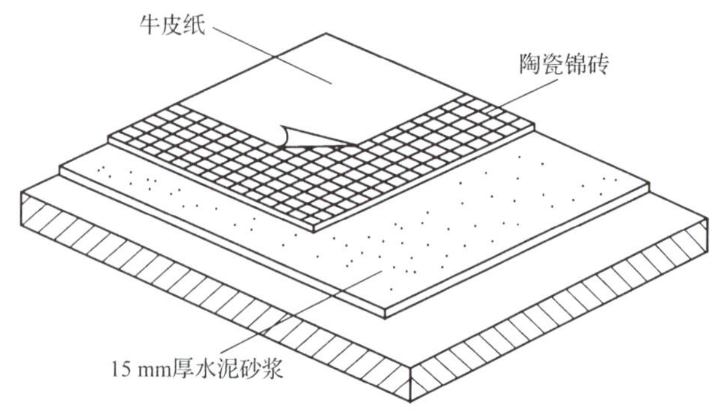

图 6-3-3 陶瓷锦砖构造

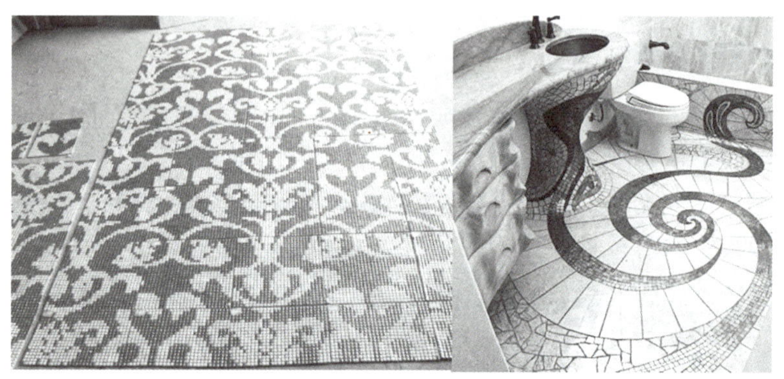

图 6-3-4 常见的拼花图案

常用马赛克按材质不同分为陶瓷马赛克、玻璃马赛克、金属马赛克、石材马赛克、贝壳马赛克、木材马赛克等，如图 6-3-5 所示。

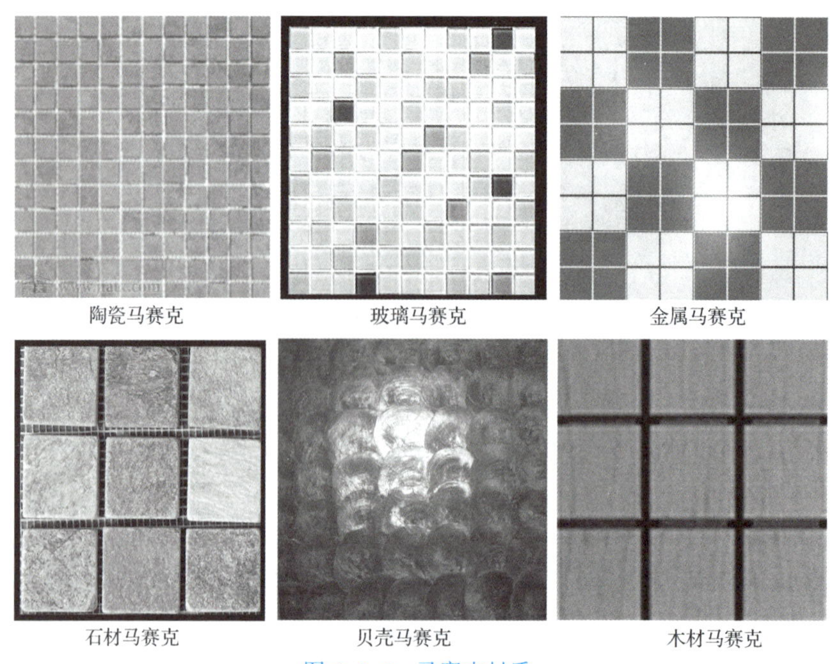

图 6-3-5 马赛克材质

常规尺寸：300 mm × 300 mm、317 mm × 317 mm、330 mm × 330 mm 等。

3. 施工准备

（1）施工材料。

1）水泥。强度等级在 32.5 以上的普通硅酸盐水泥或矿渣硅酸盐水泥，应有出厂证明。

2）白水泥。强度等级为 32.5 的硅酸盐白水泥。

3）砂。粗砂或中砂，用时要过筛，含泥量不大于 3%。

4）陶瓷锦砖。进场后应拆箱检查颜色、规格、形状、粘贴的质量等是否符合设计要求和有关标准的规定。

（2）主要机具。小水桶、半截桶、笤帚、方尺、铁锹、铁抹子、大杠、中杠、小杠、筛子、窄手推车、钢丝刷、喷壶、锤子、硬木拍板（240 mm × 120 mm × 50 mm）、合金尖凿子、合金扁凿子（用 ϕ16 钢筋焊接 K6 ~ K8 合金钢片）、钢片开刀、拨板（200 mm × 70 mm × 1 mm）、小型台式砂轮。

（3）作业条件。墙面抹灰做完并已弹好 +50 cm 水平标高线。穿过地面的套管已做完，管洞已用豆石混凝土堵塞密实。设计要求做防水层时，已办完隐检手续，并完成蓄水试验，办好验收手续。

4. 操作工艺

（1）工艺流程。清理基层、弹线—刷素水泥浆—做水泥砂浆找平层—做水泥浆结合层—铺贴陶瓷锦砖—修整—刷水、揭纸—拨缝—灌缝—养护。

（2）施工工艺。

1）清理基层、弹线。将基层清理干净，表面灰浆皮要铲掉、扫净。将水平标高线弹在墙上。

2）刷素水泥浆。在清理好的地面上均匀洒水，然后用笤帚均匀洒刷素水泥浆（水灰比为 0.5）。所刷的面积不得过大，须与下道工序铺砂浆找平层紧密配合，随刷水泥浆随铺水泥砂浆。

3）做水泥砂浆找平层。

①冲筋。以墙面 +50 cm 水平标高线为准，测出面层标高，拉水平线做灰饼，灰饼上平为陶瓷锦砖下皮。然后进行冲筋，在房间中间每隔 1 m 冲筋一道。有地漏的房间按设计要求的坡度找坡，冲筋应朝地漏方向呈放射状。

②冲筋后，用 1 : 3 干硬性水泥砂浆（干硬程度以手捏成团、落地开花为准），铺设厚度为 20 ~ 25 mm，用大杠（顺标筋）将砂浆刮平，用木抹子拍实，抹平整。有地漏的房间要按设计要求的坡度做出泛水。

③找方正、弹线。找平层抹好 24 h 后或抗压强度达到 1.2 MPa 后，在找平层上测量房间内长宽尺寸，在房间中心弹十字控制线，根据设计要求的图案结合陶瓷锦砖每联尺寸，计算出所铺贴的张数，不足整张的应甩到边角处，不能贴到明显部位。

4）做水泥浆结合层。在砂浆找平层上，浇水湿润后，抹一道 2 ~ 2.5 mm 厚的水泥浆结合层，应随抹随贴，面积不要过大。

5）铺贴陶瓷锦砖。宜整间一次镶铺连续操作，如果房间大，一次不能铺完，须将接槎切齐，余灰清理干净。具体操作：应在水泥浆尚未初凝时开始铺陶瓷锦砖（背面应洁净），从里向外沿控制线进行，铺时先翻起一边的纸，露出锦砖以便对正控制线，对好后立即将陶瓷锦砖铺贴上（纸面朝上）；紧跟着用手将纸面铺平，用拍板拍实（人站在木板上），使水泥浆渗入锦砖的缝内，直至纸面上显露出砖缝水印。继续铺贴时不得踩在已铺好的锦砖上，应退着操作。

6）修整。整间铺好后，在锦砖上垫木板，人站在垫板上修理四周的边角，并将锦砖地面与其他地面门口接槎处修好，保证接槎平直。

7）刷水、揭纸。铺完后紧接着在纸面上均匀地刷水，常温下过 15 ~ 30 min 纸便湿透（如未湿透可继续洒水），此时可以开始揭纸，并随时将纸毛清理干净。

8）拨缝（应在水泥浆结合层终凝前完成）。揭纸后，及时检查缝子是否均匀，缝子不顺不直时，用小靠尺比着开刀轻轻地拨顺、调直，并将其调整后的锦砖用木拍板拍实（用锤子敲拍板），同时粘贴补齐已经脱落、缺少的锦砖颗粒。地漏、管口等处周围的锦砖，要按坡度预先试铺进行切割，要做到锦砖与管口镶嵌紧密吻合。在以上拨缝调整过程中，要随时用 2 m 靠尺检查平整度，偏差不超过 2 mm。

9）灌缝。拨缝后第二天（或水泥浆结合层终凝后），用白水泥浆或与锦砖同颜色的素水泥浆擦缝，棉丝蘸素浆从里到外顺缝揉擦，擦满、擦实为止，并及时将锦砖表面的余灰清理干净，防止对面层的污染。

10）养护。陶瓷锦砖地面擦缝 24 h 后，应铺上锯末常温养护（或用塑料薄膜覆盖），其养护时间不得少于 7 d，且不准上人。

冬期施工，室内操作温度不得低于 5 ℃，砂子不得有冻块，锦砖面层不得有结冰现象。养护阶段表面必须覆盖。

5. 质量标准

（1）保证项目。陶瓷锦砖的品种、规格、颜色、质量必须符合设计要求，面层与基层的结合必须牢固、无空鼓。

（2）基本项目。表面洁净，图案清晰，色泽一致，接缝均匀，周边顺直，陶瓷锦砖块无裂纹、掉角和缺棱现象。

地漏坡度符合设计要求，不倒泛水，无积水，与地漏（管道）结合处严密牢固，无渗漏。

踢脚线表面洁净，接缝平整均匀，高度一致，结合牢固，出墙厚度适宜。

与各种面层邻接处的镶边用料及尺寸符合设计要求和施工规范的要求，边角整齐、光滑。

陶瓷锦砖楼地面的允许偏差和检验方法见表 6-3-1。

表 6-3-1　　陶瓷锦砖楼地面的允许偏差和检验方法

项次	项目	允许偏差（mm）	检验方法
1	表面平整度	2	用 2 m 靠尺和楔形塞尺检查
2	缝格平直度	3	拉 5 m 线，不足 5 m 拉通线，用尺量检查
3	接缝高低差	0.5	用尺量和楔形塞尺检查
4	踢脚缝上口平直度	3	拉 5 m 线，不足 5 m 拉通线，用尺量检查
5	板块间隙宽度	2	用尺量检查

6. 成品保护

（1）陶瓷锦砖镶铺完后，如果其他工序插入较多，应在上面铺覆盖物对面层加以保护。

（2）切割陶瓷锦砖时应用垫板，禁止在已铺好的面层上操作。

（3）推车运料时应注意保护门框及已完工的地面，门框易被小车碰到的部位应加以包裹。走车地面要加垫木板。

（4）操作过程中不要碰动各种管线，也不得把灰浆和陶瓷锦砖块掉落在已安装完的地漏管口内。

7. 应注意的质量问题

（1）缝格不直不匀。操作前应挑选陶瓷锦砖，长、宽相同的整张锦砖用于同一房间内，拨缝时分格缝要拉通线，将超线的砖块拨顺直。

（2）面层空鼓。做找平层之前基层必须清理干净，洒水湿润。找平层砂浆做完之后，房间要封闭不得进人，防止污染地面，影响与面层的黏结。铺陶瓷锦砖时，水泥浆结合层与锦砖铺贴同时操作，即随刷随铺，面积不得刷得过大，防止水泥浆风干影响黏结而导致空鼓。

（3）地面渗漏。卫生间地面穿楼板的上、下水管等各种管道做完后，洞口应堵塞密实，并加套管，验收合格后再做防水层，管口部位与防水层结合要严密，待蓄水合格后才能做找平层。锦砖面层完成后应做二次蓄水试验。

（4）面层污染严重。擦缝时应随时将余浆擦干净，将面层做完后必须加以覆盖，以防其他工种操作污染。

（5）地漏周围的锦砖套割不规则。做找平层时应找好地漏坡度，当大面积铺完后，再铺地漏周围的锦砖，根据地漏直径预先计算好锦砖的块数（在地漏周围呈放射形镶铺），然后进行加工，试铺合适后再进行正式粘铺。

二、天然及人造石材楼地面施工

石材楼地面是指采用天然大理石（见图 6-3-6）、天然花岗石（见图 6-3-7）、碎拼大理石板块（见图 6-3-8）以及新型人造石板块（见图 6-3-9）等装饰材料做饰面层的楼地面。

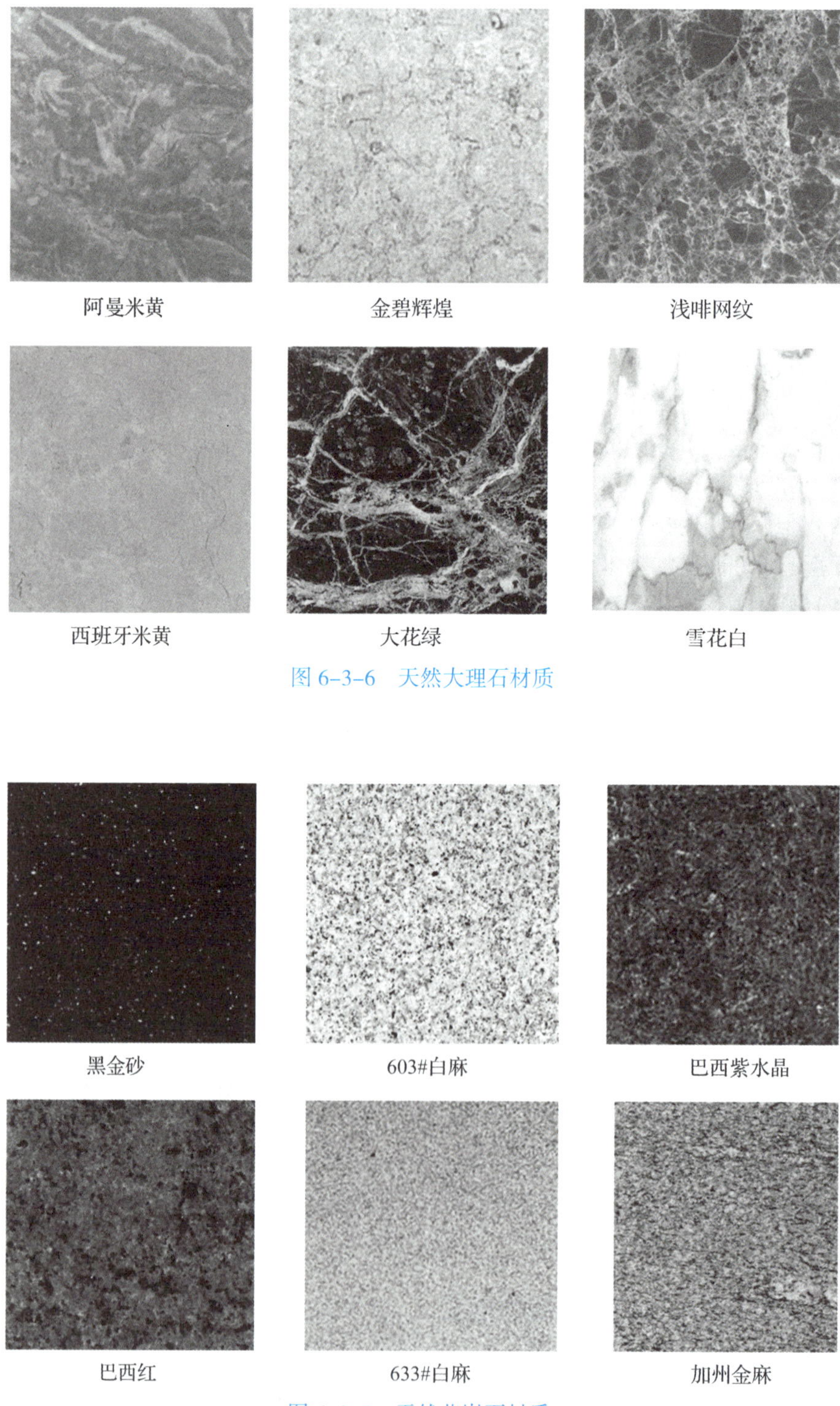

图 6-3-6　天然大理石材质

图 6-3-7　天然花岗石材质

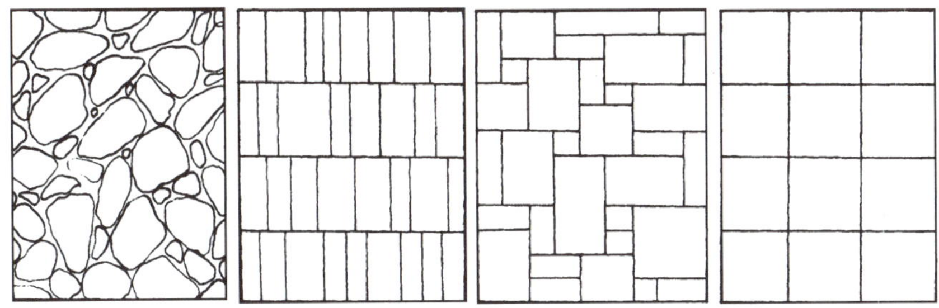

图 6-3-8　碎拼大理石板块示例

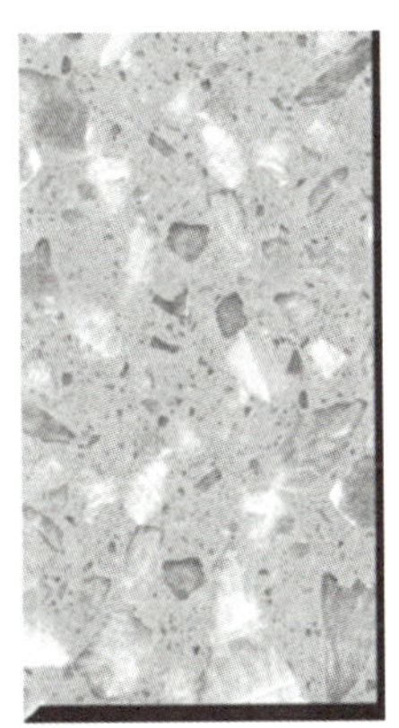

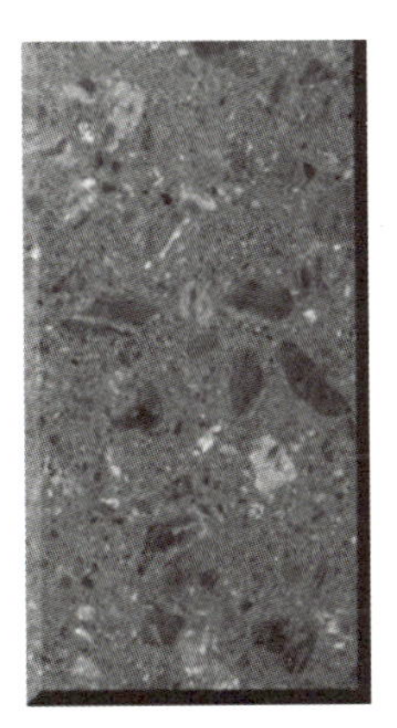

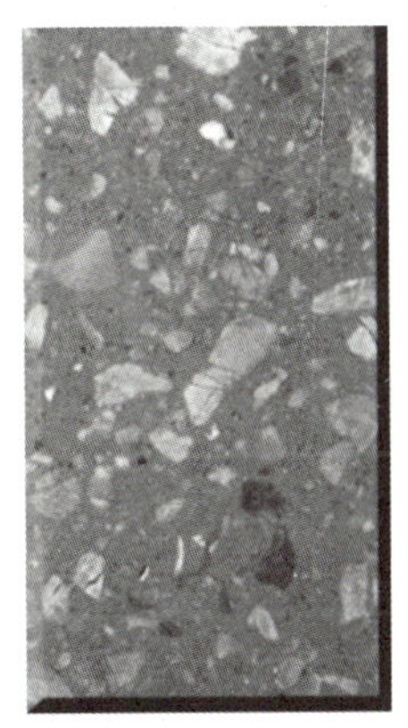

图 6-3-9　新型人造石板块

天然大理石组织细密、坚实，色泽鲜明光亮，庄重大方，高贵豪华。天然花岗石质地坚硬、耐磨，不易风化变质，色泽自然庄重、典雅气派。

天然大理石、天然花岗石常用于高级装饰工程，如宾馆、酒楼、写字楼的大厅地面、楼厅走廊、踢脚线等部位。

1. 饰面特点

花岗石和大理石均属于天然石材，它们是从天然岩体中开采出来的。这些石材经过加工成为块材或板材后，还需要经过精磨、细磨、抛光及打蜡等多道工序，最终成为具有各种不同质感的高级装饰材料。天然石材一般具有抗拉性能差、重量大、传热快、易产生冲击噪声、开采加工困难、运输不便、价格昂贵等缺点，但它们具有良好的抗压性能和硬度、耐磨耐久、外观大方稳重等优点。

2. 材料种类

花岗石板和大理石板根据加工方法不同分为剁斧板材、机刨板材、粗磨板材和磨光板材四种类型。

3. 基本构造

花岗石板和大理石板楼地面面层是在结合层上铺设而成的。一般先在刚性平整的垫层或楼板基层上铺 30 mm 厚 1∶4 干硬性水泥砂浆结合层，赶平压实；然后铺贴大理石板或花岗石板，并用水泥浆灌缝，铺砌后表面应加保护；待结合层的水泥砂浆强度达到要求，且做完踢脚板后，打蜡即可。其构造做法如图 6-3-10 所示。

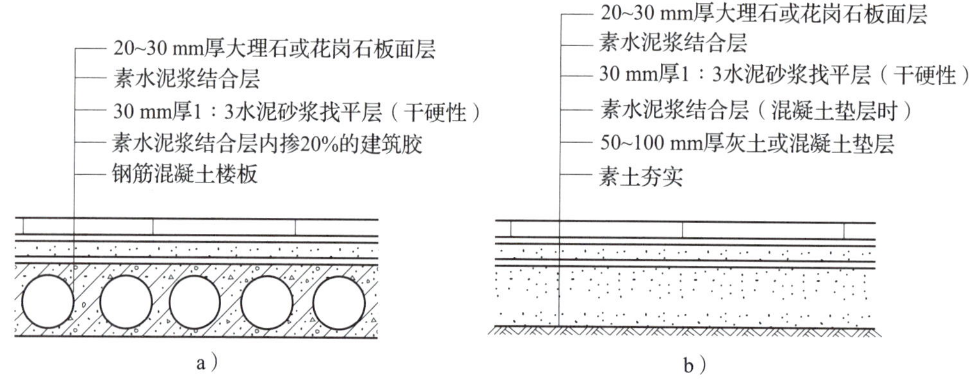

图 6-3-10　大理石、花岗石楼地面构造

a）楼面构造　b）地面构造

4. 施工准备

（1）施工材料。

1）天然大理石、花岗石的品种、规格应符合设计要求，技术等级、光泽度、外观质量要求，应符合国家标准《天然大理石建筑板材》（GB/T 19766—2016）、《天然花岗石建筑板材》（GB/T 18601—2009）的规定，其允许尺寸偏差见表 6-3-2 及表 6-3-3。

表 6-3-2　　普通大理石板材尺寸允许偏差　　mm

<table>
<tr><th>部位</th><th>优等品</th><th>一等品</th><th colspan="2">合格品</th></tr>
<tr><td rowspan="2">长度、宽度</td><td>0</td><td>0</td><td colspan="2">0</td></tr>
<tr><td>-1.0</td><td>-1.0</td><td colspan="2">-1.5</td></tr>
<tr><td rowspan="2">厚度</td><td>≤ 12</td><td>± 0.5</td><td>± 0.8</td><td>± 1.0</td></tr>
<tr><td>>12</td><td>± 1.0</td><td>± 1.5</td><td>± 2.0</td></tr>
</table>

表 6-3-3 普通花岗石板材尺寸允许偏差 mm

分类		镜面和细面板材			粗面板材		
等级		优等品	一等品	合格品	优等品	一等品	合格品
长度、宽度		0 −1	0 −1	0 −1.5	0 −1.0	0 −1.0	0 −1.5
厚度	≤ 12	± 0.5	± 1.0	+1.0 −1.5	—		
	>12	± 1.0	± 1.5	± 2.0	+1.0 −2.0	± 2.0	+2.0 −3.0

2）水泥。硅酸盐水泥、普通硅酸盐水泥或矿渣硅酸盐水泥，其强度等级不低于 32.5。白水泥：白色硅酸盐水泥，其强度等级不低于 32.5。

3）砂。中砂或粗砂，其含泥量应不大于 3%。

4）大理石碎块及色石渣。石渣颜色应符合设计要求。应坚硬、洁净、无杂物，粒径宜为 4 ~ 14 mm。大理石碎块不带夹角，薄厚应一致。

5）其他材料。矿物颜料（擦缝用）、蜡、草酸。

（2）主要机具。手推车、铁锹、靠尺、浆壶、水桶、喷壶、铁抹子、木抹子、墨斗、钢卷尺、尼龙线、橡皮锤（或木锤）、铁水平尺、弯角方尺、钢錾子、合金钢扁錾子、台钻、合金钢钻头、笤帚、砂轮锯、磨石机、钢丝刷。

（3）作业条件。

1）大理石、花岗石板块进场后，应侧立堆放在室内，光面相对、背面垫松木条，并在板下加垫木方。拆箱后详细核对品种、规格、数量等是否符合设计要求，有裂纹、缺棱、掉角、翘曲和表面有缺陷时，应予剔除。

2）搭设好加工棚，安装好台钻及砂轮锯，并接通水电源。

3）室内抹灰（包括立门口）、地面垫层、预埋在垫层内的电管及穿通地面的管线均已完成。

4）房间内四周墙上弹好 +50 cm 水平线。

5）施工操作前应画出铺设大理石地面的施工大样图。

6）冬期施工时操作温度不得低于 5 ℃。

5. 操作工艺

（1）工艺流程。准备工作—基层处理—试拼—弹线—试排—刷素水泥浆及铺砂浆结合层—铺砌大理石（或花岗石）板块—灌缝、擦缝—打蜡。

（2）施工工艺。

1）准备工作。以施工大样图和加工单为依据，熟悉了解各部位尺寸和做法，弄清洞口、边角等部位之间的关系。

2）基层处理。将地面垫层上的杂物清干净，用钢丝刷刷掉黏结在垫层上的砂浆，并清扫干净。

3）试拼。在正式铺设前，对每一房间的大理石（或花岗石）板块，应按图案、颜色、纹理试拼，将非整块板对称排放在房门靠墙部位，试拼后按两个方向编号排列，然后按编号码放整齐。

4）弹线。为了检查和控制大理石（或花岗石）板块的位置，在房间内拉十字控制线，弹在混凝土垫层上，并引至墙面底部，然后依据墙面 +50 cm 标高线找出面层标高，在墙上弹出水平标高线，弹水平线时注意室内与楼道面层标高要一致。

5）试排（见图 6-3-11）。在房间内的两个相互垂直的方向铺两条干砂，其宽度大于板块宽度，厚度不小于 3 cm，结合施工大样图及房间实际尺寸，把大理石（或花岗石）板块排好，以便检查板块之间的缝隙，核对板块与墙面、柱、洞口等部位的相对位置。

图 6-3-11　试排

6）刷素水泥浆及铺砂浆结合层。试铺后将干砂和板块移开，清扫干净，用喷壶洒水湿润，刷一层素水泥浆（水灰比为 0.4 ~ 0.5，面积不要刷得过大，随铺砂浆随刷）。根据板面水平线确定结合层砂浆厚度，拉十字控制线，开始铺结合层干硬性水泥砂浆（一般采用 1 : 2 ~ 1 : 3 的干硬性水泥砂浆，干硬程度以手捏成团、落地即散为宜），厚度控制在放上大理石（或花岗石）板块时高出面层水平线 3 ~ 4 mm。铺好后用大杠刮平，再用抹子拍实找平（铺摊面积不得过大）。

7）铺砌大理石（或花岗石）板块。板块应先用水浸湿，待擦干或表面晾干后方可铺设。

根据房间拉的十字控制线，纵横各铺一行，作为大面积铺砌标筋用，如图 6-3-12 所示。依据试拼时的编号、图案及试排时的缝隙（板块之间的缝隙宽度，当设计无规定时应不大于 1 mm），在十字控制线交点处开始铺砌。先试铺，即搬起板块对好纵横控制线铺落在已铺好的干硬性水泥砂浆结合层上，用橡皮锤敲击木垫板（不得用橡皮锤或木锤直接敲击板块），振实砂浆至铺设高度后，将板块掀起移至一旁，检查砂浆

表面与板块之间是否相吻合，如发现有空虚之处，应用砂浆填补，然后正式镶铺。先在水泥砂浆结合层上满浇一层水灰比为 0.5 的素水泥浆（用浆壶浇均匀），再铺板块，安放时四角同时往下落，用橡皮锤或木锤轻击木垫板，根据水平线用铁水平尺找平，铺完第一块，向两侧和后退方向顺序铺砌。铺完纵、横行之后有了标准，可分段分区依次铺砌，一般房间宜先里后外进行，逐步退至门口，便于成品保护，但必须注意与楼道相呼应。也可从门口处往里铺砌，板块与墙角、镶边和靠墙处应紧密砌合，不得有空隙。

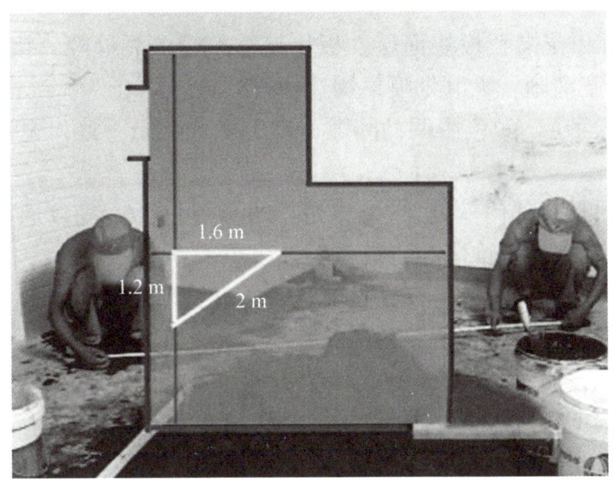

图 6-3-12　拉十字控制线

8）灌缝（见图 6-3-13）、擦缝。在板块铺砌后 1～2 昼夜进行灌浆擦缝。根据大理石（或花岗石）颜色，选择相同颜色的矿物颜料和水泥（或白水泥）拌和均匀，调成 1∶1 稀水泥浆，用浆壶徐徐将其灌入板块之间的缝隙中（可分几次进行），并用长刮板把流出的水泥浆刮向缝隙内，至基本灌满为止。灌浆 1～2 h 后，用棉纱团蘸原稀水泥浆擦缝，与板面擦平，同时将板面上水泥浆擦净，使大理石（或花岗石）面层的表面洁净、平整、坚实。以上工序完成后，面层加以覆盖。养护时间应不小于 7 d。

图 6-3-13　灌缝

9）打蜡。当水泥砂浆结合层达到强度后（抗压强度达到 1.2 MPa 时），方可进行打蜡。打蜡后面层要达到光滑洁亮的标准。

6. 质量标准

（1）保证项目。面层所用板块品种、规格、级别、形状、光洁度、颜色和图案必须符合设计要求。面层与基层必须结合牢固，无空鼓。

（2）基本项目。

1）面层。

①磨光大理石和花岗石板块面层。板块挤靠严密，无缝隙，接缝通直，无错缝，表面平整洁净，图案清晰，无磨划痕，周边顺直方正。

②碎拼大理石面层。颜色协调，间隙适宜美观，磨光一致，无裂缝和磨纹，表面平整光洁。

2）板块镶贴质量。任何一处独立空间的石板颜色一致，花纹通顺基本一致。石板缝痕与石板颜色一致，擦缝饱满与石板齐平，洁净、美观。

3）踢脚板铺设质量。排列有序，挤靠严密不显缝隙，表面洁净，颜色一致，结合牢固，出墙高度、厚度一致，上口平直。

4）地面镶边铺设质量。

①花岗石、大理石板面层。用料尺寸准确，边角整齐，拼接严密，接缝顺直。

②碎拼大理石面层。尺寸正确，拼接严密，相邻处不混色，分色线顺直，边角齐整光滑、清晰美观。

5）地漏坡度符合设计要求。不倒泛水，无积水，与地漏结合处严密牢固，无渗漏（有坡度的面层应做泼水检验，并以能排除液体为合格）。

6）打蜡质量。大理石、花岗石和碎拼大理石地面烫硬蜡、擦软蜡，要求均匀不露底、色泽一致、厚薄均匀、图纹清晰、表面洁净。

（3）大理石（或花岗石）及碎拼大理石的允许偏差和检验方法见表 6-3-4。

表 6-3-4　大理石（或花岗石）及碎拼大理石的允许偏差和检验方法

序号	项目	允许偏差（mm）		检验方法
		大理石	碎拼大理石	
1	表面平整度	1	3	用 2 m 靠尺和楔形塞尺检查
2	缝格平直度	2	—	拉 5 m 线，不足 5 m 拉通线，用尺量检查
3	接缝高低差	0.5	—	用尺量和楔形塞尺检查
4	踢脚缝上口平直度	1	—	拉 5 m 线，不足 5 m 拉通线，用尺量检查
5	板块间隙宽度	1	—	用尺量检查

7. 成品保护

（1）运输大理石（或花岗石）板块和水泥砂浆时，应采取措施防止碰撞已做完的墙面、门口等。

（2）铺砌大理石（或花岗石）板块及碎拼大理石板块过程中，操作人员应做到随铺随用干布擦净大理石面上的水泥浆痕迹。

（3）在大理石（或花岗石）地面或碎拼大理石地面上行走时，找平层水泥砂浆的抗压强度不得低于 1.2 MPa。

（4）大理石（或花岗石）地面或碎拼大理石地面完工后，房间应封闭或在其表面加以覆盖保护。

8. 应注意的质量问题

（1）板面空鼓。由于混凝土垫层清理不净或浇水湿润不够，刷素水泥浆不均匀或刷得面积过大、时间过长已风干，干硬性水泥砂浆任意加水，大理石板面有浮土，未浸水湿润等因素，都易引起空鼓。因此必须严格遵守操作工艺要求，基层必须清理干净，结合层砂浆不得加水，随铺随刷一层水泥浆，大理石板块在铺砌前必须浸水湿润。

（2）接缝高低不平、缝子宽窄不匀。主要原因是板块本身有厚薄及宽窄不匀、窜角、翘曲等缺陷，铺砌时未严格拉通线进行控制等。所以应预先严格挑选板块，凡是翘曲、拱背、宽窄不方正等块材剔除不予使用。铺设标准块后，应向两侧和后退方向顺序铺设，并随时用水平尺和直尺找准，缝子必须拉通线，不能有偏差。房间内的标高线要由专人负责引入，且各房间和楼道内的标高必须一致。

（3）过门口处板块易活动。一般铺砌板块时均从门框以内操作，而门框以外与楼道相接的空隙（墙宽范围内）面积均后铺砌，过早上人易造成此处活动。在进行板块翻样提加工订货时，应同时考虑此处的板块尺寸，并同时加工，以便铺砌楼道地面板块时同时操作。

（4）踢脚板不顺直，出墙厚度不一致。这主要是由墙面平整度和垂直度不符合要求，镶踢脚板时未吊线、未拉水平线，随墙面镶贴所造成的。在镶踢脚板前，必须先检查墙面的垂直度、平整度，如超出偏差，应进行处理后再镶贴。

第四节　木楼地面施工

木楼地面是指楼地面表面由木板铺钉或硬质木块胶合而成的地面。木楼地面具有良好的弹性、蓄热性和接触感，不起灰、易清洁，纹理优美清晰，具有良好的装饰效果，但耐火性能差，潮湿环境下易腐蚀、产生裂缝和翘曲变形。木楼地面一般适用于有较高的清洁和弹性使用要求的场所，如比较高级的住宅、宾馆、剧院舞台、精密机床间等。

一、木地板和木楼地面的类型

1. 木地板的类型

根据材质不同，木地板一般分为普通纯木地板、复合木地板和软木地板。

（1）普通纯木地板。普通纯木地板又可分为条形木地板和拼花木地板。条形木地板多采用优质松木和杉木加工而成，不易腐朽、开裂和变形，但装饰效果一般，如图 6–4–1 所示。拼花木地板多采用水曲柳、柞木、柚木、榆木、核桃木等硬质树种木加工而成，耐磨性好、有光泽、纹理清晰优美，如图 6–4–2 所示。

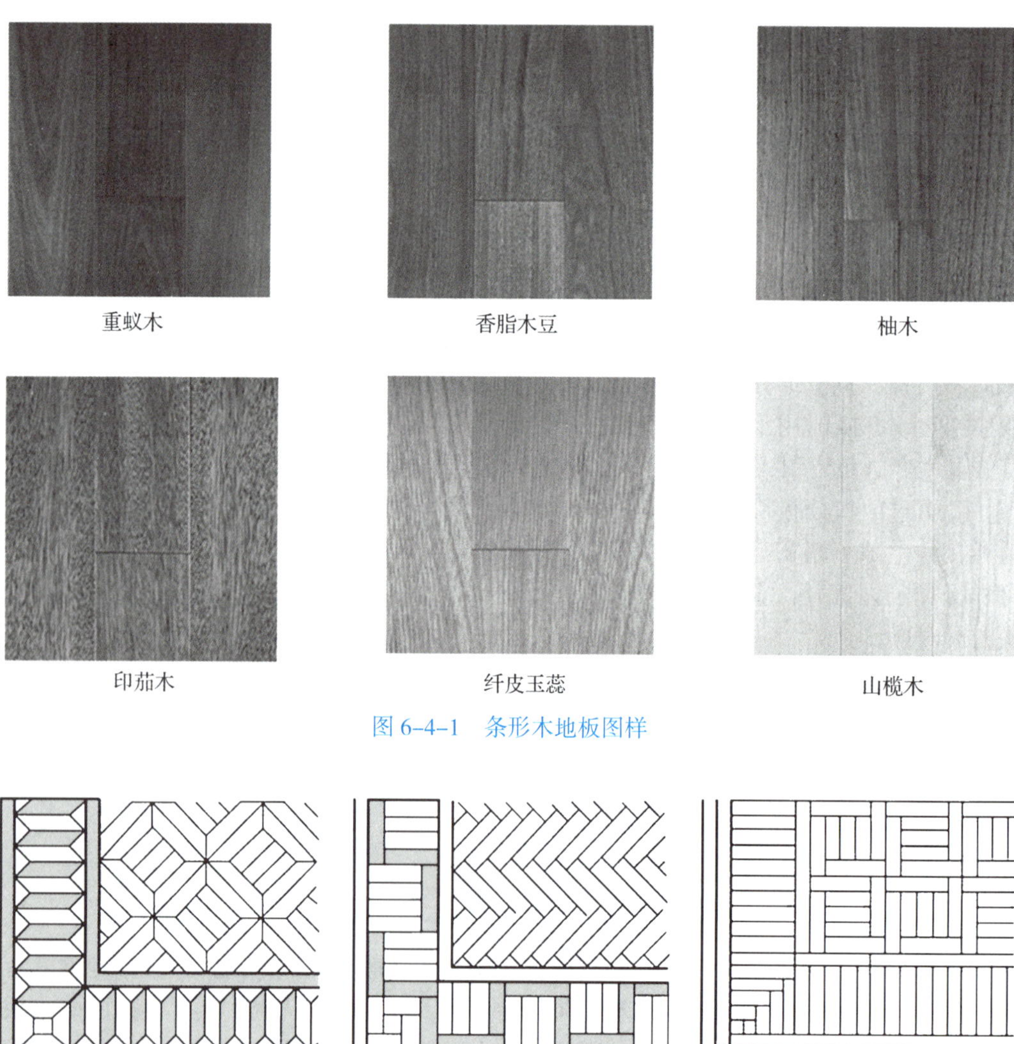

图 6–4–1　条形木地板图样

图 6–4–2　拼花木地板图案

普通纯木地板常用规格见表 6–4–1。为防止木地板开裂和变形，使用的木质材料均应通过自然干燥和人工干燥使含水率达到限值要求，见表 6–4–2。

表 6-4-1 普通纯木地板常用规格

固定方式	名称	厚度（mm）	宽度（mm）	长度（mm）
钉接式	松、杉木条形地板	23	75～125	800 以上
	硬木条形地板	18～23	50	800 以上
	硬木拼花地板	18～23	30、40、50	320、250、200、150
粘贴式	松、杉木地板	15～18	不大于 50	不大于 400
	硬木地板	10、15、18	不大于 50	不大于 400
	薄木地板	5、8、10	40、25	320、200、150

注：木地板除底面外，其他五个面均应平直刨光。

表 6-4-2 木地板面层木材含水率

地区类别	包括地区	含水率（%）
Ⅰ	包头、兰州以西的西北地区和西藏自治区	10
Ⅱ	徐州、郑州、西安及其以北的华北地区和东北地区	12
Ⅲ	徐州、郑州、西安以南的中南、华南和西南地区	15

（2）复合木地板。复合木地板主要有两类：一类是由三层及以上实木复合而成的实木企口复合地板；另一类是以中密度纤维板、高密度纤维板或刨花板为基料的浸渍纸胶膜贴面层压复合地板。

复合地板有树脂加强，又是热压成型，因此质轻高强，收缩性小，并克服了普通纯木地板易腐朽、开裂和变形的缺点，耐磨性能好，还保持了木地板的其他特性，装饰效果多样，纹理优美清晰。

（3）软木地板（见图 6-4-3）。软木地板具有自然本色，纹理效果多样，美观大方，质量轻，弹性好，防霉、防腐、防静电、绝缘、耐酸、耐油，施工方便等优点，但价格较高，产量也不高，是高档楼地面装修材料之一。软木地板可分为树脂软木地板、软木橡胶地板和软木复合弹性地板三种，见表 6-4-3。

2. 木楼地面的类型

木楼地面按照构造形式不同可分为以下三种。

（1）架空式木楼地面。用于面层与基层的距离较大的场合，需要用地垄墙、砖墩或钢木支架的支撑才能达到设计要求的标高。在建筑的首层，为减少回填土方量，或者为便于管道设备的架设和维修，需要一定的敷设空间时，通常考虑采用架空式木楼地面。由于支撑木楼地面的木格栅架空搁置，使其能够保持干燥，防止腐烂损坏。

图 6-4-3　软木地板

表 6-4-3　软木地板产品

产品名称	说明	规格	技术指标
树脂软木地板	树脂软木地板又称树脂软木地板片，简称软木地板，系以天然软木（栓皮）为主要原料，以树脂为胶合剂，通过特殊工艺加工而成	表面处理：涂漆和不涂漆 特殊规格可根据订货要求加工	初压痕：小于 10% 残留压痕：小于 2% 耐沸盐酸：1 h 不散块 抗冲击声：大于 16 dB 阻声系数：大于 18 dB 耐磨性：厚度损失小于 0.66
软木橡胶地板	软木橡胶地板系以优质天然软木（栓皮）为主要原料，以无污染型橡胶为胶合剂，通过特殊工艺加工而成的。除具有软木地板所有特性外，还具有特好的弹性	同树脂软木地板	主要技术指标达到 ISO 3813 的要求
软木复合弹性地板	该产品基层为软木，表层为我国红豆木或红榉、毛榉、橡木、枫木、水曲柳及柞木等薄板，经特殊工艺加工复合而成，具有木地板及软木地板的双重特点	薄地板条为（4～6）mm×（100～360）mm×900 mm，一般用以粘铺于毛地板上 厚地板条为（11、15、18）mm×（60～200）mm×（600、1 200、1 800）mm 厚地板块为（12、15、18）mm×（300～600）mm×（300～600）mm	初压痕：实测小于 6.5%

（2）实铺式木楼地面。将木格栅直接固定在结构基层上，不再需要用地垄墙等架空支撑，构造比较简单，适合于地面标高已经达到设计要求的场合。

（3）粘贴式木楼地面。此类楼地面是在结构层（钢筋混凝土楼板或底层素混凝土）上做好找平层，再用黏结材料将各种木板直接粘贴而成的，具有构造简单、占用空间小、经济等优点。

二、架空式木楼地面

1. 基层

架空式木楼地面基层由地垄墙（或砖墩）、垫木、木格栅、剪刀撑及毛地板等部分组成，如图 6-4-4 所示。当房间尺寸不大时，木格栅两端可直接搁置在砖墙上，当房间尺寸较大时，常在房间地面下增设地垄墙或砖墩支撑木格栅。

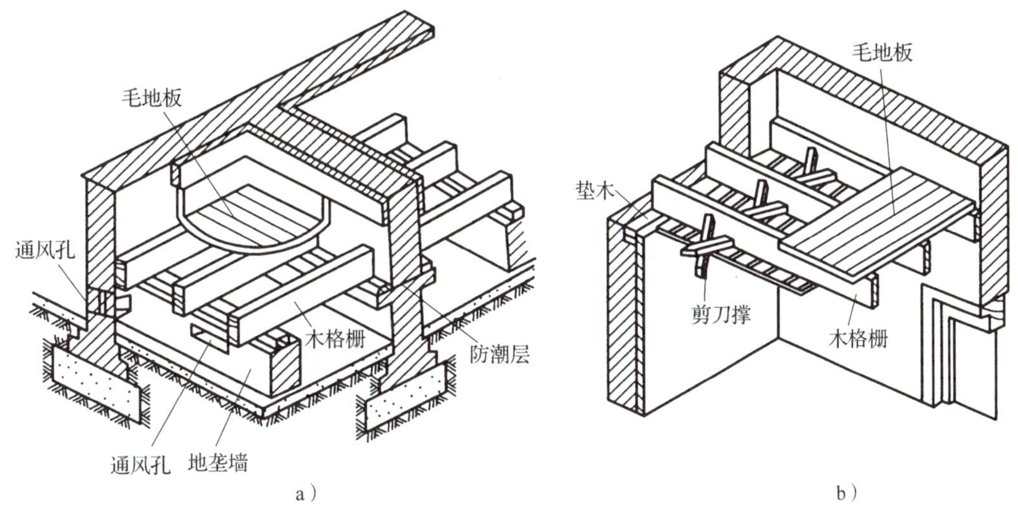

图 6-4-4　架空式木楼地面基层的构造

a）架空式木地面基层　b）架空式木楼面基层

（1）地垄墙（或砖墩）。地垄墙一般采用普通黏土砖砌筑而成，其厚度是根据地面架空的高度及使用条件而确定的。地垄墙与地垄墙之间的间距，一般不宜大于 2 m，地垄墙的标高应符合设计标高，地垄墙上要预留通风孔，使每道地垄墙之间的架空层及整个木基层架空空间与外部之间均有较好的通风条件，一般地垄墙上留孔洞 120 mm × 120 mm，外墙应每隔 3 ~ 5 m 开设 180 mm × 180 mm 的孔洞，孔洞加封铁丝网罩，如图 6-4-5 所示。

（2）垫木。地垄墙（或砖墩）与木格栅之间一般用垫木连接，垫木的主要作用是将木格栅传来的荷载传递到地垄墙上。

垫木一般厚度为 50 mm，宽度为 100 mm。垫木在使用前应浸渍防腐剂，进行防腐处理，目前工程上采用煤焦油二道，或刷两遍氟化钠水溶液进行处理。在大多数情况下，垫木应分段直接铺设在木格栅之下，也可沿地垄墙通长布置。垫木与砖砌体接触面之间应干铺油毡一层。

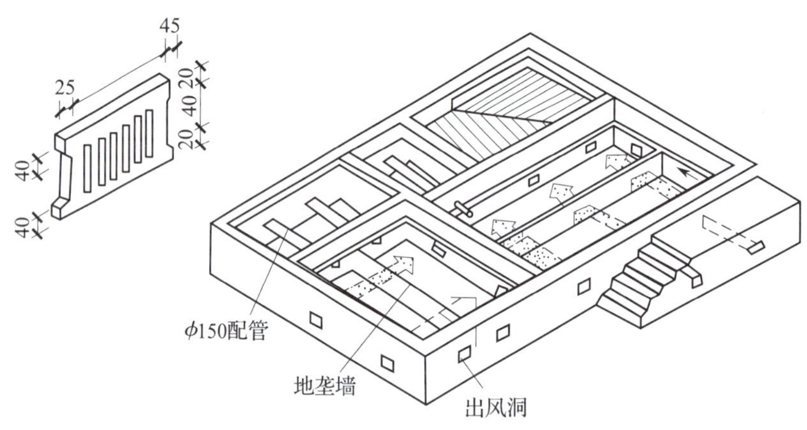

图 6-4-5　架空式木楼地面通风孔设置

（3）木格栅（见图 6-4-6）。木格栅又称木龙骨，主要作用是固定和承托面层。其断面尺寸应根据地垄墙（或砖墩）的间距大小来确定。木格栅一般与地垄墙垂直，中距为 400 mm，木格栅间加钉 50 mm × 50 mm 松木横撑，中距为 800 mm。木格栅与墙间应留出不小于 30 mm 的缝隙。

图 6-4-6　木格栅

（4）剪刀撑。剪刀撑是用来加固木格栅、增强整个地面的刚度、保证地面质量的构造措施。当地垄墙间距大于 2 m，在木格栅之间应设剪刀撑。剪刀撑断面一般为 50 mm × 50 mm，剪刀撑布置在木格栅两侧面，用铁钉固定在木格栅上。

（5）毛地板。即毛板，是在木格栅上铺钉的一层窄木板条，属硬木板的衬板，便于钉接面层板，增加硬木地板的弹性。一般用松、杉木板条，其宽度不宜大于 120 mm，厚度为 20 ~ 25 mm，表面要平整。板条与板条之间缝隙不宜大于 3 mm，板条与周边墙之间留出 10 ~ 20 mm 的缝隙，相邻板的接缝要错开。

为防止首层地下土中生长杂草和潮气入侵，应在地基面层上夯填 100 mm 厚的灰

土，灰土的上皮应高于室外地面。

2. 面层

架空式木楼地面面层可以做成单层（见图 6-4-7）或双层，面层下设有毛地板的木地板称为双层木地板。

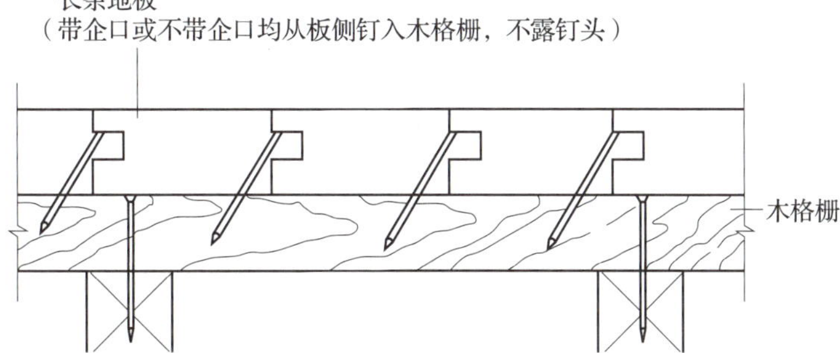

图 6-4-7　单层木地板的钉结方式

双层木地板是将面板直接固定在基层毛地板上，铺钉前先在毛地板上铺一层油毡或油纸，防止使用中发出响声或受潮气侵蚀，如图 6-4-8 所示。双层木地板的固定方法除上述钉结方法外，还有粘贴式和浮铺式，粘贴式是直接将面板粘贴在基层毛地板上，浮铺式是将带有严密企口缝的面板（如强化木地板）按企口拼装铺于毛地板上，四周镶边顶紧即可。架空式双层木地板的构造如图 6-4-9 所示。

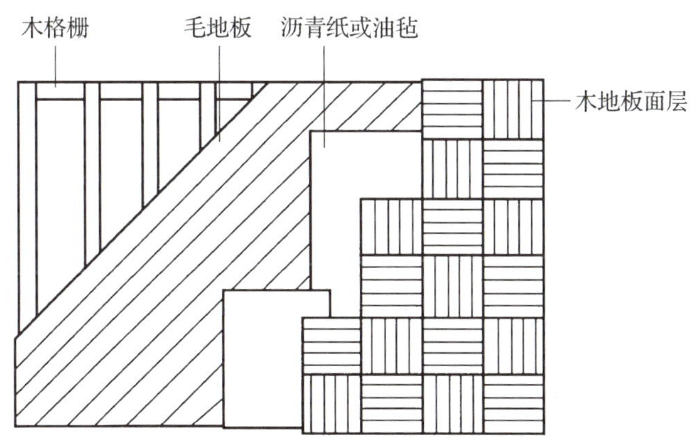

图 6-4-8　双层木地板的构造层次

三、实铺式木楼地面

1. 基层

实铺式木楼地面的基层一般由木格栅、横撑及木垫块等部分组成，如图 6-4-10 所示。

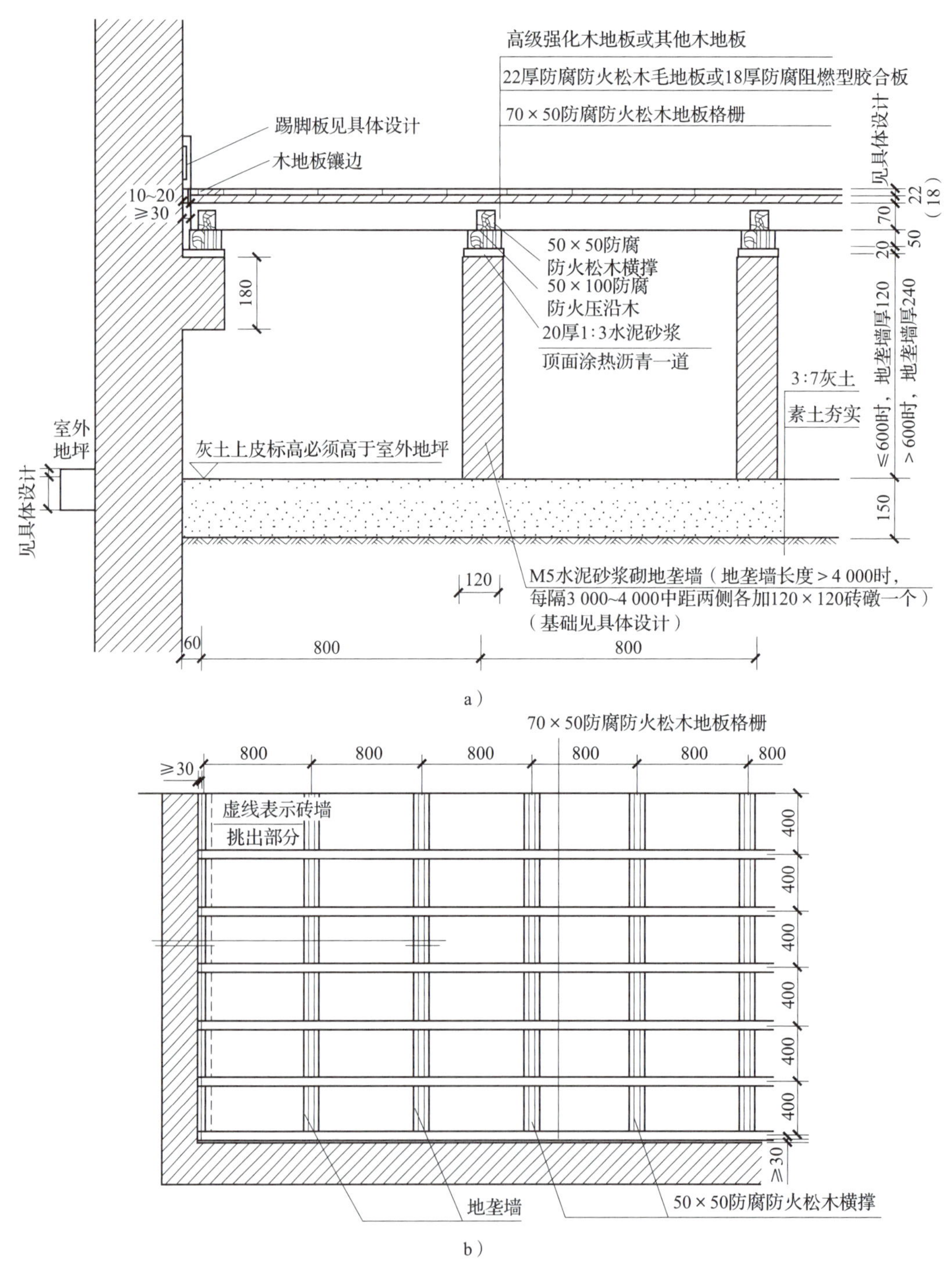

图 6-4-9　架空式双层木地板的构造

a）双层木地板的构造　b）地垄墙及地板格栅构造

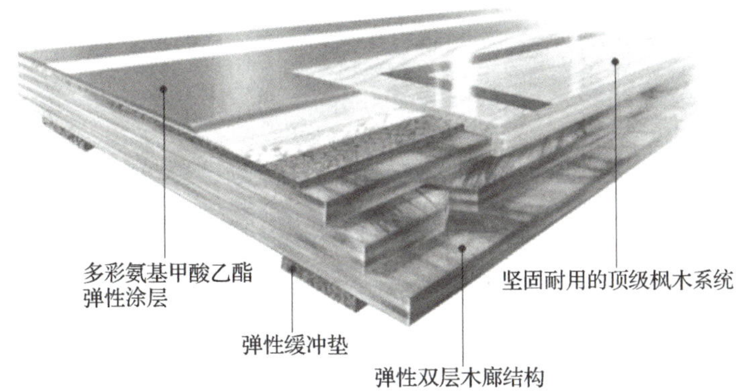

图 6-4-10　实铺式木楼地面基层的构造

（1）木格栅（见图 6-4-11）。由于直接放在结构层上，其断面尺寸较小，一般为 50 mm ×（50 ~ 70）mm，中距为 400 mm。

图 6-4-11　木格栅刨平

（2）横撑。在木格栅之间通常设横撑，为了提高整体性，其中距大于 800 mm，断面一般为 50 mm × 50 mm，用铁钉固定在木格栅上。

（3）木垫块（见图 6-4-12）。为了使木地面达到设计高度，必要时可在木格栅下设置木垫块，其中距大于 400 mm，断面一般为 20 mm × 40 mm × 50 mm，与木格栅钉牢。

（4）防潮层。为了防止潮气入侵地面层，底层地面木格栅下的结构层应做防潮层。一般构造做法是，素土夯实后，铺 100 mm 厚 3∶7 灰土，40 mm 厚 C10 细石混凝土随打随抹，铺设一毡二油或水乳化沥青一布二涂防潮层，在防潮层上用 50 mm 厚 C15 混凝土随打随抹，并预埋铁件。

2. 面层

实铺式木楼地面面层同架空式木楼地面面层相同。木地板面板与周边墙交接处由踢脚板及压封条封盖。为使潮气散发，可在踢脚板上开设通风口。实铺式木楼地面的构造如图 6-4-13 所示。

图 6-4-12　木垫块

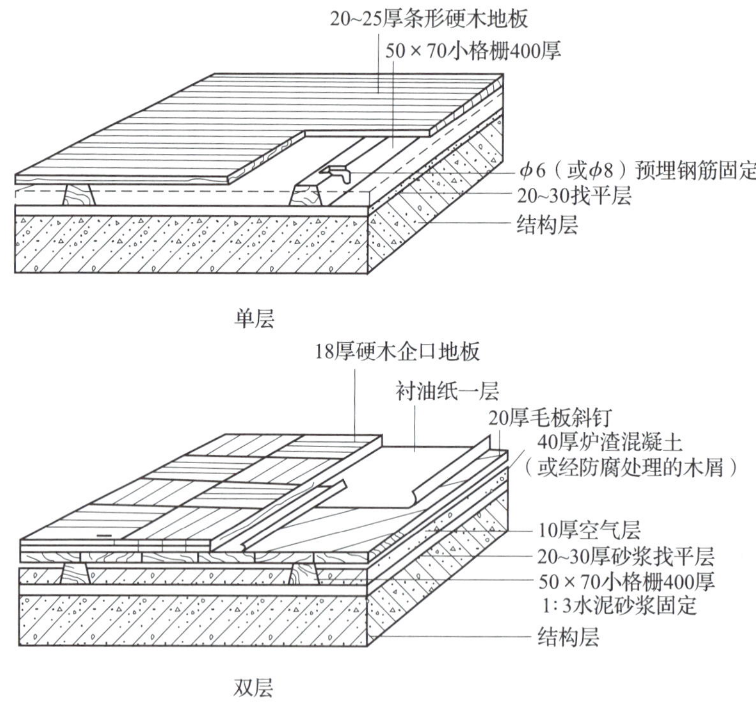

图 6-4-13　实铺式木楼地面的构造

四、木楼地面施工工艺

1. 施工准备

（1）地板施工前应完成顶棚、墙面的各种湿作业工程且干燥程度在 80% 以上，即木地板的铺设应在整个装修过程的最后进行。

（2）铺地板前地面基层应做好防潮、防腐处理，而且在铺设前要使房间干燥，并须避免在气候潮湿的情况下施工。

（3）水暖管道、电气设备及其他室内固定设施应安装好、油漆施工完毕，并进行试水、试压检查，对电源、通信、电视等管线进行必要的测试，防止线路受压老化、腐蚀等问题对木地板造成影响。

（4）复合木地板施工前应检查室内门扇与地面间的缝隙能否满足施工要求。通常空隙为 12 ~ 15 mm，否则应刨削门扇下边以适应地板安装。

2. 施工机具准备

施工机具有电动圆锯、冲击钻、手电钻、磨光机、刨平机、锯、斧、锤、凿、螺丝刀、直角尺、量尺、墨斗、铅笔、撬杆及扒钉等。

3. 操作工艺

（1）工艺流程。弹好木格栅安装位置线及标高—安装木格栅、铺设毛地板—铺设木地板—安装木踢脚。

（2）施工工艺。

1）空铺式木格栅（其间无填料）的两端应垫实钉牢。当采用地垄墙、砖墩时，应与木格栅固定牢固。木格栅与墙间应留出不小于 30 mm 的缝隙。

2）实铺式木格栅（其间有填料）的截面尺寸、间距及稳固方法等均应符合设计要求。木格栅做防腐处理。

3）铺设前必须清除毛地板下空间内的刨花等杂物。

4）毛地板铺设时，应与木格栅成 30°或 45°斜向钉牢，并使其髓心向上，板间的缝隙不大于 3 mm。

5）企口板铺设时，应与木格栅成垂直方向钉牢。板的接缝应间隔错开，板与板之间仅允许个别地方有缝隙，但缝隙宽度不大于 1 mm。企口板与墙之间留 10 ~ 15 mm 的缝隙，并用踢脚板或踢脚条封盖。

6）踢脚板用钉与墙内防腐木砖钉牢，钉帽砸扁冲入板内。踢脚板要求与墙紧贴，上口平直。踢脚板接缝处应做企口或错口相接，在 90°转角处应做 45°斜角相接。踢脚板与木地板面层交接处钉设木压条。

4. 质量要求

（1）主控项目。

1）实木地板面层所采用的材质和铺设时的木材含水率必须符合设计要求。木格栅、垫木和毛地板等必须做防腐、防蛀处理。

2）木格栅安装应牢固、平直。

3）面层铺设应牢固，黏结无空鼓。

（2）一般项目。

1）实木地板面层应刨平、磨光，无明显刨痕和毛刺等现象；图案清晰、颜色均匀一致。

2）面层缝隙应严密，接头位置应错开、表面洁净。

3）拼花地板接缝应对齐，粘、钉严密；缝隙宽度均匀一致；表面洁净，胶粘无溢胶。

4）踢脚线表面应光滑，接缝严密，高度一致。

5）实木地板面层的允许偏差和检验方法应符合表 6–4–4 的规定。

表 6–4–4　　实木地板面层的允许偏差和检验方法

项次	项目	允许偏差（mm）				检验方法
		实木地板面层			实木复合地板面层、中密度（强化）复合地板面层、竹地板面层	
		松木地板	硬木地板	拼花地板		
1	板面缝隙宽度	1.0	0.5	0.2	0.5	用钢尺检查
2	表面平整度	3.0	2.0	2.0	2.0	用 2 m 靠尺和楔形塞尺检查
3	踢脚线上口平直度	3.0	3.0	3.0	3.0	接 5 m 通线，不足 5 m 拉通线，用钢尺检查
4	板面拼缝平直度	3.0	3.0	3.0	3.0	
5	相邻板材高差	0.5	0.5	0.5	0.5	用钢尺和楔形塞尺检查
6	踢脚线与面层的接缝	1.0				用楔形塞尺检查

5. 成品保护

（1）木地板材料应码放整齐，使用时轻拿轻放，不可以乱扔乱堆，以免损坏棱角。

（2）在木地板上作业应穿软底鞋，且不得在地板面上敲砸，防止损坏面层。

（3）木地板施工中应注意保持环境的温度、湿度稳定。施工完应及时覆盖塑料薄膜，防止开裂变形。

（4）通水和通暖时应注意阀门及管道的三通、弯头等处，防止渗漏后浸湿地板造成地板开裂和起鼓。

第五节　活动地板地面施工

活动地板也称装配式地板，是一种架空地板，由面板、横梁（龙骨）、可调支架等组成，有抗静电（见图 6–5–1）和不抗静电两种。

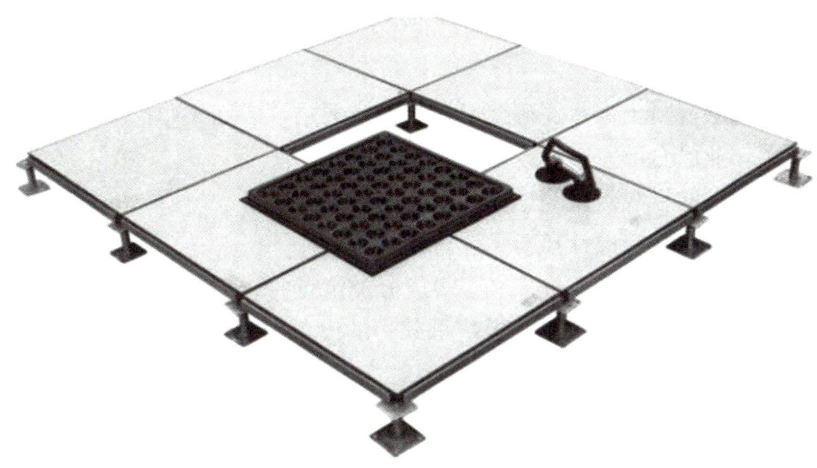

图 6-5-1　抗静电活动地板

常见的活动地板是铝合金框刨花板基板塑料贴面板和全塑料地板。活动地板质轻、高强、平整、面层质感好、装饰效果佳，同时防火、防虫、耐腐蚀，广泛应用于各种机房、实验室、调度室、洁净厂房、通信枢纽、指挥中心等地面。

一、材料准备

活动地板块共有三层，中间一层是 25 mm 左右厚的刨花板，面层采用 1.5 mm 厚柔光高压三聚氰胺装饰板，底层粘贴一层 1 mm 厚镀锌钢板，四周侧边用塑料板封闭或用镀锌钢板包裹并以胶条封边。常用规格为 600 mm × 600 mm 和 500 mm × 500 mm 两种。

1. 活动地板表面要平整、坚实，并具有耐磨、耐污染、耐老化、防潮、阻燃和导静电等特点。

2. 活动地板面层包括标准地板、异形地板和地板附件（支架和横梁组件）。采用的活动地板块应平整、坚实，面层承载力不得小于 7.5 MPa。其系统电阻：A 级板为 $1.0 \times 10^5 \sim 1.0 \times 10^8$ Ω；B 级板为 $1.0 \times 10^5 \sim 1.0 \times 10^{10}$ Ω。

3. 各项技术性能与技术指标应符合现行的有关产品标准的规定。

4. 活动地板包括标准地板和异形地板。异形地板有旋流风口地板、可调风口地板、大通风量地板和走线口地板。

5. 支承部分由标准钢支柱和框架组成，标准钢支柱采用管材制作，框架采用轻型槽钢制成，支承结构有高架（100 mm）和低架（200 mm、300 mm、350 mm）两种。地板附件应包括支架组件和横梁组件。

二、常用机具

常用机具有各类型扳手、切割机、墨斗、水平尺、水平仪、塔尺、直尺、尼龙线和锤子。

三、作业条件

1. 楼地面基层混凝土或水泥砂浆已达到设计要求，表面平整度验收合格。
2. 室内湿作业已全部完工，预埋件已预埋好。
3. 室内地板下的管线敷设完毕，并验收合格。
4. 各房间长宽尺寸按设计核对无误。
5. 面板块、桁条、可调支柱、底座等应分类清点并码放备用。
6. 室内各项工程完工、超过地板块承载力的设备进入房间预定位置，相邻房间内部也全部完工。

四、施工工艺

1. 工艺流程

基层清理—弹线—安装支柱（架）—安装桁条（木格栅）—安装活动地板。

2. 操作工艺

（1）基层清理。将基层上一切杂物、尘土清扫干净。基层表面应平整、光洁、干燥、不起灰。安装前清扫干净，并根据需要，在其表面刷涂 1 ~ 2 遍清漆或防尘剂，刷涂后不允许有脱皮现象。

（2）弹线。

1）按设计要求，在基层上弹出支柱（架）定位方格十字线，测量底座水平标高，将底座就位。同时，在墙四周测好支柱（架）水平线。

2）铺设活动地板面层前，室内四周的墙面应设置标高控制位置，并按选定的铺设方向和顺序设基准点。在基层表面上按板块尺寸弹线，形成方格网，标出地板块的安装位置和高度，并标明设备预留部位。

（3）安装支柱（架）（见图 6–5–2）。

1）将底座摆平在支座点上，核对中心线后，安装钢支柱（架），按支柱（架）顶面标高，拉纵横水平通线调整支柱（架）活动杆顶面标高并固定。再次使用水平仪逐点找平，调整支柱（架）托板至水平。

2）为使活动地板面层与走道或房间的建筑地面面层连接好，应通过面层的标高选用金属支架型号。

3）活动地板面层的金属支架应支承在现浇混凝土基层上。对于小型计算机系统房间，其混凝土强度等级不应小于 C30；对于中型计算机系统的房间，其混凝土强度等级不应小于 C50。

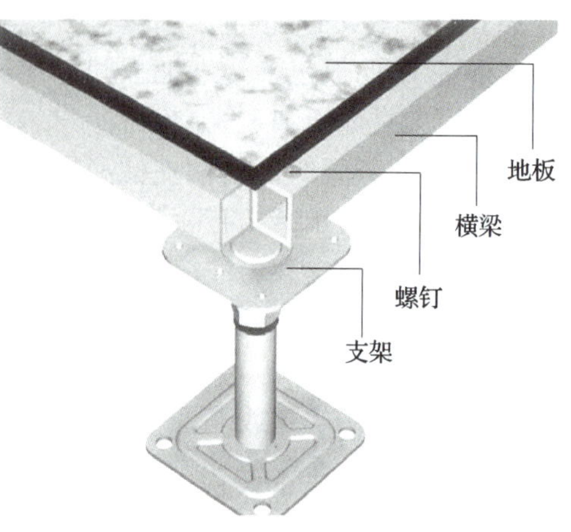

图 6–5–2　活动地板支架结构

（4）安装桁条（木格栅）（见图 6–5–3）。

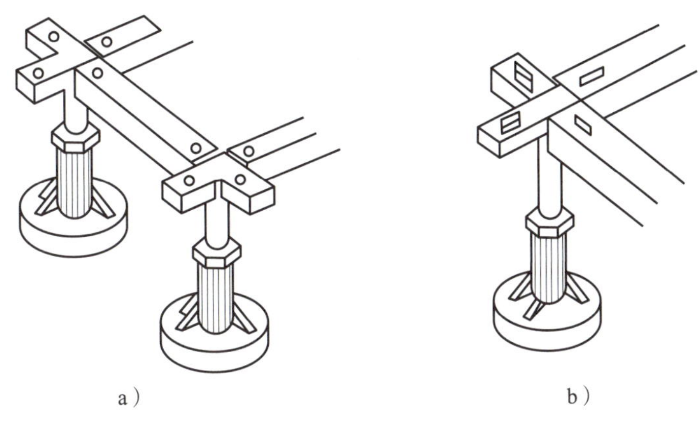

图 6-5-3　横梁与支架的连接

a）螺钉固定　b）定位销卡结

1）支柱（架）顶调平后，弹安装桁条（木格栅）线，从房间中央开始，安装桁条（木格栅）。桁条（木格栅）安装完毕，测量桁条（木格栅）表面平整度、方正度至合格为止。

2）底座与基层之间注入环氧树脂，使之垫平并连接牢固，然后复测，再次调平。如设计要求桁条（木格栅）与四周预埋铁件固定时，可用连接板与桁条以螺栓连接或焊接。

3）先将活动地板各部件组装好，以基准线为准，按安装顺序在方格网交点处安放支架和横梁，固定支架的底座，连接支架和框架。在安装过程中要随时抄平，转动支座螺杆，调整每个支座面的高度至全室等高，并使每个支架受力均匀。

4）在所有支座柱和横梁构成的框架成为一体后，应用水平仪抄平。然后将环氧树脂注入支架底座与水泥类基层之间的空隙内，使之连接牢固，亦可用膨胀螺栓或射钉连接。

（5）安装活动地板。

1）在桁条（木格栅）上按活动地板尺寸弹出分格线，按分格线安装，并调整好活动地板缝隙，使之顺直。

2）铺设活动地板面层的标高应按设计要求确定。当房间平面是矩形时，其相邻墙体应相互垂直；与活动地板接触的墙面的缝应顺直，其偏差每米应不大于 2 mm。

3）根据房间平面尺寸和设备等情况，应按活动地板模数选择板块的铺设方向。当平面尺寸符合活动地板模数，而室内无控制柜设备时，宜由里向外铺设；当平面尺寸不符合活动地板模数时，宜由外向里铺设。当室内有控制柜设备且需要预留洞口时，铺设方向和先后顺序应综合考虑选定。

4）在横梁上铺放缓冲胶条时，应采用乳液与横梁粘合。当铺设活动地板块时，从一角或相邻的两个边依次向外或另外两个边铺装活动地板。为了铺平，可调换活动地板板块位置，以保证四角接触处平整、严密，但不得采用加垫的方法。

5）当铺设的活动地板不符合模数时，可根据实际尺寸将板面切割后镶补，并配装相应的可调支撑和横梁。

6）四周侧边应用耐磨硬质板材封闭或用镀锌钢板包裹，胶条封边应耐磨。

7）对活动地板块切割或打孔时，可用无齿锯或钻加工，但加工后的边角应打磨平整。采用清漆或环氧树脂胶加滑石粉按比例调成腻子封边，或用防潮腻子封边，亦可采用铝型材镶嵌封边，以防止板块吸水、吸潮，造成局部膨胀变形。

8）原则上宜在墙边的接缝处加竹木踢脚。

9）通风口处应选用异形活动地板铺贴。

10）活动地板下面需要装的线槽和空调管道，应在铺设地板前先放在建筑地面上，以便下一步施工。

11）活动地板块的安装或开启，应使用吸板器或橡胶皮碗，并做到轻拿轻放，不应采用铁器硬撬。

12）在全部设备就位和地下管、电缆安装完毕后，还应抄平一次，调整至符合设计要求，最后将板面全面进行清理。

五、质量标准

1. 主控项目

（1）面层材质必须符合设计要求，且应具有耐磨、防潮、阻燃、耐污染、耐老化和导静电等特点。检验方法：观察检查，检查材质合格证明文件及检测报告。

（2）活动地板面层应无裂纹、掉角和缺棱等缺陷。行走无声响、无摆动。检验方法：观察和脚踩检查。

2. 一般项目

（1）活动地板面层应排列整齐、表面洁净、色泽一致、接缝均匀、周边顺直。检验方法：观察检查。

（2）活动地板面层的允许偏差和检验方法应符合表 6–5–1 的规定。

表 6–5–1　　活动地板面层的允许偏差和检验方法

项次	项目	允许偏差（mm）	检验方法
1	表面平整度	2.0	用 2 m 靠尺和楔形塞尺检查
2	缝格平直度	2.5	拉 5 m 线，不足 5 m 拉通线，用尺量检查
3	踢脚线上口平直度	—	拉 5 m 线，不足 5 m 拉通线，用尺量检查
4	接缝高低差	0.4	用尺量和楔形塞尺检查
5	板块间隙宽度	0.3	用钢尺检查

六、成品保护

（1）在活动地板上放置重物时，应避免将重物在地板上拖拉，其接触面也不应太

小。必须放置重物时，应用木板进行垫衬。重物引起的集中荷载过大时，应在受力点处用支架加强。

（2）在地板上行走或作业，禁穿带钉子的鞋，也不可用锐物和硬物在地板表面划擦及敲击，以免损坏地板表面。

（3）地板面的清洁应用软布蘸洗涤剂擦，再用干软布擦干，严禁用拖把蘸水擦洗，以免边角进水，影响产品使用寿命。

（4）日常清扫应使用吸尘器，以免灰尘飞扬及灰尘落入板缝，影响抗静电性能。为保证地板清洁，可涂擦地板蜡。

第六节　地毯施工

地毯具有吸声、保温、隔热、防滑、弹性好、脚感舒适和施工方便等特点，又给人以华丽、高雅、温暖的感觉，如图 6–6–1 所示。

图 6–6–1　地毯

地毯的铺设一般有固定式和活动式两种方法。固定式又分两类：一类是在地毯四周用倒刺板固定地毯，另一类是用胶粘剂直接将地毯黏结在地面上。

一、常用材料

1. 地毯

目前市场常见的地毯有以下四大类。

（1）羊毛地毯。羊毛地毯由纯羊毛加工制成，分手工织及机织两种。

（2）纯羊毛无纺地毯。纯羊毛无纺地毯是采用纯羊毛通过无纺工艺制成的。

（3）化纤地毯。化纤地毯以丙纶或腈纶为原料，经簇绒法和机织法制成面层，再与麻布背衬加工而成。

（4）合成纤维栽绒地毯。合成纤维栽绒地毯由合成纤维通过纺织工艺制成。

地毯的品种、规格、颜色、主要性能和技术指标必须符合设计要求，应有出厂合格证明。

2. 衬垫

衬垫的品种、规格、主要性能和技术指标必须符合设计要求，应有出厂合格证明。

3. 胶粘剂

无毒、不霉、快干，0.5 h 之内使用张紧器时不脱缝，对地面有足够的黏结强度、可剥离、施工方便的胶粘剂，均可用于地毯与地面、地毯与地毯连接拼缝处的黏结。地毯铺设一般采用天然乳胶添加增稠剂、防霉剂等制成的胶粘剂。

二、常用机具

1. 倒刺钉板条

倒刺钉板条具有地毯边缘收口固定和整齐的作用。在 1 200 mm × 24 mm × 6 mm 的三合板条上钉有两排斜钉（间距为 35 ~ 40 mm），还有 5 个高强钢钉均匀分布在全长上（钢钉间距约为 400 mm，距两端各约为 100 mm），如图 6–6–2 所示。

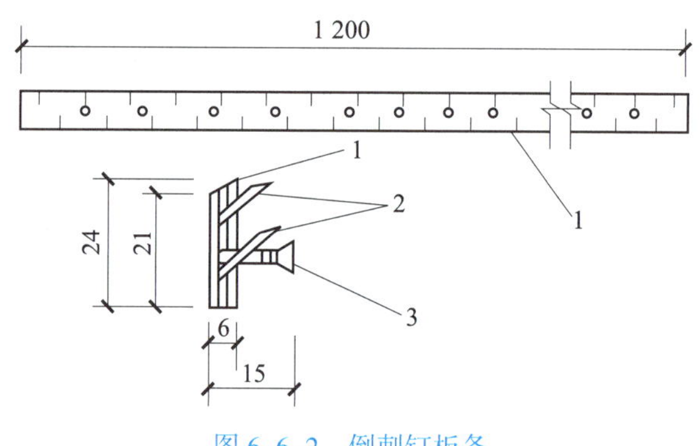

图 6–6–2　倒刺钉板条

1—胶合板条　2—挂毯朝天钉　3—水泥钉

2. 铝合金倒刺条

铝合金倒刺条用于地毯端头露明处，起固定和收头作用，多用在外门口或与其他材料的地面相接处，如图 6–6–3 所示。

3. 铝压条

铝压条宜采用厚度为 2 mm 左右的铝合金材料制成，用于门框下的地面处，压住地毯的边缘，使其免于被踢起或损坏。

4. 其他工具

其他工具包括裁毯刀、裁边机、地毯撑子（大撑子撑头、大撑子撑脚、小撑子）、扁铲、墩拐、手枪钻、裁割刀、剪刀、尖嘴钳子、漆刷橡胶压边滚筒、熨斗、角尺、直尺、手锤、钢钉、小钉、吸尘器、垃圾桶、盛胶容器、钢尺、合尺、弹线粉袋、小线、扫帚、胶轮轻便运料车、铁簸箕、棉丝、工具袋和拖鞋等。

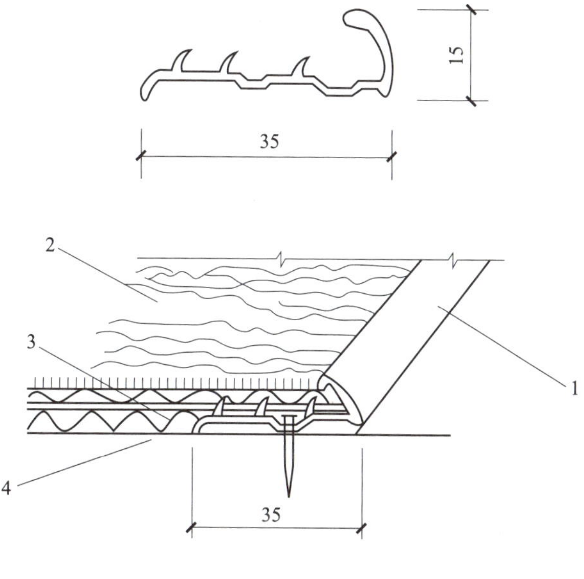

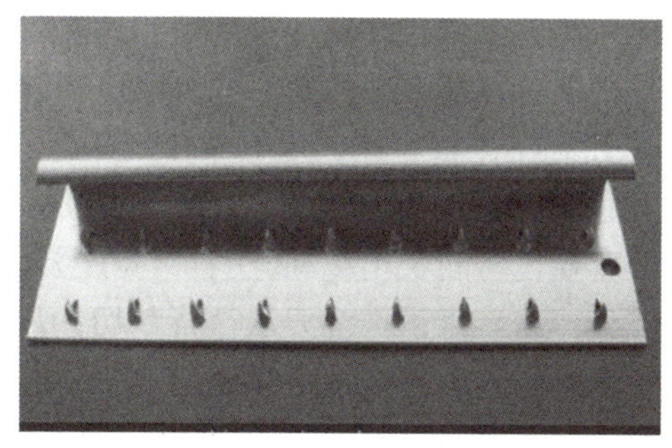

图 6-6-3　铝合金倒刺条

1—倒刺条　2—地毯　3—地毯垫层　4—混凝土楼板

三、作业条件

1. 在地毯铺设之前，室内装饰必须完毕。室内所有重型设备均已就位并已调试，运转正常，经专业验收合格，并经核验全部达到合格标准。

2. 铺设地面地毯基层的底层必须加做防潮层（如一毡二油防潮层；水乳型橡胶沥青一布二涂防潮层；油毡防潮层，底层均刷冷底子油等），并在防潮层上面做 50 mm 厚 1∶2∶3 细石混凝土，撒 1∶1 水泥砂压实赶光，要求表面平整、光滑、洁净，应具有一定的强度，含水率不大于 8%。

3. 地毯、衬垫和胶粘剂等进场后，应检查核对数量、品种、规格、颜色、图案等是否符合设计要求，如符合，应按其品种、规格分别存放在干燥的仓库或房间内。用前要预铺、配花、编号，待铺设时按号取用。

4. 应事先把需铺设地毯的房间、走道等四周的踢脚板做好。踢脚板下口均应离开地面 8 mm 左右，以便将地毯毛边掩入踢脚板下。

5. 大面积施工前应先放出施工大样，并做样板，经质检部门鉴定合格后，方可按样板组织施工。

四、操作工艺

1. 工艺流程

基层处理—弹线、套方、分格、定位—地毯剪裁—钉倒刺板、挂毯条—铺设衬垫—铺设地毯—细部处理及清理。

2. 活动式铺设

活动式铺设是指不用胶粘剂将地毯粘贴在基层的一种方法，即不与基层固定的铺设，四周沿墙角修齐即可。一般仅适用于装饰性工艺地毯的铺设。

3. 固定式铺设

（1）基层处理。铺设地毯的基层，一般是水泥楼地面，也可以是木地板或其他材质的楼地面。要求表面平整、光滑、洁净，如有油污，须用丙酮或松节油擦净。如为水泥楼地面，应具有一定的强度，含水率不大于 8%，表面平整度偏差不大于 4 mm。

（2）弹线、套方、分格、定位。如设计图样有规定和要求时，则严格按图样施工。如设计图样没有具体要求时，则对称找中并弹线，便可定位铺设。

（3）地毯剪裁。地毯剪裁应在比较宽阔的地方集中统一进行。一定要精确测量房间尺寸，并按房间和所用地毯型号逐一登记编号。然后根据房间尺寸、形状用裁边机断下地毯料，每段地毯的长度要比房间长出 2 cm 左右，宽度要以裁去地毯边缘线后的尺寸计算。弹线裁去边缘部分，然后以手推裁刀从毯背裁切，裁好后卷成卷并编上号，放入对号房间里。大面积房厅应在施工地点剪裁拼缝。

（4）钉倒刺板、挂毯条。沿房间或走道四周踢脚板边缘，用高强水泥钉将倒刺板钉在基层上（钉朝向墙的方向），其间距约 40 cm。倒刺板应离开踢脚板面 8 ~ 10 mm，以便于钉牢倒刺板。

（5）铺设衬垫。将衬垫采用点黏法刷聚醋酸乙烯乳胶，粘在地面基层上，要离开倒刺板 10 mm 左右。

（6）铺设地毯。

1）缝合地毯。将裁好的地毯虚铺在垫层上，然后将地毯卷起，在拼接处缝合。缝合完毕，用塑料胶纸贴于缝合处，保护接缝处不被划破或钩起，然后将地毯平铺，用弯钉在接缝处做绒毛密实的缝合。

2）拉伸与固定地毯。先将地毯的一条长边固定在倒刺板上，毛边掩到踢脚板下，用地毯撑子拉伸地毯。拉伸时，用手压住地毯撑子，用膝撞击地毯撑子，从一边一步一步推向另一边。如一遍未能拉平，应重复拉伸，直至拉平为止。然后将地毯固定在另一条倒刺板上，掩好毛边。长出的地毯，用裁毯刀割掉。一个方向拉伸完毕，再进行另一个方向的拉伸，直至四个边都固定在倒刺板上。

3）用胶粘剂黏结固定地毯。此法一般不放衬垫（多用于化纤地毯），先将地毯拼缝处衬一条 10 cm 宽的麻布带，用胶粘剂粘贴，然后将胶粘剂刷涂在基层上，适时黏结、固定地毯。此法分为满黏和局部黏结两种方法。宾馆的客房和住宅的居室可采用

局部黏结，公共场所宜采用满黏。铺黏地毯时，先在房间一边刷涂胶粘剂，铺放已预先裁割的地毯，然后用地毯撑子向两边撑拉，再沿墙边刷两条胶粘剂，将地毯压平掩边。

（7）细部处理及清理。要注意门口压条的处理和门框、走道与门厅，地面与管根、暖气罩、槽盒，走道与卫生间门槛，楼梯踏步与过道平台，内门与外门，不同颜色地毯交接处和踢脚板等部位地毯的套割、固定和掩边工作，必须黏结牢固，不应有显露、后找补条等破活。地毯铺设完毕，固定收口条后，应用吸尘器清扫干净，并将毯面上脱落的绒毛等彻底清理干净。

五、质量标准

1. 保证项目

（1）各种地毯的材质、规格、技术指标必须符合设计要求和施工规范的规定。

（2）地毯与基层固定必须牢固，无卷边、翻起现象。

2. 基本项目

（1）地毯表面平整，无打皱、鼓包现象。

（2）拼缝平整、密实，在视线范围内不显拼缝。

（3）地毯与其他地面的接缝或交接处应顺直。

（4）地毯的绒毛应理顺，表面洁净，无油污、杂物等。

六、成品保护

1. 要注意保护好上道工序已完成的各分项分部工程成品的质量。在运输和施工操作中，要注意保护好门窗框扇，特别是铝合金门窗框扇、踢脚板等成品不遭损坏和污染。应采取保护和固定措施。

2. 地毯等材料进场后，要注意堆放、运输和操作过程中的保管工作。应避免风吹雨淋，要防潮、防火、防人踩、防物压等。应设专人加强管理。

3. 要注意倒刺板挂毯条和钢钉等的使用和保管工作，尤其要注意及时回收和清理截断下来的零头、倒刺板、挂毯条和散落的钢钉，避免发生钉子扎脚、划伤地毯和把散落的钢钉铺垫在地毯垫层和面层下面，否则必须返工取出重铺。

4. 要认真贯彻岗位责任制，严格执行工序交接制度。凡每道工序施工完毕，就应及时清理地毯上的杂物，及时清擦被操作污染的部位，并注意关闭门窗和卫生间的水龙头，严防地毯被雨淋和水泡。

5. 操作现场严禁吸烟，吸烟要到指定吸烟室。应从准备工作开始，根据工程任务的大小，设专人进行消防、保卫和成品保护监督，佩戴醒目的袖章并加强巡查工作，同时要严格控制非工作人员进入。

6. 应注意的质量问题。

（1）压边黏结产生松动及发霉等现象。地毯、胶粘剂等材质、规格、技术指标要符合设计要求，要有产品出厂合格证，必要时做复试。使用前要认真检查，并事先做好试铺工作。

（2）地毯表面不平、打皱、鼓包等。主要问题发生在铺设地毯这道工序时，未认真按照操作工艺中的缝合、拉伸、用胶粘剂黏结固定等要求去做所致。

（3）拼缝不平、不实。尤其是地毯与其他地面的接缝或交接处，例如门口、过道与门厅、拼花及变换材料等部位，往往容易出现拼缝不平、不实。因此在施工时要特别注意上述部位的基层本身接槎是否平整，如严重者应返工处理。如问题不太大，可采取加衬垫的方法用胶粘剂把衬垫粘牢，同时要认真把面层和垫层拼缝处的缝合工作做好，一定要严密、紧凑、结实，并满刷胶粘剂粘牢固。

（4）刷涂胶粘剂时由于不注意，往往容易污染踢脚板、门框扇及地弹簧等，应认真精心操作，并采取轻便可移动的保护挡板或随污染随时清擦等措施保护成品。

（5）暖气炉片、空调回水和立管根部以及卫生间与走道间应设有防水槛，防止渗漏，以免将已铺设好的地毯成品泡湿损坏。此事在铺设地毯之前必须解决好。

思考与练习

1. 简述楼地面的功能。
2. 简述水泥砂浆楼地面施工的工艺流程。
3. 简述现浇水磨石楼地面施工的注意事项。
4. 简述架空式木楼地面基层的构造。

第七章 吊顶工程

学习目标

1. 了解吊顶工程施工常用的构配件。
2. 熟悉不同类型吊顶工程施工工艺，以及其完整施工过程。
3. 熟悉吊顶工程施工工艺，掌握为达到施工质量要求正确选择材料和组织施工的方法，培养解决施工现场常见工程质量问题的能力。
4. 在掌握施工工艺的基础上，通过技能操作领会工程验收质量标准。

第一节 吊顶构造概述

一、吊顶的分类

吊顶又称悬吊式顶棚，是指在建筑物结构层下部悬吊的由骨架及饰面板组成的装饰构造层。

1. 按结构形式分类

根据结构形式的不同，吊顶可分为活动式装配吊顶、隐蔽式装配吊顶、开敞式吊顶和整体式吊顶等。

2. 按骨架材料分类

根据骨架材料的不同，吊顶可分为轻钢龙骨吊顶、铝合金龙骨吊顶、木龙骨吊顶等。

3. 按饰面材料分类

根据饰面材料的不同，吊顶可分为石膏板吊顶、金属装饰板吊顶、矿棉吸声板吊顶、PVC 板吊顶等。

二、吊顶的组成

吊顶主要是由悬挂系统、龙骨架、饰面层及相配套的连接件和配件组成，其构造如图 7-1-1 所示。

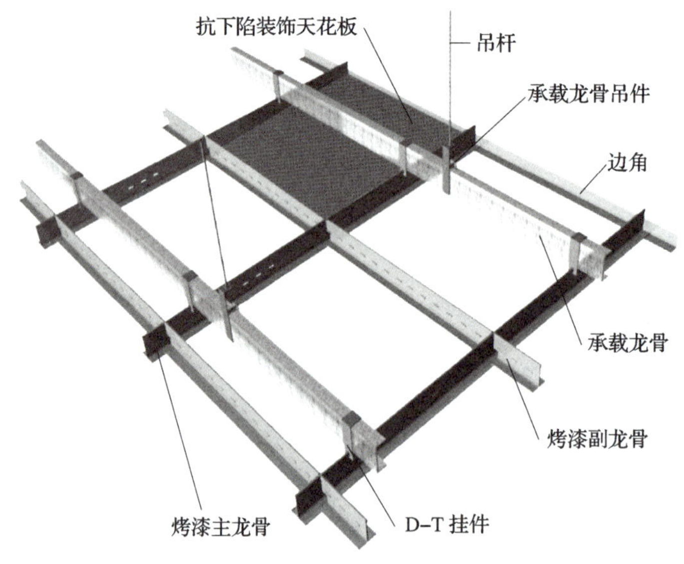

图 7-1-1　吊顶构造

1. 吊顶悬挂系统

吊顶悬挂系统包括吊杆（吊筋）、龙骨吊挂件，通过它们将吊顶的自重及其附加荷载传递给建筑物结构层。

吊顶悬挂系统的形式较多，可视吊顶荷载要求及龙骨种类而定，图 7-1-2 所示为吊顶龙骨悬挂结构形式示例，其与结构层的吊点固定方式通常分上人型吊顶吊点和不上人型吊顶吊点两类，如图 7-1-3 和图 7-1-4 所示。

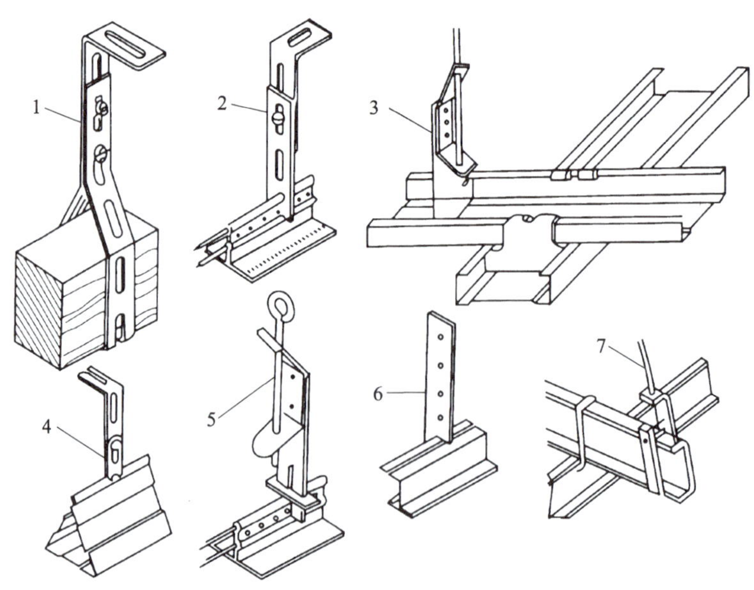

图 7-1-2　吊顶龙骨悬挂结构形式示例

1—开孔扁铁吊杆与木龙骨　2—开孔扁铁吊杆与 T 形龙骨　3—伸缩吊杆与 U 形龙骨　4—开孔扁铁吊杆与三角龙骨　5—伸缩吊杆与 T 形龙骨　6—扁铁吊杆与 H 形龙骨　7—圆钢吊杆与悬挂金属龙骨

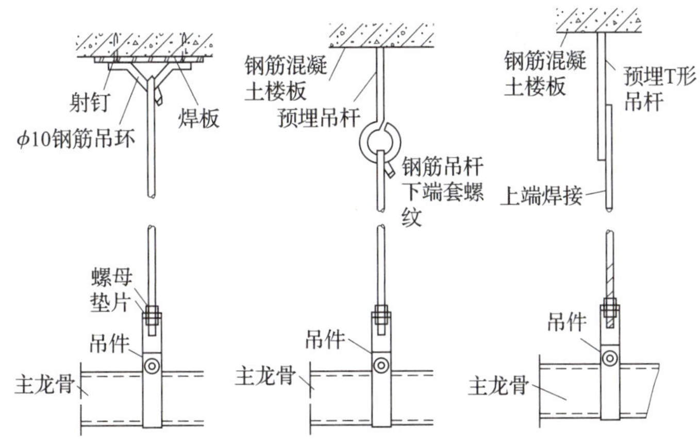

图 7-1-3　上人型吊顶吊点

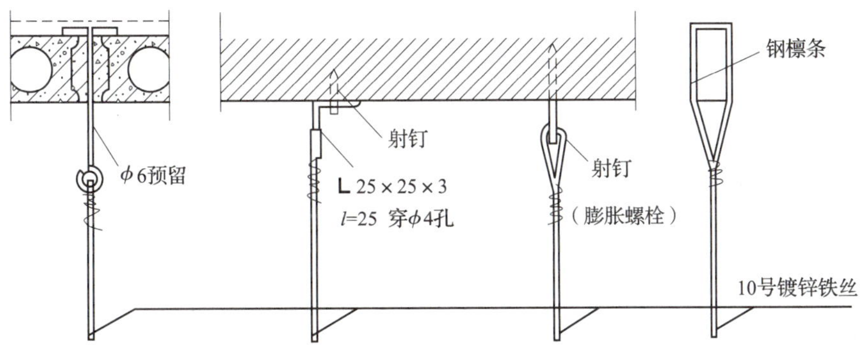

图 7-1-4　不上人型吊顶吊点

2. 吊顶龙骨架

吊顶龙骨架由主龙骨、覆面次龙骨、横撑龙骨及相关组合件、固结材料等连接而成。吊顶造型骨架组合方式通常有双层龙骨构造和单层龙骨构造两种。主龙骨是起主干作用的龙骨，是吊顶龙骨体系中主要的受力构件。次龙骨的主要作用是固定饰面板，为龙骨体系中的构造龙骨。常用的吊顶龙骨架分为木龙骨架和轻金属龙骨架两大类。

（1）吊顶木龙骨架。吊顶木龙骨架是由木质大、小龙骨拼装而成的吊顶造型骨架。

当吊顶为单层龙骨时，不设大龙骨，而用小龙骨组成方格骨架，用吊挂杆直接吊在结构层下部。木龙骨架及其组装示意如图 7–1–5 所示。

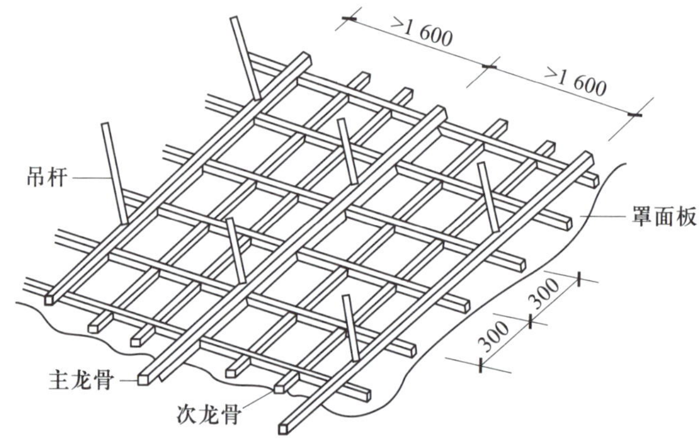

图 7–1–5　木龙骨架及其组装示意

（2）吊顶轻金属龙骨架。吊顶轻金属龙骨是以镀锌钢带、铝带、铝合金型材、薄壁冷轧退火卷带为原料，经冷弯或冲压工艺加工而成的吊顶骨架支承材料。其突出的优点是自重轻、刚度大、耐火性能好。

吊顶轻金属龙骨通常分为轻钢龙骨和铝合金龙骨两类。轻钢龙骨的断面形状可分为 U 形、C 形、Y 形、L 形等，分别作为主龙骨、覆面龙骨、边龙骨配套使用。其常用规格型号有 U60、U50、U38 等系列，在施工中轻钢龙骨应做防锈处理。铝合金龙骨的断面形状多为 T 形、L 形，分别作为覆面龙骨、边龙骨配套使用。

1）吊顶轻钢龙骨架。吊顶轻钢龙骨架作为吊顶造型骨架，由大龙骨（主龙骨、承载龙骨）、覆面次龙骨（中龙骨）、横撑龙骨及其相应的连接件组装而成，如图 7–1–6 所示。

2）吊顶铝合金龙骨架。根据吊顶荷载要求不同，吊顶铝合金龙骨架有以下两种组装方式。

①由 L 形、T 形铝合金龙骨组装的轻型吊顶龙骨架，此种龙骨架承载力有限，不能上人，如图 7–1–7 所示。

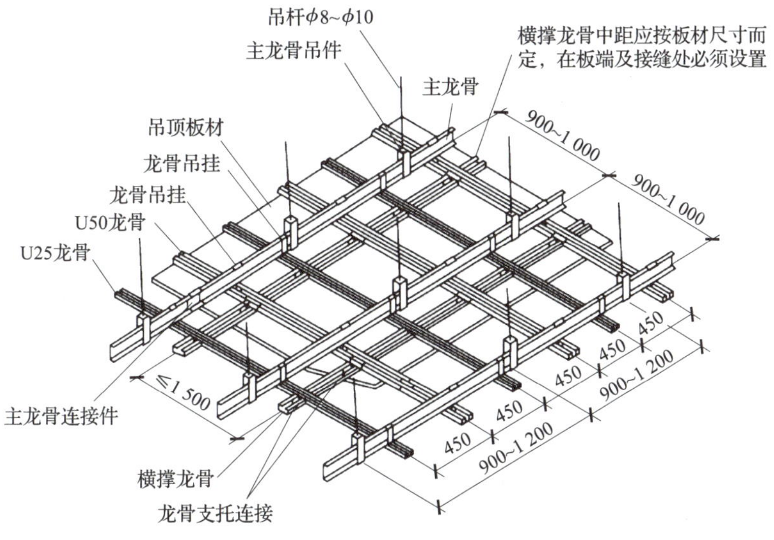

图 7-1-6　U 形系列轻钢龙骨吊顶装配示意

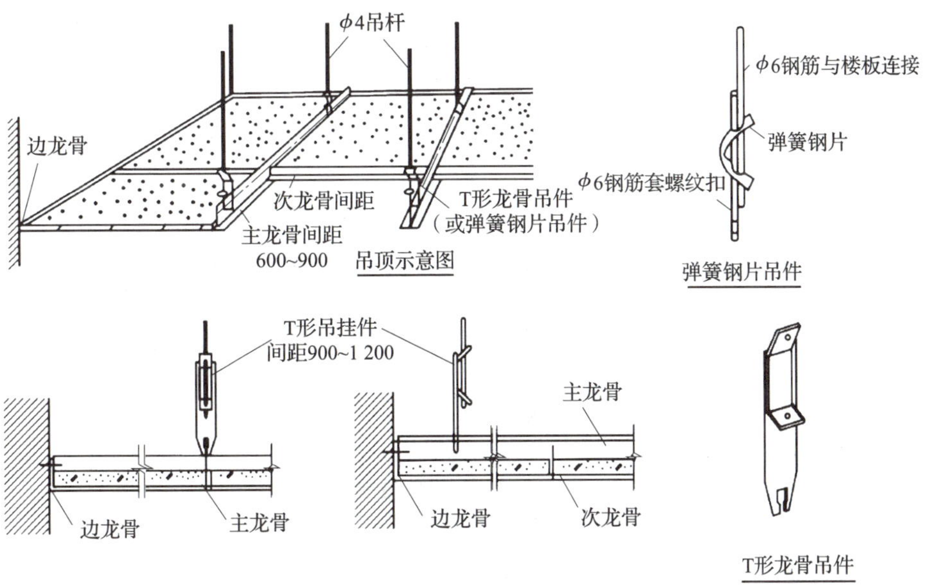

图 7-1-7　L 形、T 形装配式铝合金龙骨吊顶轻便安装示意

②由 U 形轻钢龙骨作主龙骨（承载龙骨）与 L 形、T 形铝合金龙骨组装的可承受附加荷载的吊顶龙骨架，如图 7-1-8 所示。

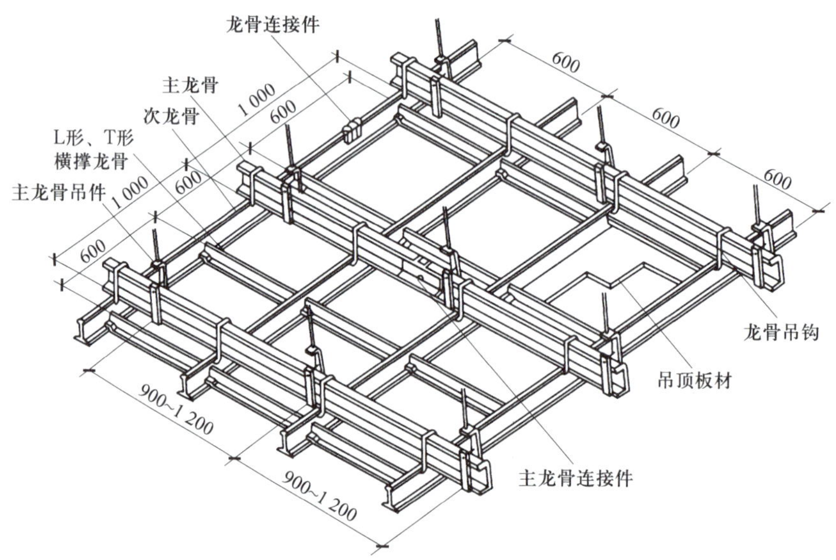

图 7-1-8　可承受附加荷载的吊顶龙骨架

3. 吊顶饰面层

吊顶饰面层为固定于吊顶龙骨架下部的罩面板材层。罩面板材品种很多，常用的有胶合板、纸面石膏板、装饰石膏板、钙塑饰面板、金属装饰面板（铝合金板、不锈钢板、彩色镀锌钢板等）、玻璃及 PVC 饰面板等（见图 7-1-9）。饰面板与龙骨架底部可采用钉接或胶粘、搁置、扣挂等方式连接。

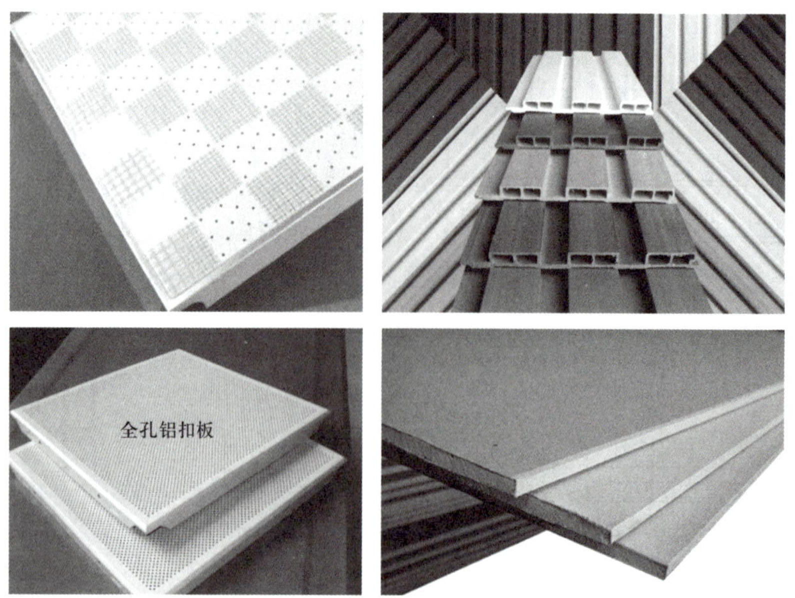

图 7-1-9　常用吊顶饰面板材

第二节 木龙骨吊顶施工

木龙骨吊顶是以木质龙骨为基本骨架，配以胶合板、纤维板或其他人造板作为罩面板材组合而成的吊顶体系，其加工方便，造型能力强，但不适用于大面积吊顶。

一、常用材料

常用木龙骨吊顶施工材料如图 7-2-1 所示。

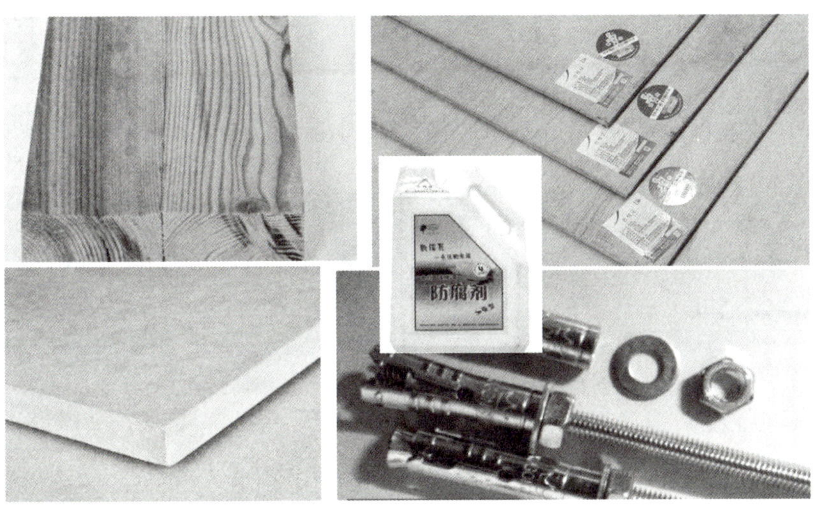

图 7-2-1 常用木龙骨吊顶施工材料

1. 木料

木质龙骨材料应为烘干、无扭曲、无劈裂、不易变形、材质较轻的树种，以红松、白松为宜。

2. 罩面板材

按设计选用胶合板、纤维板、纸面石膏板等。

3. 固结材料

圆钉、射钉、膨胀螺栓、胶粘剂。

4. 吊挂连接材料

ϕ（6~8）钢筋、角钢、钢板、8 号镀锌铅丝。

5. 其他

木材防腐剂、防火剂。

二、常用机具

常用吊顶工具如图 7-2-2 所示，包括电动冲击钻、手电钻、电动修边机、电动或气动射钉枪、切割机、木刨、槽刨、锯、锤子、斧子、旋具、卷尺、角尺、水平尺、墨斗等。

1. 手持式切割机
用于切割吊顶板材

2. 角尺
用于测量板材

3. 墨斗
用于画短直线或者做记号，装修中用以标记水平或垂直位置

4. 气动射钉枪
对板材进行装钉，固定于墙面上

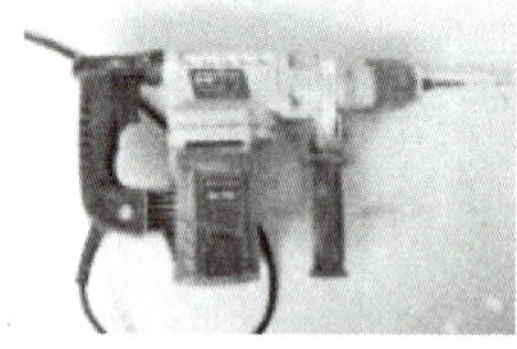

5. 冲击钻
用于在墙面打孔、上螺钉等

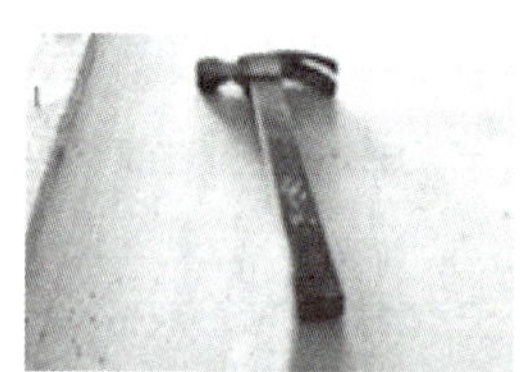

6. 钢钉与锤子
利用楔形斜度来促使膨胀产生摩擦力，达到固定效果

7. 木工锯
切割胶合板、木条等

8. 激光投线仪
用于墙面、地面等的找平

9. 气动旋具
用于板材的装钉固定

图 7–2–2　常用吊顶工具

三、施工工艺

1. 工艺流程

弹线—木龙骨处理—龙骨架的分片拼接—安装吊点紧固件及固定边龙骨—龙骨架吊装—龙骨架整体调平—木吊顶面板安装（见图 7–2–3）。

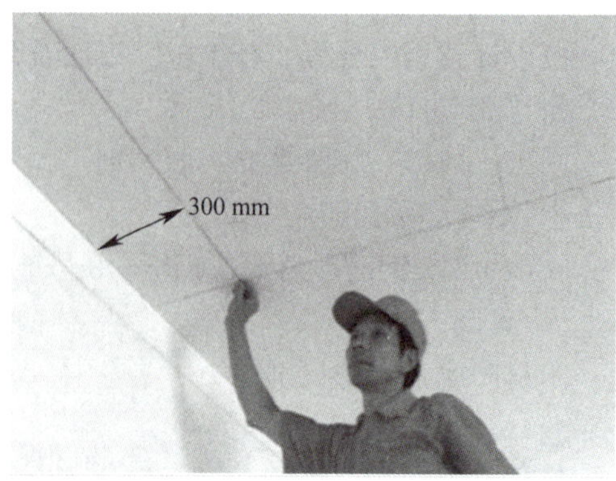

第一步：弹线。靠墙一侧的主龙骨离墙不得超过300 mm。

第二步：木龙骨处理。

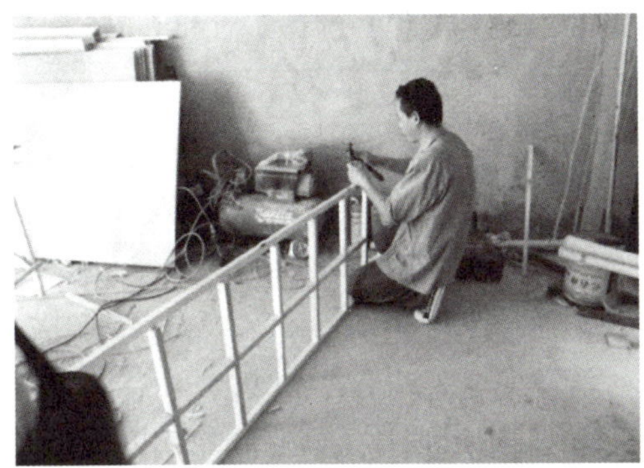
第三步：龙骨架的分片拼接。

第四步：安装吊点紧固件及固定边龙骨。

第五步：龙骨架吊装。

第六步：龙骨架整体调平。

第七步：木吊顶面板安装。

图 7-2-3 木龙骨吊顶施工工艺

2. 操作工艺

（1）弹线。弹线包括弹吊顶标高线、吊顶造型位置线、吊挂点定位线、大中型灯具吊点定位线。

（2）木龙骨处理。

1）防腐处理。建筑装饰工程中所用木质龙骨材料，应按规定选材并进行构造上的防腐处理，同时亦应刷涂防虫药剂。

2）防火处理。一般将防火涂料刷涂或喷涂于木材表面，也可把木材置于防火涂料槽内浸渍。

（3）龙骨架的分片拼接。

1）确定吊顶骨架需要分片或可以分片安装的位置和尺寸，根据分片的平面尺寸选取龙骨尺寸。

2）先拼接组合大片的龙骨骨架，再拼接小片的局部骨架。

3）骨架的拼接按凹槽对凹槽的方法咬口拼接，拼口处涂胶并用圆钉固定。

（4）安装吊点紧固件及固定边龙骨。

1）安装吊点紧固件。有三种方法：用冲击钻在建筑结构底面上打孔，用射钉将角铁固定在建筑底面上，用预埋件进行吊点固定。木质装饰吊顶的吊点紧固安装如图 7-2-4 所示。

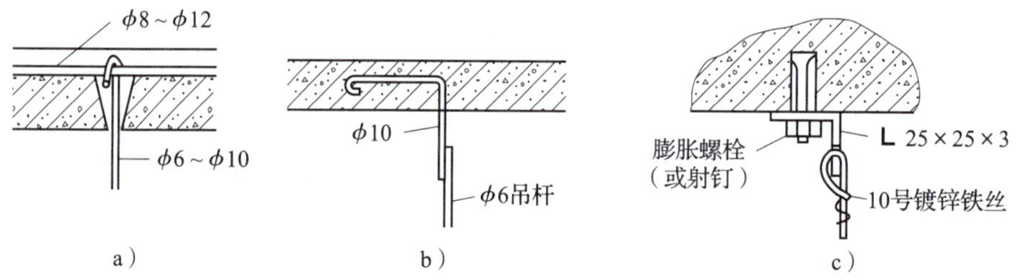

图 7-2-4　木质装饰吊顶的吊点紧固安装

a）预制楼板内埋设通长钢筋，吊筋从板缝伸出　b）预制楼板内预埋钢筋

c）用膨胀螺栓（或射钉）固定角钢连接件

2）固定沿墙边龙骨。边龙骨安装按设计标高弹线，采用 30 mm×40 mm 的木龙骨，四周沿边龙骨控制线用电锤打眼，间距为 500 mm，塞入木楔，将龙骨用直钉固定牢固，木龙骨应做防火、防腐处理。

（5）龙骨架吊装。

1）分片吊装。将拼接组合好的木龙骨架托起至吊顶标高位置，先做临时固定。根据吊顶标高线拉出纵横水平基准线，进行整片龙骨架调平，然后将其靠墙部分与沿墙边龙骨钉接。

2）龙骨架与吊点固定。木龙骨架吊顶的吊杆，常采用的有木吊杆、角钢吊杆和扁铁吊杆。

3）龙骨架分片间的连接。分片龙骨架在同一平面对接时，将其端头对正，然后用短木方钉于对接处的侧面或顶面进行加固。

4）叠级吊顶上下层龙骨架的连接。叠级吊顶，也称高差吊顶、变高吊顶。对于叠级吊顶，一般自上而下开始吊装，吊装与调平的方法与上述相同。

（6）龙骨架整体调平

在各分片吊顶龙骨架安装就位之后，对于吊顶面需要设置的送风口、检修孔、内嵌式吸顶灯盘及窗帘盒等装置，在其预留位置处要加设骨架，进行必要的加固处理及增设吊杆等。

（7）木吊顶面板安装

1）材料选择。吊顶面板一般选用加厚三夹板或五夹板。

2）板材处理。施工工艺是弹面板装钉线—板块切割—修边倒角—防火处理。

3）吊顶面板铺钉施工。施工工艺是板材预排布置—预留设备安装位置—面板铺钉。

四、质量标准

1. 主控项目

（1）吊顶标高、尺寸、起拱和造型应符合设计要求。检验方法：观察，用尺量检查。

（2）饰面材料的材质、品种、规格、图案和颜色应符合设计要求。检验方法：观察，检查产品合格证书、性能检测报告、进场验收记录和复验报告。

（3）吊顶工程的吊杆、龙骨和饰面材料的安装必须牢固。检验方法：观察，用手扳检查，检查隐蔽工程验收记录和施工记录。

（4）吊杆、龙骨的材质、规格、安装间距及连接方式应符合设计要求。金属吊杆应经过表面防腐处理；木吊杆、撑杆、龙骨应进行防腐、防火处理。检验方法：观察，用尺量检查，检查产品合格证书、性能检测报告、进场验收记录和隐蔽工程验收记录。

（5）石膏板的接缝应按其施工工艺标准进行板缝防裂处理。安装双层石膏板时，面层板与基层板的接缝应错开，并不得在同一根龙骨上接缝。检验方法：观察。

2. 一般项目

（1）饰面材料表面应洁净、色泽一致，不得有翘曲、裂缝及缺损。压条应平直、宽窄一致。检验方法：观察，用尺量检查。

（2）饰面板上的灯具、烟感器、喷淋头、风口箅子等设备的位置应合理、美观，与饰面板的交接应吻合、严密。检验方法：观察。

（3）金属吊杆、龙骨的接缝应均匀一致，角缝应吻合，表面应平整、无翘曲、无锤印。木质吊杆、龙骨应顺直，无劈裂、变形。检验方法：检查隐蔽工程验收记录和施工记录。

（4）吊顶内填充吸声材料的品种和铺设厚度应符合设计要求，并应有防散落措施。检验方法：检查隐蔽工程验收记录和施工记录。

五、成品保护

（1）骨架和罩面板要合理堆放，妥善保管。

（2）安装过程中，各工种施工人员不得损坏成品和设备。

（3）罩面板安装一般在顶棚内管道试水完成后进行，以免损坏板材。

第三节 轻钢龙骨吊顶施工

轻钢龙骨吊顶是以轻钢龙骨为吊顶的基本骨架，配以轻型装饰罩面板材组合而成的新型顶棚体系。常用罩面板有纸面石膏板、矿棉吸声板、浮雕板和钙塑凹凸板。

轻钢龙骨吊顶设置灵活，装拆方便，具有质量轻、强度高、防火等多种优点，广泛用于公共建筑。

一、常用材料

常用材料（见图 7-3-1）包括：①U 形、T 形轻钢龙骨及配件。②罩面板。纸面石膏板、矿棉吸声板、浮雕板、钙塑凹凸板及铝压缝条或塑料压缝条等。③吊杆（ϕ6、ϕ8 钢筋）。④固结材料。花篮螺栓、射钉、自攻螺钉、膨胀螺栓等。

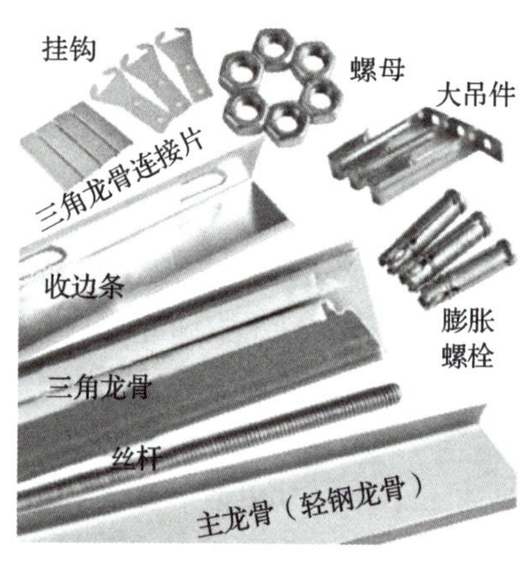

图 7-3-1 常用材料

二、常用机具

包括电动冲击钻、无齿锯、射钉枪、手锯、手刨、电动或气动螺丝刀、扳手、方尺、钢尺、钢水平尺等。

三、施工工艺

弹线—安装吊点紧固件—安装与调平主龙骨—安装次龙骨、横撑龙骨—安装罩面板—处理嵌缝，如图 7-3-2 所示。

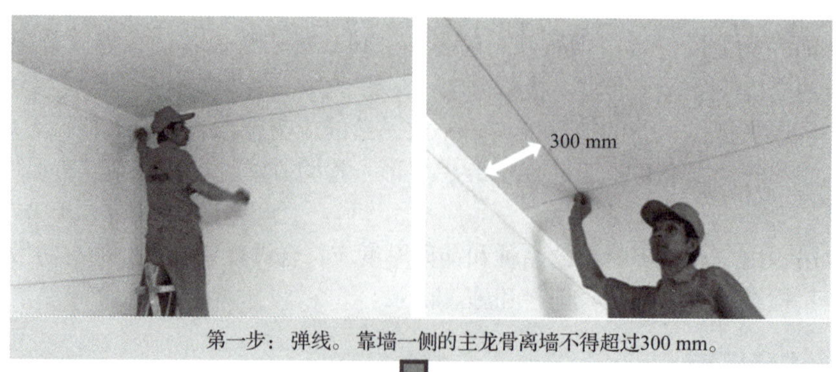

第一步：弹线。靠墙一侧的主龙骨离墙不得超过300 mm。

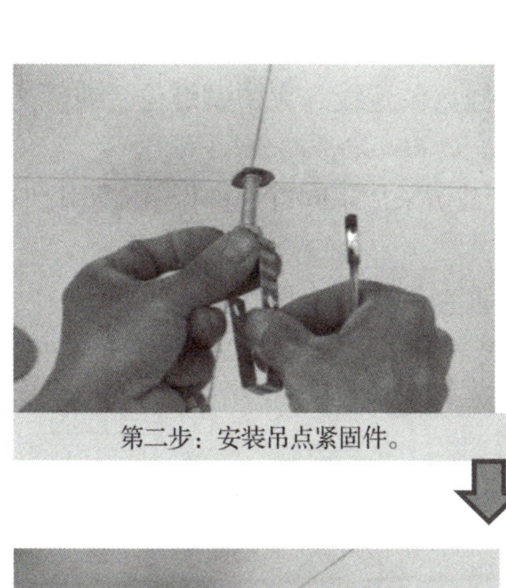

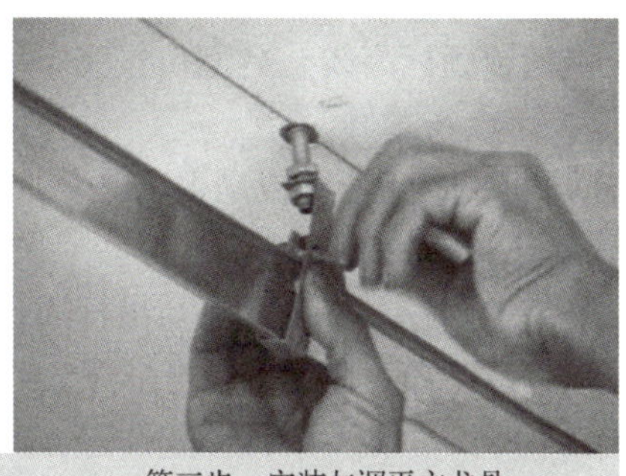

第二步：安装吊点紧固件。　　第三步：安装与调平主龙骨。

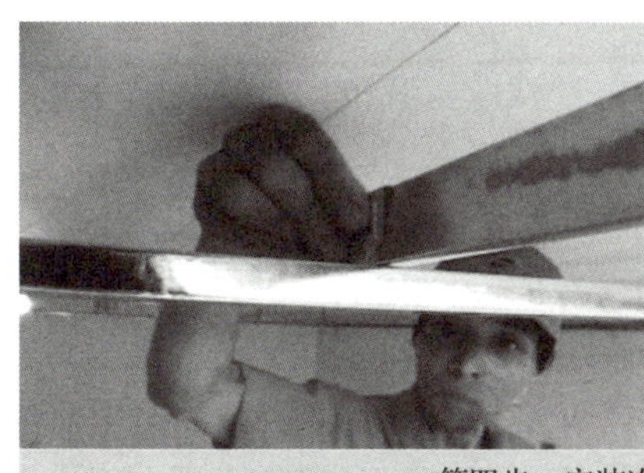

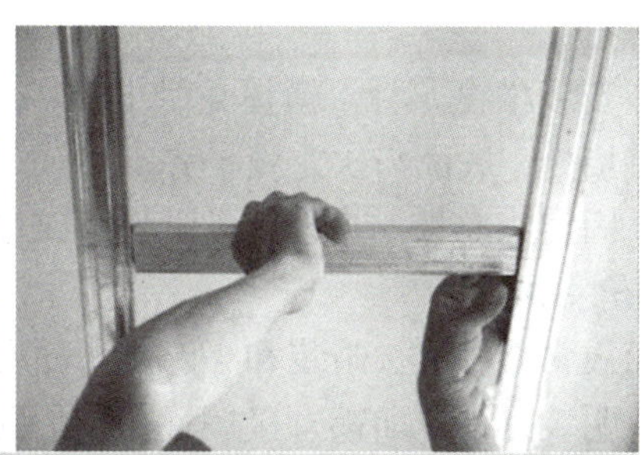

第四步：安装次龙骨、横撑龙骨。

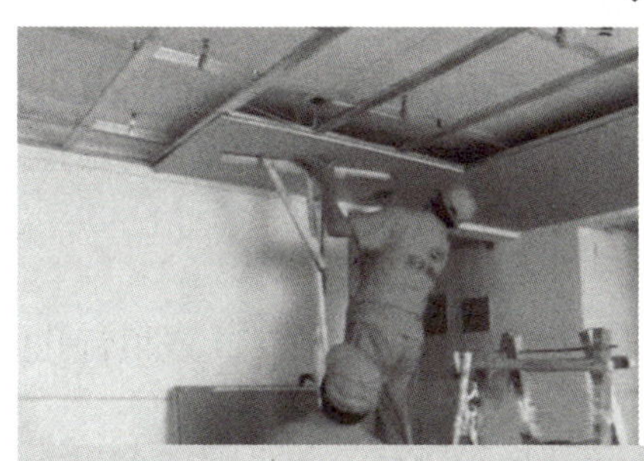

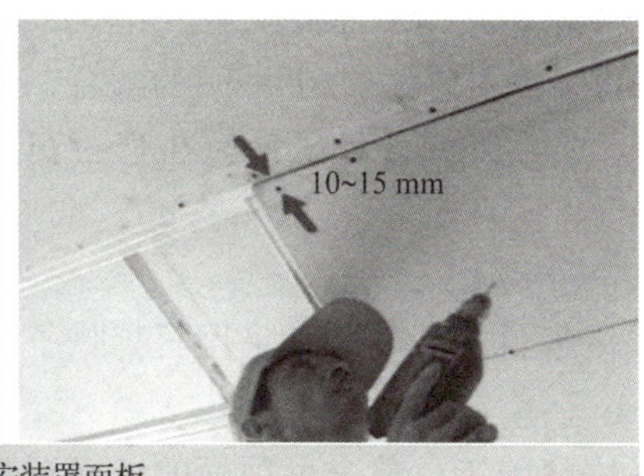

第五步：安装罩面板。

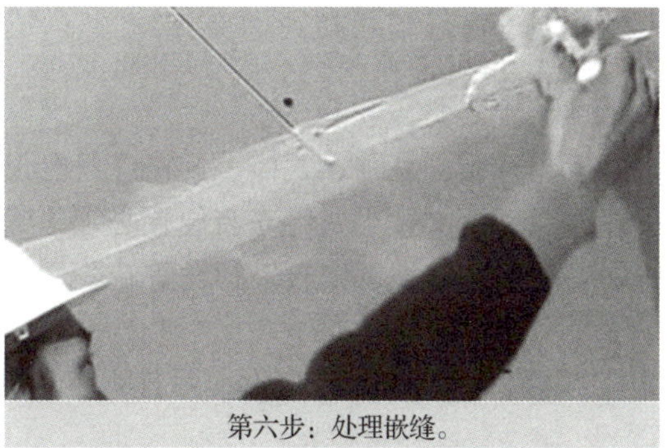

第六步：处理嵌缝。

图 7–3–2　轻钢龙骨吊顶施工工艺

1. 弹线

弹线包括顶棚标高线、造型位置线、吊挂点位置线、大中型灯位置线等。

2. 安装吊点紧固件

可根据吊顶是否上人（或是否承受附加荷载）采用不同方法进行吊点紧固件的安装。

3. 安装与调平主龙骨

（1）安装主龙骨。将主龙骨与吊杆通过垂直吊挂件连接。

（2）调平主龙骨。在主龙骨与吊件及吊杆安装就位之后，以一个房间为单位进行调平调直。

4. 安装次龙骨、横撑龙骨

（1）安装次龙骨。在次龙骨与主龙骨的交叉布置点，使用配套的龙骨挂件将两者连接固定。

（2）安装横撑龙骨。横撑龙骨由中、小龙骨截取，其方向与次龙骨垂直，装在罩面板的拼接处，底面与次龙骨平齐。

（3）固定边龙骨。将边龙骨沿墙面或柱面标高线钉牢。

5. 安装罩面板

罩面板常有明装、暗装和半隐装三种安装方式。

（1）明装是指罩面板直接搁置在T形龙骨两翼上，纵横T形龙骨架均外露。

（2）暗装是指罩面板安装后骨架不外露。纸面石膏板是轻钢龙骨吊顶常用的罩面板材，通常采用暗装方法。

（3）半隐装是指罩面板安装后外露部分骨架。

在吊顶施工中应注意工种间的配合，避免返工拆装损坏龙骨、板材及吊顶上的风口、灯具。T形外露龙骨吊顶应在全面安装完成后对龙骨及板面做最后调整，以保证平直。

6. 处理嵌缝

（1）嵌缝材料。嵌缝时采用石膏腻子和穿孔纸带或网格胶带，嵌填钉孔则用石膏腻子。

（2）嵌缝施工。整个吊顶面的纸面石膏板铺钉完成后，应进行检查，并将所有自攻螺钉的钉头做防锈处理，然后用石膏腻子嵌平。

四、质量标准

1. 主控项目

（1）轻钢骨架和罩面板的材质、品种、式样、规格应符合设计要求。

（2）轻钢骨架的吊杆以及大、中、小龙骨安装位置必须正确，连接牢固，无松动。

（3）罩面板应无脱层、翘曲、折裂、缺棱、掉角等缺陷，安装必须牢固。

2. 一般项目

（1）整面轻钢骨架应顺直、无弯曲、无变形，吊挂件、连接件应符合产品组合的要求。

（2）罩面板表面平整、洁净、颜色一致，无污染。

（3）轻钢骨架活动罩面板顶棚的允许偏差和检验方法见表 7–3–1。

表 7–3–1　　轻钢骨架活动罩面板顶棚的允许偏差和检验方法

项次	项类	项目	允许偏差（mm）			检验方法
			埃特板	防潮板	石膏板	
1	龙骨	龙骨间距	2	2	2	用尺量检查
2		龙骨平直度	3	3	3	用尺量检查
3		起拱高度	±10	±10	±10	拉线，用尺量检查
4		龙骨四周水平度	±5	±5	±5	用尺量或水准仪检查
5	面板	表面平整度	2	2	2	用 2 m 靠尺检查
6		接缝平直度	3	3	3	拉 5 m 线检查
7		接缝高低差	1	1	1	用直尺或塞尺检查
8		顶棚四周水平度	±5	±5	±5	拉线或用水准仪检查

五、成品保护

1. 轻钢骨架及罩面板安装应注意保护顶棚内各种管线。轻钢骨架的吊杆、龙骨不准固定在通风管道及其他设备上。

2. 轻钢骨架、罩面板及其他吊顶材料在入场存放、使用过程中严格管理，保证不变形、不受潮、不生锈。

3. 施工顶棚部位已安装的门窗，已施工完毕的地面、墙面、窗台等应注意保护，防止污损。

4. 已装轻钢骨架不得上人踩踏。其他工种吊挂件不得吊于轻钢骨架上。

5. 为了保护成品，罩面板安装必须在棚内管道试水、保温等一切工序全部完成验收后进行。

第四节　其他吊顶工程施工

一、金属饰面板吊顶

金属饰面板吊顶是用各种轻质金属板做饰面层，如图 7–4–1 所示。特点是质量轻、防火、防潮。常用的有压型薄钢板和铸轧铝合金型材两大类。板的形状有条形板与方形板，部分板材可以与 U 形龙骨或 T 形龙骨结合使用。

图 7–4–1　金属饰面板吊顶

龙骨的材料一般为镀锌铁或薄钢板，所

用材料及配件如图 7–4–2 所示。龙骨与饰面板的连接可采用嵌、卡、挂三种形式。这类龙骨可称为嵌入式龙骨。金属饰面板吊顶施工方式如图 7–4–3 所示。

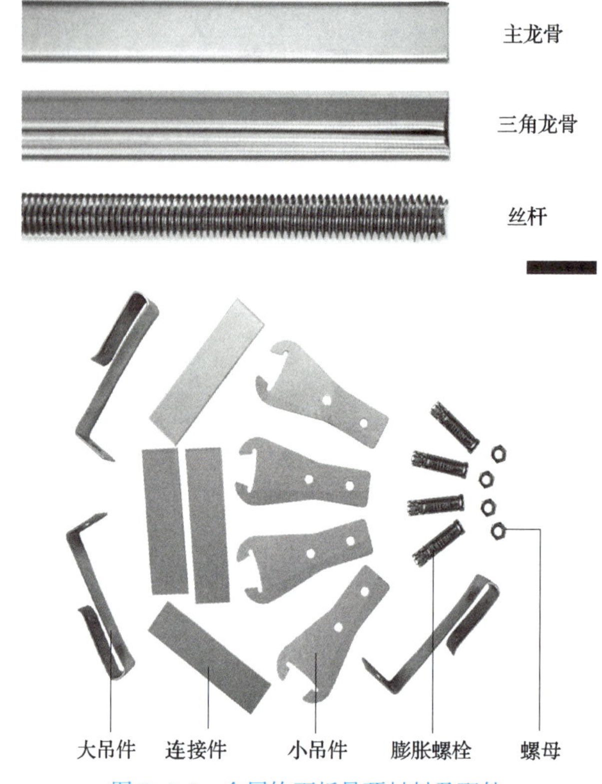

图 7–4–2　金属饰面板吊顶材料及配件

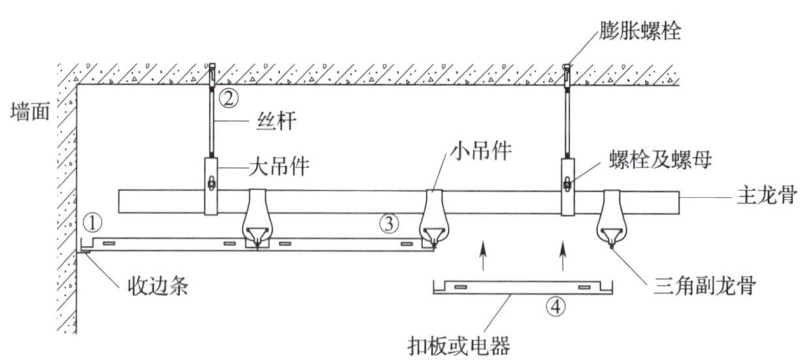

图 7–4–3　金属饰面板吊顶施工方式

注：

①安装边角线：收边条上边到天花板的距离至少保持 250 mm。

②安装吊顶丝杆：将膨胀螺栓与丝杆连接，并将膨胀螺栓打入墙体内固定，丝杆另一端与大吊件相连。

③安装主副龙骨：将主龙骨卡进大吊件，小吊件伸进三角副龙骨内，固定于主龙骨上。

④安装扣板或电器：将扣板或电器直接卡进三角副龙骨内即可，安装电器需接通电源。

二、开敞式吊顶

开敞式吊顶的饰面是由各类格栅形成的，如图 7-4-4 所示。这些格栅既可与 T 形龙骨结合，也可不加分格，而由多个单体组装而成。

图 7-4-4 开敞式吊顶

格栅的安装构造大体可分为两种类型：一种是将单体构件固定在可靠的骨架上，然后骨架用吊杆与结构连接；另一种方法是对于轻质高强的单体构件不用骨架支持，而直接用吊杆与结构相连接。

格栅的种类有木格栅、金属格栅等，其形式如图 7-4-5 所示。

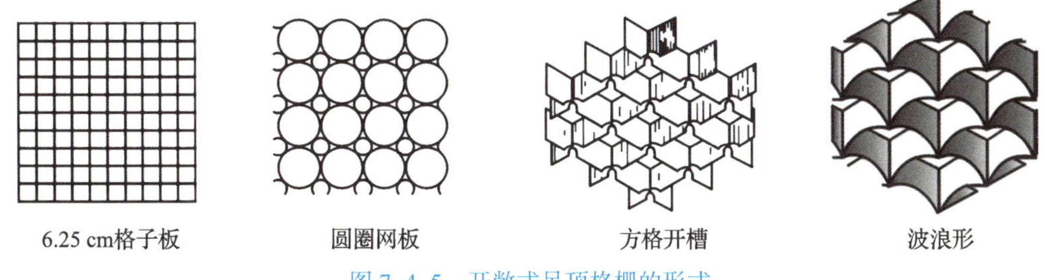

图 7-4-5 开敞式吊顶格栅的形式

三、织物吊顶

织物吊顶是指用绢纱、布幔等织物或充气薄膜装饰室内空间顶部的一种吊顶形式，20 世纪 90 年代初较为流行，如图 7-4-6 所示。这种吊顶是将织物用各种方法悬挂在顶棚上，常给人以富丽、高贵、亲切之感，但使用周期较短。

这类吊顶可以自由地改变形状，别具装饰风格，可以营造多种环境氛围，有丰富的装饰效果。例如，在卧室上空悬挂的帐幔吊顶能增加静谧感，催人入睡；在娱乐场所上空悬挂彩带布幔作吊顶能增添活泼热烈的气氛；在临时的、流动的展览馆用布幔做成吊顶，可以有效地改善室内的视觉环境，并起到调整空间尺度、限定界面等作用。但软质织物一般易燃烧，设计时宜选用阻燃织物。

图 7-4-6　织物吊顶

1. 软质吊顶的主要构造要点

（1）吊顶造型的控制。软质吊顶造型的设计应以自然流线型为主体。由于织物柔软，对于需要固定造型的控制较困难，因此，必要时应采用钢丝、钢管等材料加以衬托。

（2）织物或薄膜的选用。一般应选用耐腐蚀、防火、具有较高强度的织物或薄膜，必要时应做有关技术处理。

（3）悬挂固定。软质吊顶可悬挂固定在建筑物的屋顶下或侧墙上，设置活动夹具，以便拆装织物。

2. 织物软雕吊顶形式

（1）帐篷式。这种形式的吊顶最好与吊灯结合起来。吊灯安装在吊顶的中心位置。其制作方法如下。

1）度量吊顶所需织物多少。根据所量三角形尺寸将织物剪成 4 个三角形。如果三角形太大，可以将它再一分为二或一分为三。

2）将各布块缝接起来。每块接缝打两排相距 6 cm 左右的平行线形成一个“鞘”，使绳子能穿过去。

3）将绳子穿入“鞘”中，再在天花板一定距离处固定铁钩，将绳子穿到铁钩上。

（2）皱褶式。同帐篷式做法一样。

1）度量所需织物多少。根据所量尺寸剪 4 个三角形纸模型，将该三角形对剪开，

然后剪 1 块长方形，粘好。根据这一尺寸剪裁布料，并将布料底边卷 1 寸宽，形成“鞘”，以穿细木棍。

2）用 1 块圆形胶合板，包贴上同样布料。

3）将 4 块梯形布料顶边缝在包有布料的圆形胶合板上，然后将胶合板固定于天花板中。将细木棍穿入“鞘”中，并固定于天花板与墙面交接处，布料自然打褶。

第五节　吊顶工程质量问题及防治

一、龙骨纵横方向线条不平直

龙骨安装后，在纵横方向上可能出现不平直、扭曲歪斜现象，或者高低错位、起拱不均匀、凹凸变形等，其产生原因和相应的防治方法见表 7–5–1。

表 7–5–1　　龙骨纵横方向线条不平直的产生原因和防治方法

产生原因	防治方法
龙骨受扭折发生变形	凡是受到扭折的龙骨不采用
吊杆的位置不正确，牵拉力不均匀	严格按照设计要求弹线确定龙骨吊点的位置；主龙骨端部或者接长部位增设吊点，吊点间距不宜大于 1 200 mm
未拉十字通线全面调整主、次龙骨的高低位置	拉十字通线，逐条调整龙骨的高低和线条平直
控制吊顶的水平标高线误差超出允许范围，龙骨起拱度不符合规定	墙面的水平标高线应弹设正确，吊顶中间部分按照要求起拱

二、纸面石膏板吊顶表面不平整

纸面石膏板吊顶表面不平整的产生原因和相应的防治方法见表 7–5–2。

表 7–5–2　　纸面石膏板吊顶表面不平整的产生原因和防治方法

产生原因	防治方法
水平标高线控制不好，误差过大	在墙面上准确地弹好吊顶的水平标高线，误差不得大于 ±5 mm。对跨度较大的房间，还应加设标高控制点，在一个断面内，应拉通线控制，线要拉直，不得下沉
龙骨没调平就安装饰面板	龙骨必须调整平直，将各紧固件紧固稳妥后，方能安装饰面板
在龙骨上悬吊设备或大型灯具等重物	不得在龙骨上悬吊设备，应该将设备直接固定在结构上

续表

产生原因	防治方法
吊杆安装不牢，引起局部下沉	安装龙骨前要做吊杆的隐检记录，关键部位要做拉拔试验
吊杆间距不均匀，造成龙骨受力不均	根据设计要求弹出吊点位置，保证吊杆间距均匀，在墙边或设备开口处应根据需要增设吊杆
次龙骨间距偏大，导致挠度过大	严格按照设计要求设置次龙骨间距

三、纸面石膏板吊顶接缝处不平整

纸面石膏板吊顶接缝处不平整产生原因和相应的防治方法见表 7–5–3。

表 7–5–3　　纸面石膏板吊顶接缝处不平整的产生原因和防治方法

产生原因	防治方法
主、次龙骨未调平	安装主、次龙骨后，拉通线检查其是否平整，然后边安装纸面石膏板边调平，满足板面平整度要求
选用材料不配套或板材加工不符合标准	应使用专用机具和选用配套材料，加工板材尺寸应保证符合标准，减少原始误差和装配误差，以保证拼板处平整

四、金属板吊顶表面不平整

金属板吊顶表面不平整的产生原因和相应的防治方法见表 7–5–4。

表 7–5–4　　金属板吊顶表面不平整的产生原因和防治方法

产生原因	防治方法
吊顶的水平标高线控制不好，误差过大	对于吊顶四周的标高线，应准确地弹到墙上，其误差不能大于 ±5 mm
龙骨未调平就进行金属条板的安装，然后进行调平，使板条受力不均匀而产生波浪形状	安装金属条板前，应先将龙骨调直调平
在龙骨上直接悬吊重物，其承受不住而发生局部变形。这种现象多发生于龙骨兼卡具的吊顶形式	应同时考虑设备安装。对于较重的设备，不能直接悬吊在吊顶上，应另设吊杆，直接与结构固定
吊杆安装不牢，引起局部下沉。例如吊杆本身固定不好，松动或脱落；或吊杆不直，受力后拉直变长	如果采用膨胀螺栓固定吊杆，应做好隐检工作，例如膨胀螺栓埋入深度、间距等，关键部位还要做膨胀螺栓的抗拔试验
金属条板自身变形，未加矫正而安装，产生吊顶不平	安装前要先检查金属条板的平直情况，发现不符合标准者，应进行调整

五、吊顶与设备衔接不好

吊顶与设备衔接不好的产生原因和相应的防治方法见表 7–5–5。

表 7–5–5　　吊顶与设备衔接不好的产生原因和防治方法

产生原因	防治方法
装饰工种与设备工种没有协调好，设备工种的管道甩槎预留尺寸不准	施工前做好图样会审，以装饰工种为主导，协调各专业工种的施工进度，在各工种施工中发现有差错，应及时改正
孔洞位置开得不准，或大小尺寸不符	对于大孔洞，应先将其位置画准确，吊顶在此部位断开。也可以先安装设备，然后吊顶再封口。如遇回风口等较大的孔洞，可以先将回风箅子固定，这样既保证位置准确，也容易收口。对于小孔洞，如吊顶的嵌入式灯口，宜在顶部开洞，开洞时先拉通长中心线，位置定准后再开洞

思考与练习

1. 简述吊顶按结构形式的分类。
2. 简述吊顶龙骨架的构造组成。
3. 简述轻钢龙骨吊顶施工常用罩面板安装方式。
4. 简述纸面石膏板吊顶表面不平整的产生原因和防治方法。

第八章 隔墙与隔断工程

学习目标

1. 了解隔墙与隔断工程施工常用的材料及构造。

2. 熟悉不同类型隔墙与隔断施工工艺，以及其完整施工过程。

3. 熟悉隔墙与隔断工程施工工艺，掌握为达到施工质量要求正确选择材料和组织施工的方法，培养解决施工现场常见工程质量问题的能力。

第一节 骨架隔墙工程施工

一、隔墙与隔断概述

隔墙是分隔建筑物内部空间的墙。隔墙不承重，一般要求轻、薄，有良好的隔声性能。对于不同功能的房间，隔墙有不同的要求，如厨房的隔墙应具有防火性能，盥洗室的隔墙应具有防潮性能。

隔断是一种更加灵活的软性区隔方式，不仅在材质、形式上种类繁多，更可以在区隔空间以外实现丰富多样的实用功能。它可能是可以移动的，比如一架屏风；可能是可以变换形态的，比如一挂珠帘；可能是半透空的，比如一个博古架；可能是通透的，比如一面玻璃；可能是可以开合的，比如一排移动门；也有可能是固定形态的，不过高度只有隔墙的一半。

现代室内隔墙、隔断要求隔断物自身质量轻、厚度薄、拆移方便，并具有一定的刚度及隔声能力。隔墙与隔断都是分隔建筑内外空间的非承重结构，两者的区别如下。

（1）隔墙高度是到顶的，而隔断高度可到顶或不到顶。

（2）隔墙在很大程度上限定空间，即完全分隔空间；而隔断限定空间的程度弱，使相邻空间有似隔非隔的感觉。

（3）隔墙在一定程度上满足隔声、阻隔视线的要求，并可分隔有防潮、防火要求的房间；而隔断在隔声和视线阻隔方面的要求较低，更注重空间的灵活分隔和视觉效果。

（4）隔墙一经设置，往往具有不可更改性，至少是不能经常变动；而隔断则有时比较容易移动和拆除，具有灵活性，可随时连通和分隔相邻空间。

二、轻钢龙骨纸面石膏板隔墙施工

轻钢龙骨纸面石膏板隔墙是机械化施工程度较高的一种干作业墙体，具有施工速度快、成本低、劳动强度小、装饰美观及防火、隔声性能好等特点，是目前应用较为广泛的一种隔墙。

纸面石膏板具有轻质、高强、抗震、防火、防蛀、隔热保温和隔声等性能，并且具有良好的可加工性，如裁、钉、刨、钻、黏结等，而且其表面平整、施工方便，是常用的室内装饰材料。纸面石膏板主要分为普通纸面石膏板、防火纸面石膏板和防水纸面石膏板。

1. 构造

（1）隔墙龙骨。用于隔墙的龙骨主要有轻钢龙骨和石膏龙骨两种。

（2）石膏板。作隔墙的石膏板应竖向排列，龙骨两侧的石膏板应错缝；有防火和防潮要求的隔墙，面层分别以改性防火和防水石膏板代替。

（3）墙基。石膏龙骨隔墙一般要做墙基，轻钢龙骨隔墙多数直接安装在楼地面上。墙基有两种做法：一种做法是先在地面上浇制或放置混凝土条块，亦可用砖砌筑，然后立龙骨，粘或钉石膏板形成墙体；另一种做法是先将石膏复合板用胶粘剂与顶板黏结，下面用木楔垫起，墙板立完后 1 ~ 2 d 用干硬性细石混凝土将空隙填满捣实。

石膏龙骨隔墙和轻钢龙骨隔墙下部构造分别如图 8-1-1 和图 8-1-2 所示。

装配石膏板隔墙及其门框的固定有多种方法。常见的固定方法：石膏龙骨隔墙与门框的固定如图 8-1-3 所示，轻钢龙骨隔墙与门框的固定如图 8-1-4 所示。

石膏板内隔墙与其他墙体的主要区别之一是存在若干种板缝，主要有板与板之间的接缝，有无缝、压缝和明缝三种做法；另外还有石膏板与楼地面的上下接缝和阴阳角接缝。

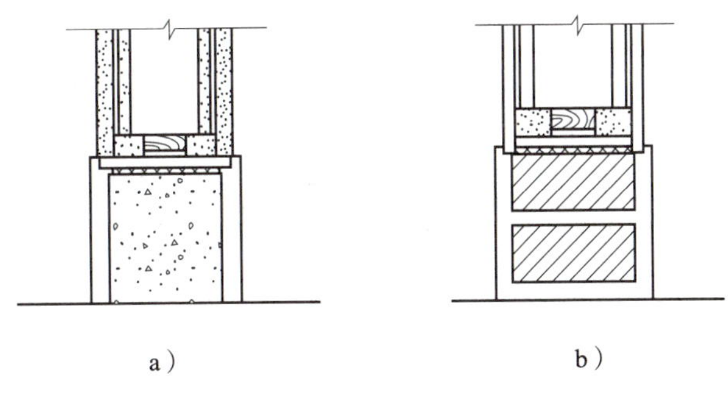

图 8-1-1 石膏龙骨隔墙下部构造

a）现浇素混凝土带 b）砖带

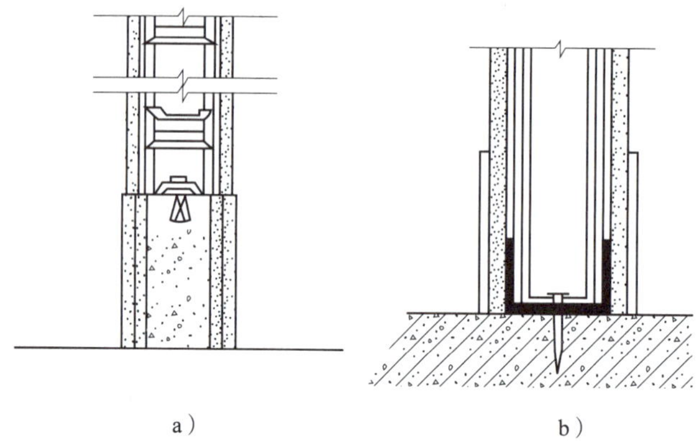

a） b）

图 8-1-2 轻钢龙骨隔墙下部构造

a）现浇素混凝土带 b）直接在楼地面上

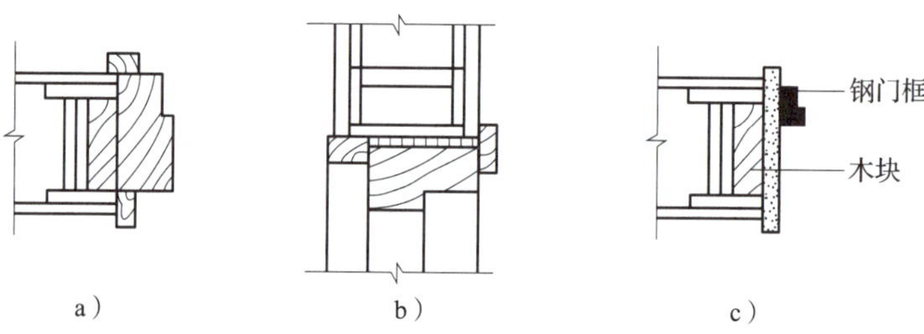

a） b） c）

图 8-1-3 石膏龙骨隔墙与门框的固定

a）木门框两边固定 b）木门框上部固定 c）钢门框固定

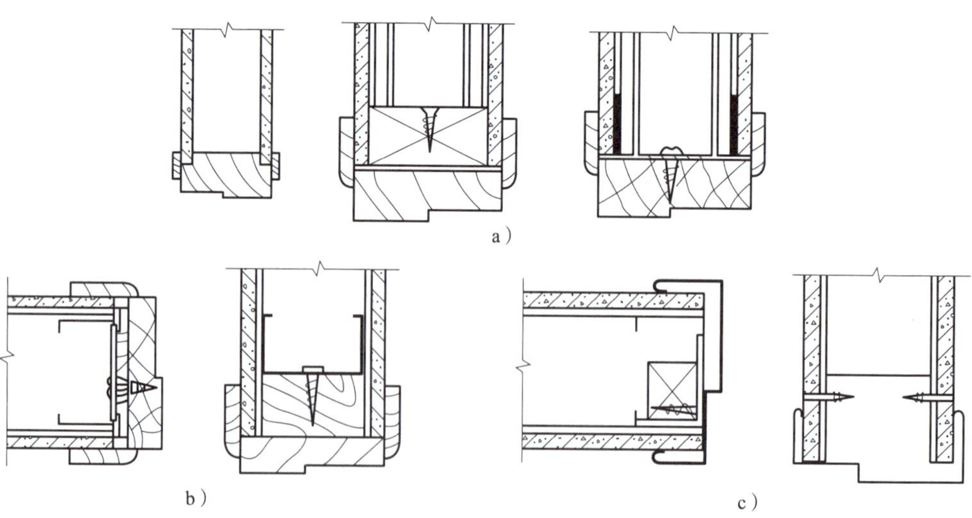

a）

b） c）

图 8-1-4 轻钢龙骨隔墙与门框的固定

a）木门框上部固定 b）木门框两侧固定 c）钢门框固定

2. 运输

石膏板场外运输宜采用车厢宽度大于 2 m、长度大于板长的车辆；装车时应该两块板正面朝里、成对码放，板间不得夹有杂物，堆置高度不大于 1 m，防止碰撞损伤；

堆放时选择平坦的场地搭设平台，距地面空间不小于 30 mm，或在地面上放置方木垫块，其间距不大于 60 cm，要有防潮、防雨措施。

3. 安装

隔墙安装施工按以下顺序进行：墙位放线—墙基施工—安装沿地、沿顶、沿墙龙骨或贴石膏板条—安装竖向龙骨、横撑龙骨或贯通龙骨—粘钉一面石膏板—水暖、电气钻孔、下管穿线—填充隔声保温材料—安装门窗框—粘钉另一面石膏板—护缝及护角处理—安装水暖、电气设备预埋件的连接固定件—饰面装修—安装踢脚板。

墙面石膏板之间的接缝，有暗缝、嵌缝和凹缝三种做法，如图 8-1-5 所示。

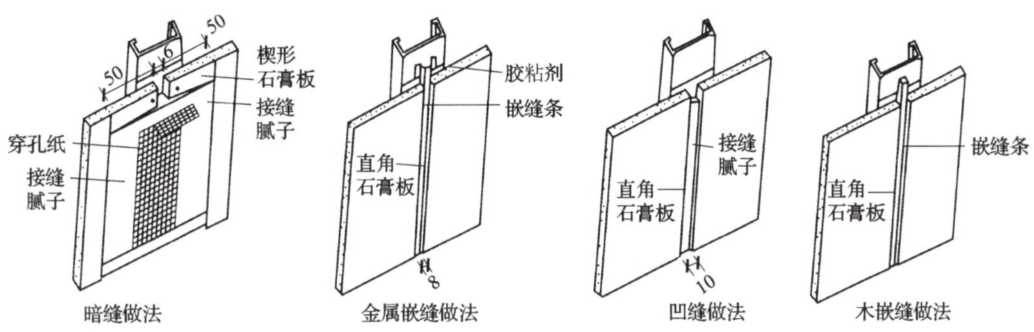

图 8-1-5 墙面石膏板接缝的做法

（1）暗缝做法。在板与板的拼缝处，嵌专用胶液调配的石膏腻子与墙面找平，并贴上接缝纸带（5 cm 宽），再用石膏腻子刮平。一般性普通工程较适用于此法。

（2）嵌缝做法。在接缝处压进木压条、金属压条或塑料压条。这样做对板缝处的开裂可起到掩饰作用，缝内嵌压缝条，装饰效果较好。此法适用于公共建筑，如宾馆、大礼堂、饭店等。

（3）凹缝做法。又称明缝做法，用特制工具（针锉和针锯）将板与板之间的立缝勾成凹缝。

三、木龙骨轻质罩面板隔墙施工

1. 靠建筑墙面的木墙身结构施工

木墙身结构通常用 25 mm × 30 mm 的带凹槽木方作龙骨，木龙骨架可在地面上进行拼装。

用冲击钻在地上弹线的交叉点位置钻孔，孔距为 600 mm 左右，深度不小于 60 mm，在钻出的孔中打入木楔。对校正好的木骨架进行固定，用垂线法和水平线检查、调整骨架的垂直度和平整度。

2. 独立木隔墙的施工

木隔墙分为全封隔墙、有门窗隔墙和隔断三种，其结构形式不尽相同。安装时，在需要固定木隔墙的地面和建筑墙面上弹出隔墙的边缘线和中心线，画出固定点的位置，用膨胀螺栓固定。木骨架的固定通常是在沿墙、沿地和沿顶面处。墙面木夹板的安装方式主要有明缝和拼缝两种。

第二节 板材隔墙工程施工

板材隔墙是指用复合轻质墙板、石膏空心板、预制或现制的钢丝网水泥板等板材形成的隔墙。板材隔墙由于施工工艺简单，又能减轻建筑物自重和提高隔声、保温性能，故在众多的装饰工程中得到了广泛应用。

一、石膏空心条板隔墙施工

石膏空心条板是以建筑石膏为主要原料，掺加适量的粉煤灰、水泥和增强纤维制浆拌和，再经浇铸成型、抽芯、干燥等工艺制成的轻质板材，具有质量轻、强度高、隔热、隔声、防火等性能，可进行钉、锯、刨、钻等加工，施工简便。

墙板的固定一般常用下楔法，即下部用木楔固定后灌填干硬性混凝土。上部的固定方法有软连接以及直接顶在楼板或梁下，后者因施工简便，为目前常用的施工方法。

隔墙安装施工顺序：墙位放线—立墙板—墙底缝隙灌填混凝土—批腻子嵌缝抹平。

按照嵌缝部位不同，有以下几种嵌缝。

1. 平面缝的嵌缝

（1）清理接缝后用小刮刀将嵌缝石膏腻子均匀饱满地嵌入板缝，并在接缝处刮上宽约 60 mm、厚约 1 mm 的腻子。

（2）用宽为 150 mm 的刮刀将石膏腻子填满宽约 150 mm 的带状接缝部分。

（3）用宽约 300 mm 的刮刀补一遍石膏腻子，其厚度不得超过纸面石膏板面 2 mm。

（4）待腻子完全干燥后（约 12 h），用手动或电动打磨器、2 号砂布将嵌缝腻子磨平，中部可略微凸起并向两边平滑过渡。

2. 阳角缝的嵌缝

（1）将金属护角按所需长度切断，用 12 mm 的圆钉将其固定在纸面石膏板上。

（2）用石膏嵌缝腻子将金属护角埋入腻子中，并压平、压实。

3. 阴角缝的嵌缝

（1）先用嵌缝石膏腻子将角缝填满，然后在阴角两侧刮上腻子，在腻子上贴穿孔纸带，并压实。

（2）用阴角抹子再于穿孔纸带上加一层腻子。

（3）腻子干燥后，处理平滑。

4. 膨胀缝的嵌缝

（1）先在膨胀缝中装填绝缘材料（纤维状或泡沫状的保温、隔声材料），并且要求其不超出龙骨骨架的平面。

（2）用弹性建筑密封膏填平膨胀缝。

5. 金属镶边的安装

将石膏板插入槽内，并用镶边的短脚紧紧钳住，边上不需要再加钉。

二、加气混凝土板隔墙施工

1. 主要品种与分类

（1）从原料来区分。加气混凝土板主要有水泥—石灰—粉煤灰、水泥—矿渣—砂、水泥—石灰—砂三种。按制品的干密度来划分，有干密度 500 kg/m^3（称为 500 级，亦称 30 号）和干密度 700 kg/m^3（称为 700 级，亦称 50 号）两种。

（2）从应用形式来分。加气混凝土板有竖向外墙板、横向外墙板和拼装外墙大板。

2. 安装施工

（1）墙板的布置形式。加气混凝土板自重小，节省水泥，运输方便，施工操作简单，可锯、可刨、可钉。加气混凝土墙板的平面排列如图 8-2-1 所示。

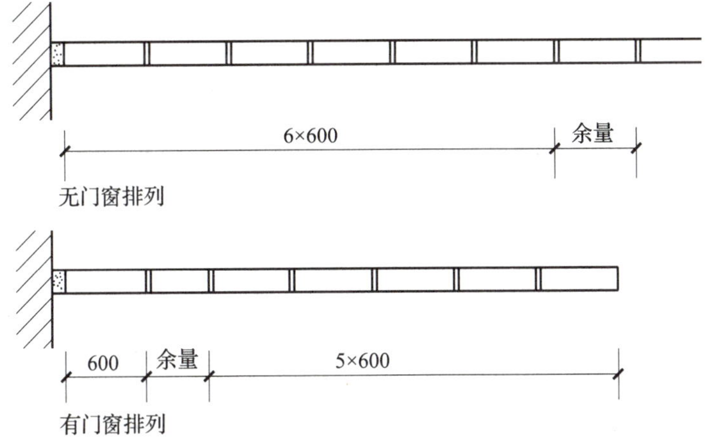

图 8-2-1　加气混凝土墙板的平面排列

1）竖向墙板为主的布置形式与施工。一般多采用竖向外墙板的布置形式，并且通过在两板之间的板槽内插筋灌砂浆来实现其与上下楼板、梁、钢筋混凝土圈梁连接。这种竖向布置形式的优点是应用灵活；缺点是吊装次数较多，灌缝次数较多，而且施工不便，效率较低。

根据设计的布置，画出墙板的安装位置线，并要标出门窗的位置。采用单板逐次或双板、多板（预先在地面上黏结好）吊装到所要放置的位置，连接钢筋，灌注砂浆。吊装窗过梁和窗槛墙到预定的位置（必要时要设置支承），并连接钢筋，灌注砂浆。

2）横向墙板为主的布置形式与施工。比较适用于门窗洞口较简单、窗间墙较少或没有窗间墙的建筑。这种横向布置的优点是应用灵活，板缝施工较竖向布置易保证质量；缺点是吊装次数较多。采用单板逐次或双板、多板（预先在地面上黏结好）吊装到所要安装的位置，并连接钢筋和灌注砂浆。

（2）隔墙板的平面排列与隔墙构造。

1）隔墙为无门窗布置的，且隔墙的宽度与每块板宽度之和不相符时，应当将余量安排在靠墙或靠柱那块板的一侧。

2）加气混凝土板隔墙一般采用竖直安装法，其连接固定有刚性连接和柔性连接两种方法，如图 8-2-2 和图 8-2-3 所示。

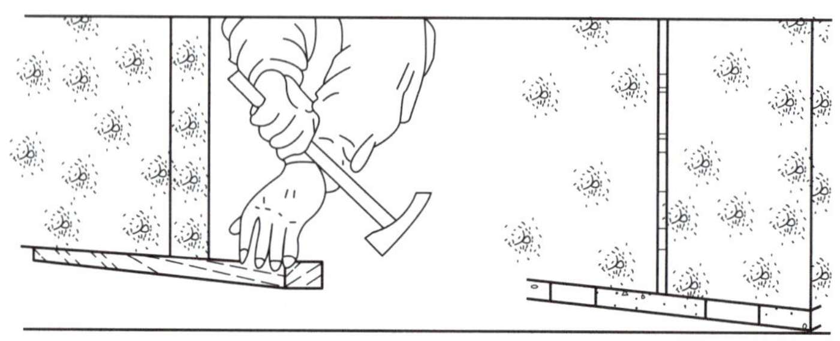
图 8-2-2 加气混凝土板隔墙的固定方式——刚性连接

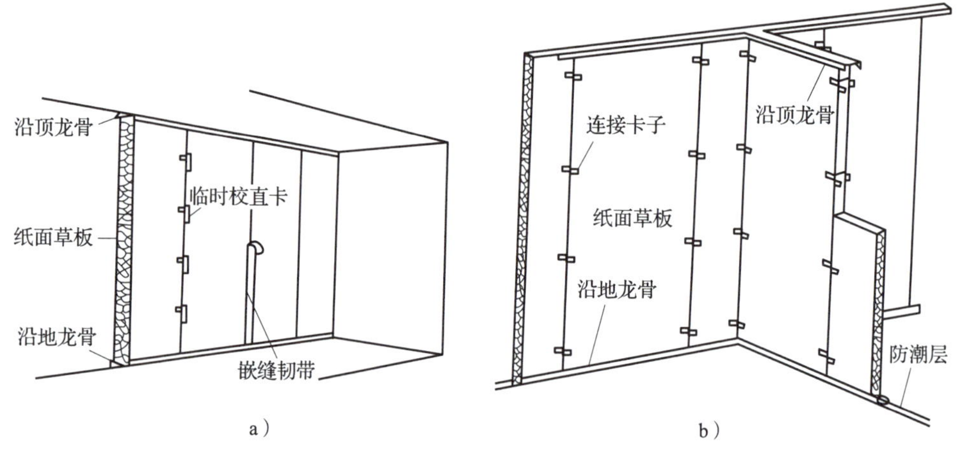

图 8-2-3 加气混凝土板隔墙的固定方式——柔性连接

3）隔墙的转角连接主要有 L 式转角连接和 T 式丁字连接，连接固定主要用黏结砂浆和斜向钉入镀锌圆钉或经防锈处理的 $\phi 8$ 钢筋，窗钉间距为 700 ~ 800 mm，L 式和 T 式的连接构造如图 8-2-4 所示。

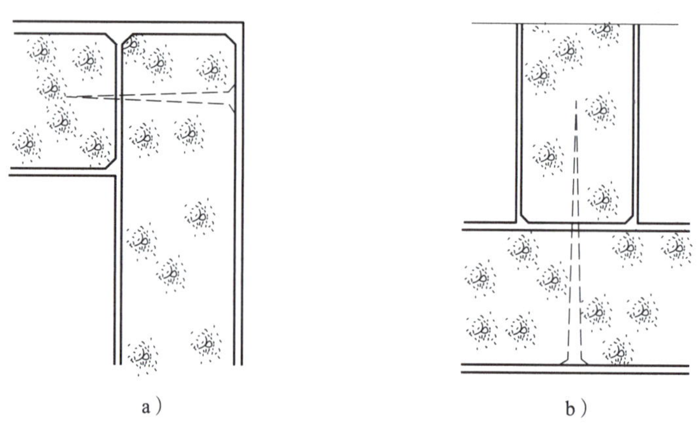

图 8-2-4 L 式和 T 式的连接构造
a）L 式转角连接 b）T 式丁字连接

4）拼装外墙大板。目前较多采用的是在工地现场拼装的方式，应按设计要求确定拼装大板的规格板型。由于安装部位不同，其构造连接方式也不同，主要有竖向外墙板为主的拼装大板和横向外墙板为主的拼装大板两种。

三、钢丝网泡沫塑料夹心墙板（泰柏板）隔墙施工

1. 特点和用途

泰柏板具有轻质、高强、防火、防水、隔声、保温、隔热等优良的物理性能。除以上优点外，它还具有优良的可加工性能。

泰柏板的常规厚度为 76 mm，由 14 号钢丝桁条以中心间距为 50.8 mm 排列组成，如图 8-2-5 所示。

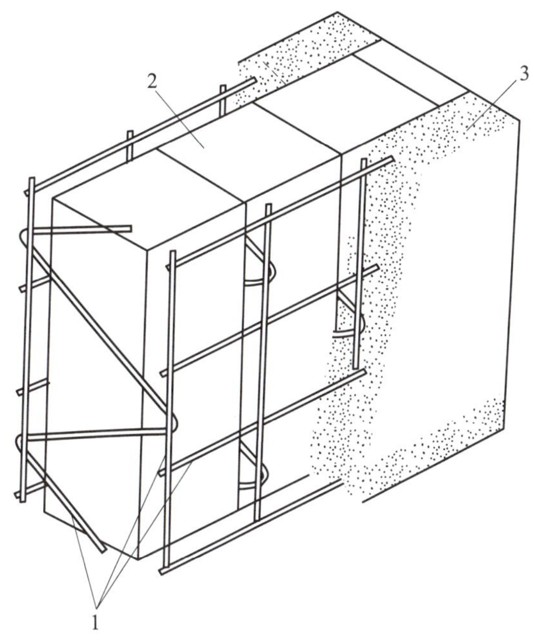

图 8-2-5　泰柏板结构

1—钢丝骨架　2—保温芯材　3—抹面砂浆

泰柏板分两种：一种是普通型泰柏板，各桁条的间距为 50.8 mm；另一种是轻型泰柏板，各桁条的间距为 203 mm。

2. 安装做法

安装时，先按设计图弹隔墙位置线，然后用线坠引至墙面及楼顶板。将裁好的隔墙板按弹线位置放好，板与板拼缝用配套箍码连接，再用铅丝绑扎牢固。隔墙板之间的所有拼缝须用联结网或“之”字条覆盖。阴阳角用网补强，门窗洞口用“之”字条补强。隔墙连接做法如图 8-2-6 所示。

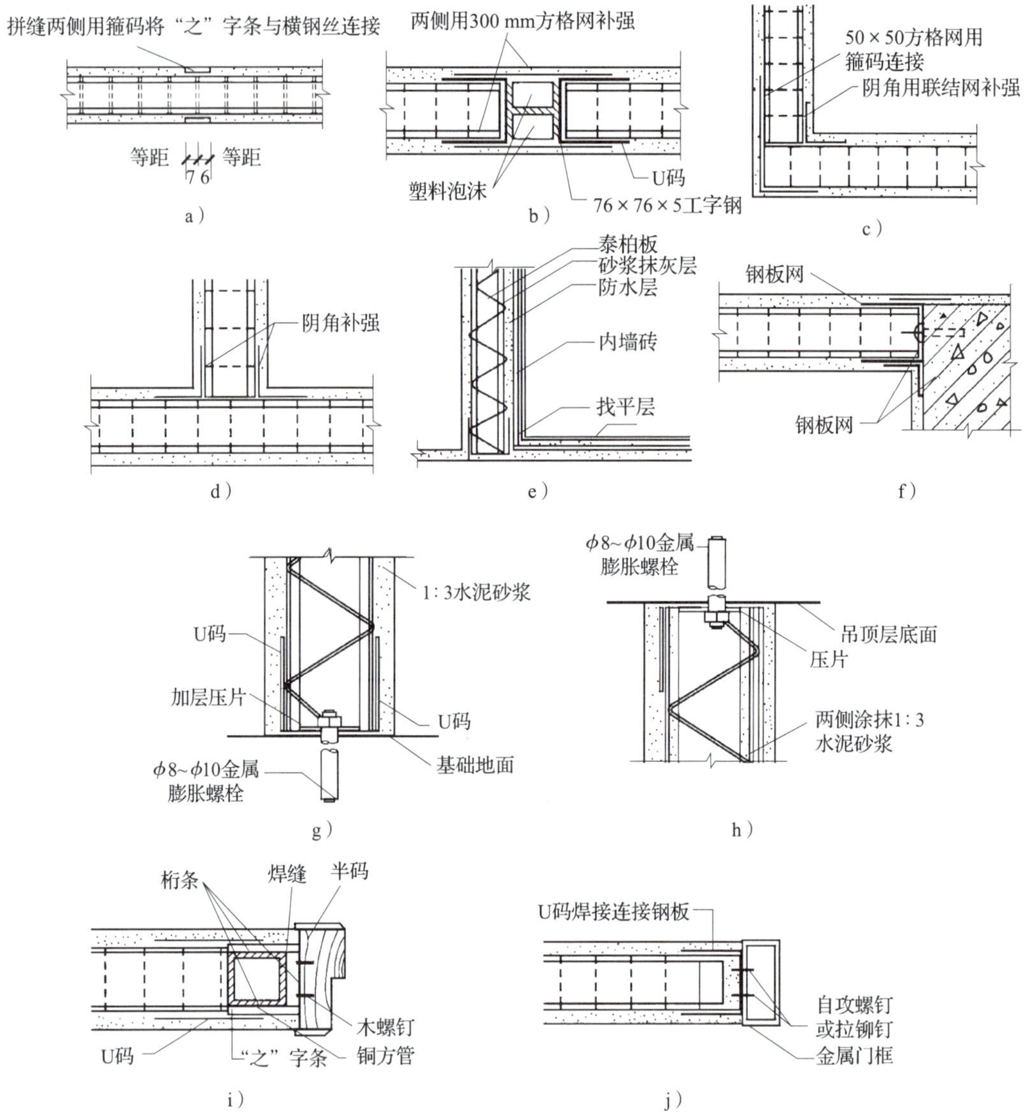

图 8-2-6　隔墙连接做法

第三节　隔断工程

一、传统建筑隔断

1. 隔扇

隔扇又称碧纱橱，多数是用硬木精工制作骨架，隔心镶嵌玻璃或裱糊纱纸。裙板多数镂雕图案或以螺钿、玉石、贝壳等作装饰，如图 8-3-1 所示。

图 8-3-1　隔扇

2. 罩

罩是一种附着于柱和梁的空间分隔物，常用细木制作。两侧落地的称为“落地罩”，两侧不落地的称为“飞罩”，如图 8-3-2 所示。用罩分隔空间能增加空间的层次，造成一种有分有合、似分似合的空间环境。

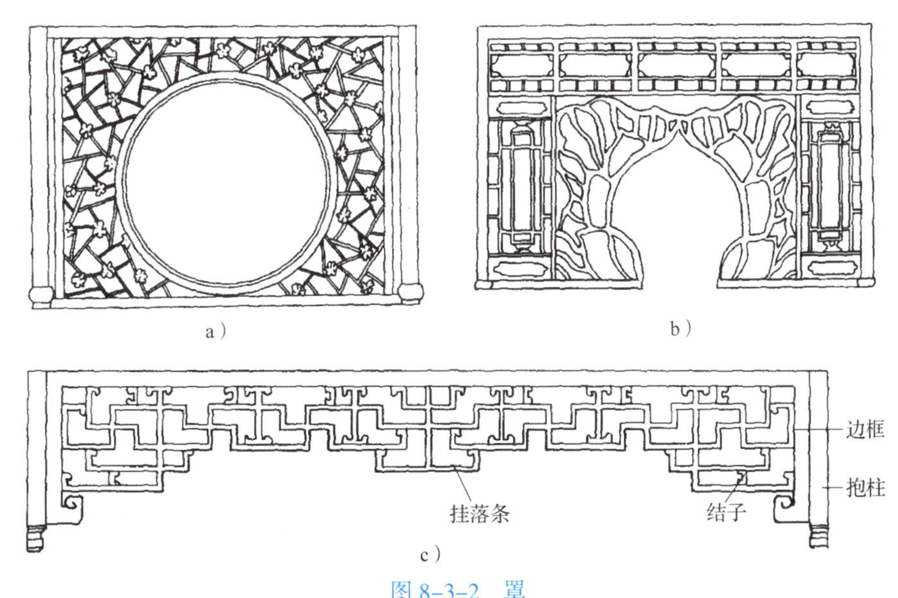

图 8-3-2　罩

a）梅花冰纹月洞式落地罩　b）灯笼框莲叶莲瓣洞式落地罩　c）飞罩

3. 博古架

博古架是一种既有实用价值又有装饰价值的空间分隔物。其实用价值表现在它能陈列各种古玩和器皿，其装饰价值来源于它的分格形式和做工的精巧。博古架常以硬木制作，多用于客厅、书房的空间分隔，如图 8-3-3 所示。

图 8-3-3　博古架

上述传统隔断大量应用于现代建筑中，只是工艺、材料更加先进多样，形式更接近功能要求和人们的欣赏趣味。

二、现代建筑隔断

现代建筑隔断的类型很多，按隔断的固定方式分为固定式隔断和活动式隔断；按隔断的开启方式分为推拉式隔断、折叠式隔断、直滑式隔断、拼装式隔断；按隔断的材料分为木隔断、竹隔断、玻璃隔断、金属隔断等。另外，还有硬质隔断、软质隔断、家具式隔断、屏风式隔断等。下面按隔断的固定方式分类介绍隔断的构造。

1. 固定式隔断

固定式隔断所用材料有木材、竹子、玻璃、金属及水泥制品等，可做成花格、落地罩、飞罩、博古架等各种形式，俗称空透式隔断。下面介绍几种常见的固定式隔断。

（1）木隔断。常用的木隔断有木饰面隔断和硬木花格隔断。

1）木饰面隔断。木饰面隔断一般在木龙骨上固定木板条、胶合板、纤维板等面板，做成不到顶的隔断。木龙骨与楼板、墙应有可靠的连接，面板固定在木龙骨上后，用木压条盖缝，最后按设计要求罩面或贴面。

另外，还有一种开放式办公室的隔断，高度为 1.3 ~ 1.6 m，用高密度板做骨架，防火装饰板做罩面，用金属（镀铬铁质、铜质、不锈钢等）连接件组装而成，如图 8-3-4 所示。这种隔断便于工业化生产，壁薄体轻，面板色泽淡雅、易擦洗、防火性好，并且能节约办公用房面积，便于内部业务沟通，是一种流行的办公室隔断。

2）硬木花格隔断。硬木花格隔断常用的木材多数为硬质杂木，它自重轻，加工方便，制作简单，可以雕刻成各种花纹，做工精巧、纤细。

硬木花格隔断一般用板条和花饰组合，花饰镶嵌在木质板条的裁口中，可采用榫接、销接、钉接和胶接，外边钉有木压条。为保证整个隔断具有足够的刚度，隔断中

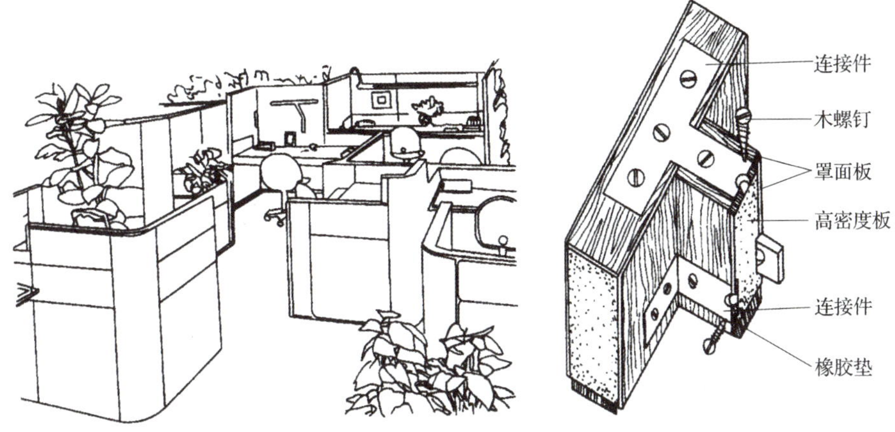

图 8-3-4　开放式办公木隔断

立有一定数量的板条贯穿隔断的全高和全长，其两端与上下梁、墙应有牢固的连接，如图 8-3-5 所示。

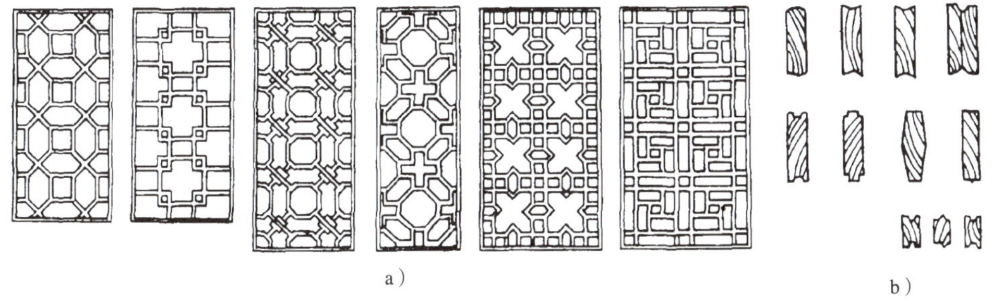

图 8-3-5　硬木花格隔断图案组合及断面形式

a）图案组合　b）断面形式

（2）玻璃隔断。玻璃隔断是将玻璃安装在框架上的空透式隔断。这种隔断可到顶或不到顶，其特点是空透、明快，而且在光的作用下色彩有变化，可增强装饰效果。玻璃隔断按框架的材质不同有落地玻璃木隔断、铝合金框架玻璃隔断、不锈钢圆柱框玻璃隔断。

1）落地玻璃木隔断。直接在隔断的相应位置安装竖向木骨架，并与墙、柱及楼板连接，然后固定上、下槛，最后固定玻璃。对于大面积玻璃板，玻璃放入木框后，应在木框的上部和侧边留 3 mm 左右的缝隙，以免玻璃受热开裂，如图 8-3-6 所示。

2）铝合金框架玻璃隔断。用铝合金做骨架，将玻璃镶嵌在骨架内所形成的隔断，如图 8-3-7 所示。

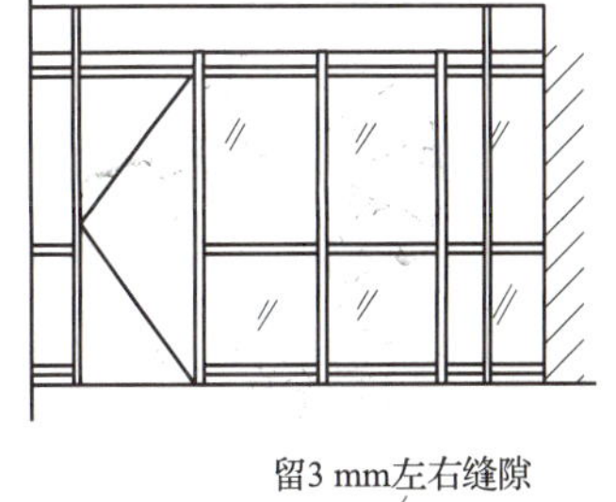

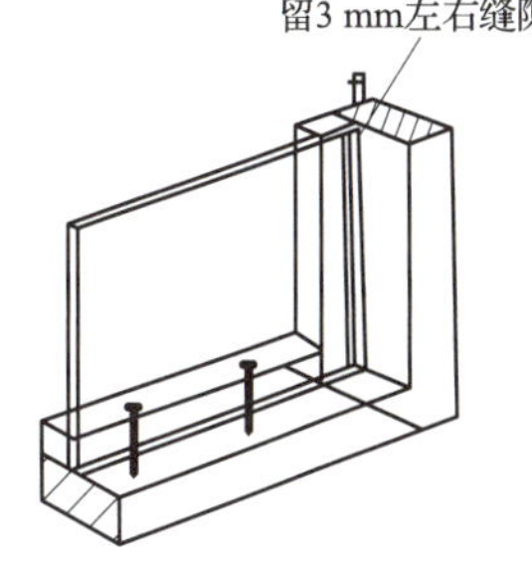

图 8-3-6　落地玻璃木隔断

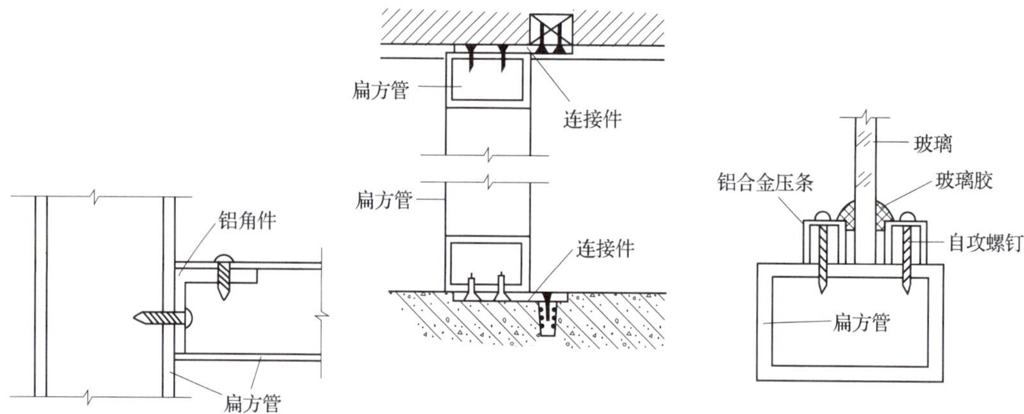

图 8-3-7 铝合金框架玻璃隔断

3）不锈钢圆柱框玻璃隔断。这种隔断的构造关键是要做好玻璃板与不锈钢柱框的连接固定。玻璃板与不锈钢柱框的固定方法有三种：第一种是将玻璃板用不锈钢槽条固定；第二种是将玻璃板直接镶在不锈钢立柱上；第三种是根据设计要求用专用的不锈钢紧固件将相应部位打孔的玻璃与不锈钢柱连接固定，如图 8-3-8 所示，此种固定方法要求玻璃必须是安全玻璃，而且玻璃上的孔位尺寸精确。这种玻璃隔断现代感强、装饰效果好。

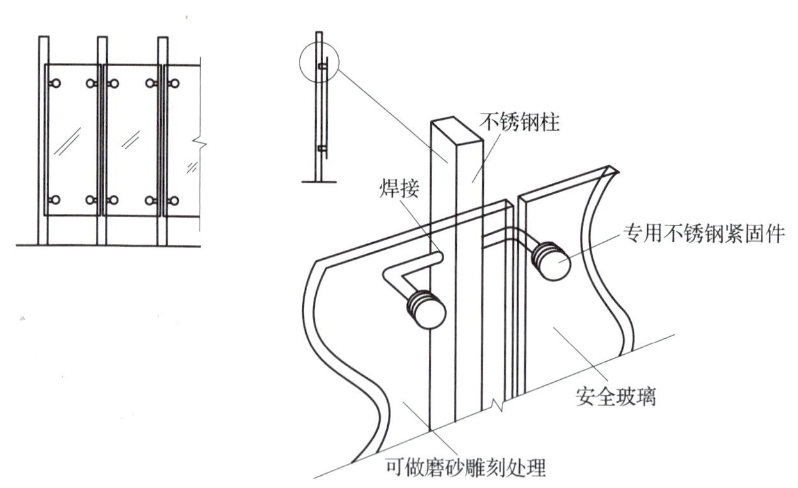

图 8-3-8 不锈钢圆柱框玻璃隔断

2. 活动式隔断

活动式隔断又称移动式隔断，其特点是使用时灵活多变，可以随时打开和关闭，使相邻空间根据需要成为一个大空间或几个小空间，关闭时能与隔墙一样限定空间，阻隔视线和声音。也有一些活动式隔断全部或局部镶嵌玻璃，其目的是增加透光性，不强调阻隔人们的视线。活动式隔断有拼装式、直滑式、折叠式、帷幕式和起落式五大类，其构造较为复杂，下面介绍几种常见的活动式隔断。

（1）拼装式隔断。拼装式隔断是用可装拆的壁板或门扇（通称隔扇）拼装而成，不设滑轮和导轨。隔扇高为 2 ~ 3 m，宽为 600 ~ 1 200 mm，厚度视材料及隔扇的尺寸而定，一般为 60 ~ 120 mm。隔扇可用木材、铝合金、塑料做框架，两侧粘贴胶合板及其他各种硬质装饰板、防火板、镀膜铝合金板，也可以在硬纸板上衬泡沫塑料，外包人造革或各种装饰性纤维织物，再镶嵌各种金属和彩色玻璃饰物制成美观高雅的屏风式隔扇。

为装卸方便，隔断的顶部应设通长的上槛，用螺钉或铅丝固定在顶棚上。上槛一般要安装凹槽，设插轴来安装隔扇。为便于安装和拆卸隔扇，隔扇的一端与墙面之间要留空隙，空隙处可用一个与上槛大小、形状相同的槽形补充构件来遮盖。隔扇的下端一般都设下槛，需高出地面，且在下槛上也设凹槽或与上槛相对应设插轴。下槛也可做成可卸式，以便将隔扇拆除后不影响地面的平整，拼装式隔断立面与构造如图 8–3–9 所示。

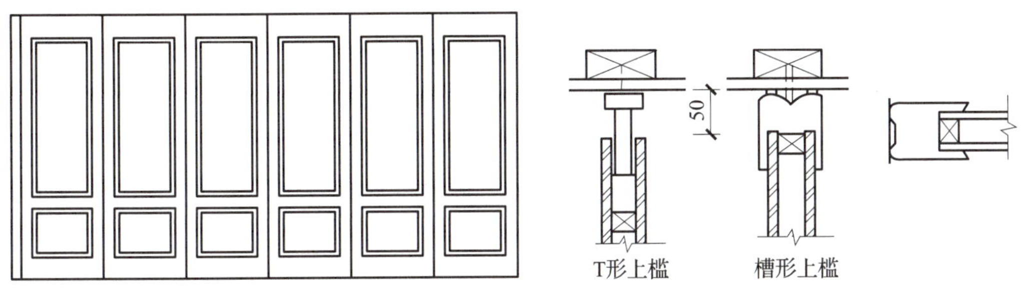

图 8–3–9　拼装式隔断立面与构造

（2）直滑式隔断。直滑式隔断是将拼装式隔断中的独立隔扇用滑轮挂置在轨道上，可沿轨道推拉移动的隔断。轨道可布置在顶棚或梁上，隔扇顶部安装滑轮，并与轨道相连，如图 8–3–10 所示；隔扇下部地面不设轨道，主要为避免轨道积灰损坏。

面积较大的直滑式隔断，当把活动扇收拢后会占据较多的建筑空间，影响使用和美观，所以多数采取设储藏壁柜或储藏间的形式加以隐蔽，如图 8–3–11 所示。

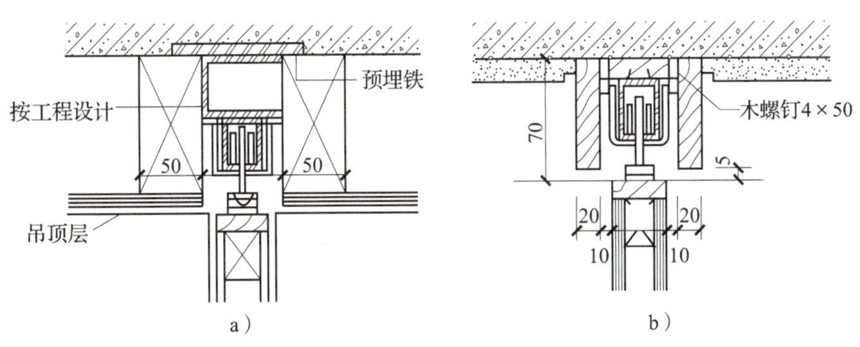

图 8–3–10　悬吊导向式滑轮轨道

a）暗装式　b）明装式

（3）折叠式隔断。折叠式隔断是由多扇可以折叠的隔扇、轨道和滑轮组成。多扇隔扇用铰链连在一起，可以随意展开和收拢，推拉快速方便。但隔扇本身重量、连接铰链五金重量以及施工安装、管理维修等诸多因素造成的变形会影响隔扇的活动自由度，所以可将相邻两隔扇连在一起，此时每个隔扇上只需装一个转向滑轮，先折叠后推拉收拢，更增加了灵活性，如图 8-3-12 所示。

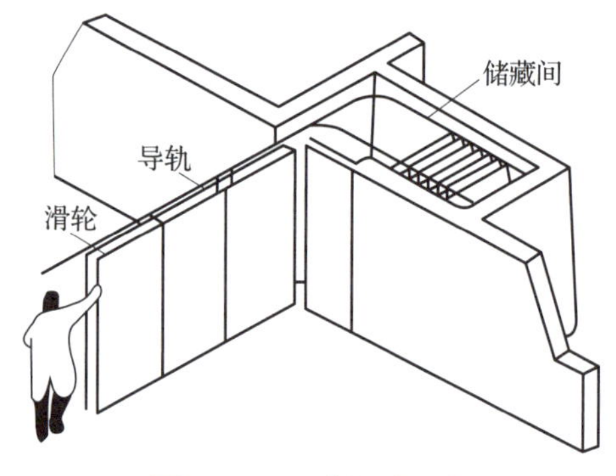

图 8-3-11　直滑式隔断

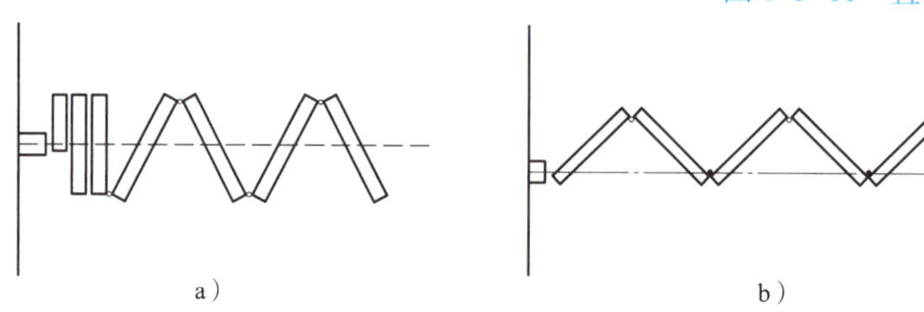

图 8-3-12　折叠式隔断

a）连续铰合　b）单对铰合

（4）帷幕式隔断。帷幕式隔断是用软质、硬质帷幕材料和轨道、滑轮、吊钩等配件组成的隔断。它占用面积少，能满足遮挡视线的要求，使用方便，便于更新，一般多用于住宅、旅馆和医院。

帷幕式隔断的软质帷幕材料主要是棉、麻、丝织物或人造革。硬质帷幕材料主要是竹片、金属片等条状硬质材料。这种帷幕隔断最简单的固定方法是用一般家庭中固定窗帘的方法，但比较正式的帷幕隔断，构造要复杂很多，且固定时需要一些专用配件，如图 8-3-13 所示。

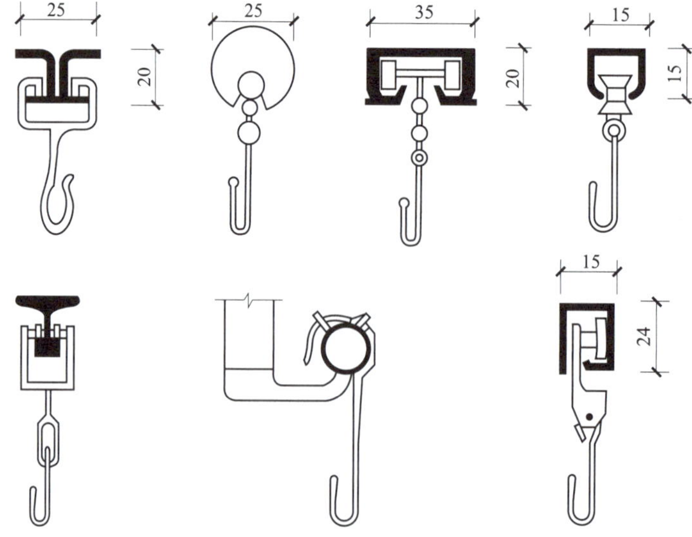

图 8-3-13　帷幕式隔断固定专用配件（轨道、滑轮、吊钩）

1. 简述隔墙与隔断的区别。
2. 简述轻钢龙骨隔墙下部的构造。
3. 简述石膏空心条板隔墙的安装施工顺序。
4. 简述活动式隔断的类型。

第九章　细木工程

学习目标

1. 了解细木工程施工常用的材料及构造。

2. 熟悉不同类型细木工程施工工艺，以及其完整施工过程。

3. 熟悉细木工程施工工艺，掌握为达到施工质量要求正确选择材料和组织施工的方法，培养解决施工现场常见工程质量问题的能力。

4. 在掌握施工工艺的基础上，通过技能操作领会工程验收质量标准。

第一节　细木工程概述

在做室内高级装修时，要求精益求精，细部做深入细致的加工、处理，以取得最佳效果。这些主要表现在对墙面的细部装修，如檐口线（亦称阴角装饰线）、挂镜线、护墙板（亦称墙裙）、踢脚板等；还表现在对门、窗及洞口的装修，如门、窗贴脸，窗帘盒等。这些部位处理适当，装修精细，就能提高室内装饰的档次。用木质材料做上述部位的装修统称细木装修。

细木制品在装修工程中大量使用，主要用于隔断、花饰、墙面、线角包套、扶手及高档固定家具等。工程设计中所选木材的品种、规格、花色、等级、构造等不同，要求的施工方法也有不同，因此，细木制品的做法要根据每项工程的特点用相应的工艺来施工，这里仅就细木制品施工中应遵守的共性要求做相关阐述。

一、木材的基本知识

1. 木材的种类

（1）软木材。用针叶树生产的木材称为软木材。其树干通直高大，纹理平顺，材质均匀，木质较软，易加工，强度高，密度、变形小，如松柏木等，如图 9–1–1 所示。

（2）硬木材。用阔叶树生产的木材称为硬木材。其树干通直部分较短，密度比较大，木质比较硬，纹理不如软木材平顺，较难加工，易变形且变形较大，易开裂，但其表面有美丽的天然花纹，如楠木等，如图 9–1–2 所示。

图 9-1-1　松柏木

图 9-1-2　楠木

2. 木材的性能指标

（1）含水率。木材中所含水的重量与木材干燥重量的百分比称为含水率。

（2）平衡含水率。木材的含水率与相对环境的湿度达到恒定时的含水率称为平衡含水率。

（3）纤维饱和点。木材细胞壁中的吸附水达到饱和时，细胞腔和细胞之间无自由水时的含水率称为纤维饱和点。

3. 湿胀干缩

木材体积随纤维细胞壁含水率的变化而变化，这是木材非常重要的物理性质。木材构造具有不均匀性，从而造成了不同方向的湿胀干缩程度不同。试验充分证明：纵向干缩比较小，一般为 0.1% ~ 0.35%；径向干缩比较大，一般为 3% ~ 6%；弦向干缩最大，一般为 6% ~ 12%。

4. 强度

木材强度与木材的构造、受力方向、含水率、承受荷载持续时间以及缺陷等因素有关。木材的强度有抗拉、抗压、抗弯、抗剪强度，而这些强度又与木材的纹路有关。

5. 木材识别

木材的树种不同，其纹理、花色、气味也各不相同，特别是在纹理方面比较明显，有直纹、斜纹和乱纹等。

二、木构件制作加工原理

1. 选择木料

根据所制作构件的形式和作用以及木材的性能，正确选择木料是木作的一个基本要求。首先，选择硬木还是软木。硬木因为变形大，不宜作重要的承重构件。但其有美丽的花纹，因此是饰面的好材料。硬木可作小型构件的骨架，软木变形小，强度较高，特别是顺纹强度，可作承重构件，也可作各类龙骨，但花纹平淡。其次，根据构件在结构中所在位置以及受力情况来选择使用边材还是芯材（木材在树中横截面的位置不同，其变形、强度均不一致），使用树根部还是树中、树头处。总之，认真、正确地选材是非常重要的。

2. 构件的位置、受力分析

构件在结构中位置不同，受力也不同，所以要分清构件的受力情况，是轴心受压受拉，还是偏心受压受拉等。常见的木构件有龙骨类、板材类，龙骨有隐蔽的和非隐蔽的。板材多数是做面层或基层，受弯较多。通过受力分析可进一步正确选材和用材，从而与木材的变形情况相协调，充分利用其性能。

3. 下料

根据选好的材料，进行配料和下料。

（1）充分利用，配套下料，不得大材小用、长材短用。

（2）留有合理余量。木作下料尺寸要大于设计尺寸，这是留有加工余量所致，但余量的多少，视加工构件的种类以及连接形式的不同而不同。如单面刨光留 3 mm，双面刨光留 5 mm。

（3）方形框料纵向通长，横向截断，其他形状与图样要吻合，但要注意受力分析。

4. 连接形式

连接的关键是要注意搭接长度满足受力要求。连接形式有钉接、榫接、胶接、专用配件连接。

5. 组装与就位

构件加工好后进行装配，装配的顺序应先里后外，先分部后总体进行。先临时固定调整准确后再固结。

三、施工准备与材料选用

1. 施工准备

细木制品的安装工序并不十分复杂，其主要安装工序一般如下：窗台板是在窗框安装后进行；无吊顶采用明窗帘盒的房间，明窗帘盒的安装应在安装好窗框、完成室内抹灰标筋后进行；有吊顶的暗窗帘盒的房间，窗帘盒安装与吊顶施工可同时进行；挂镜线、贴脸板的安装应在门窗框安装完、地面和墙面施工完毕后再进行；筒子板、木墙裙的龙骨安装，应在安装好门窗框与窗台板后进行。细木制品在施工时，应当注意以下事项。

（1）细木制品制成后，应当立即刷一遍底油（干性油），以防止细木制品受潮或干燥发生变形。

（2）细木制品及配件在包装、运输、堆放和安装时，一定要轻拿轻放，不得暴晒和受潮，防止变形和开裂。

（3）细木制品必须按照设计要求，预埋好防腐木砖及配件，保证安装牢固。

（4）细木制品与砖石砌体、混凝土或抹灰层的接触处，埋入砌体或混凝土中的木砖应进行防腐处理。除木砖外，其他接触处应设置防潮层，金属配件应涂刷防锈漆。

（5）施工中所用的机具，应在使用前安装好进行认真检查，确认机具安装完好后，接好电源并进行试运转。

2. 材料选用

（1）木材选用。

1）细木制品所用木材要进行认真挑选，保证所用木材的树种、材质、规格符合设计要求。在施工中应避免大材小用、长材短用和优质劣用的现象。

2）由木材加工厂制作的细木制品，在出厂时，应配套供应，并附有合格证明；进入现场后应验收，施工时要使用符合质量标准的成品或半成品。

3）细木制品露明部位要选用优质材料，当作清漆油饰显露木纹时，应注意同一房间或同一部位选用颜色、木纹近似的相同树种。细木制品不得有腐朽、节疤、扭曲和劈裂等质量弊病。

4）细木制品用材必须干燥，应提前进行干燥处理。重要工程，应根据设计要求做含水率的检测。

（2）胶粘剂与配件。

1）细木制品的拼接、连接处，必须加胶。可采用动物胶（鱼鳔、猪皮胶等），还可用聚醋酸乙烯（乳胶）、脲醛树脂等化学胶。

2）细木制品所用的金属配件、钉子、木螺钉的品种、规格、尺寸等应符合设计要求。

（3）防腐与防虫。采用马尾松、木麻黄、桦木、杨木等易腐朽、虫蛀的树种木材制作细木制品时，整个构件应用防腐、防虫药剂处理。

第二节　细木构件的制作与安装

一、木窗帘盒的制作与安装

1. 窗帘盒的制作

首先根据施工图或标准图的要求，认真地选料、配料，先加工成半成品，再细致加工成型。加工时，通常首先对木料进行粗刨，再用线刨子顺着木纹起线，线条光滑顺直、深浅一致。然后根据设计图样进行组装，组装时应当先抹胶再用钉子钉牢，并将溢出的胶及时擦拭干净，不得有明榫，不得露钉帽。

当采用木窗帘杆时，在窗帘盒横头板上打眼，一端打成上下眼（上眼深、下眼浅），另一端则只打一浅眼（与以上浅眼对称），以便于安装木杆。

2. 窗帘盒预埋件的检查

为将窗帘盒安装牢固，位置正确，应先检查预埋件。木窗帘盒与墙的固定，少数在墙内砌入木砖，多数在墙内预埋铁件。预埋铁件的尺寸、位置及数量，应符合设计要求。如果出现差错应采取补救措施，如预埋件不在同一标高时，应进行调整使其高度一致；如预制过梁上漏放预埋件，可利用射钉枪或胀管螺栓将铁件补充固定，或者将铁件焊在过梁的箍筋上。图 9-2-1 为常用的窗帘盒预埋铁件。

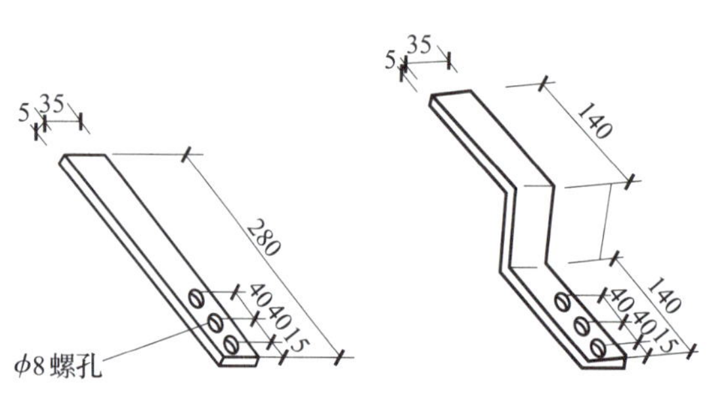

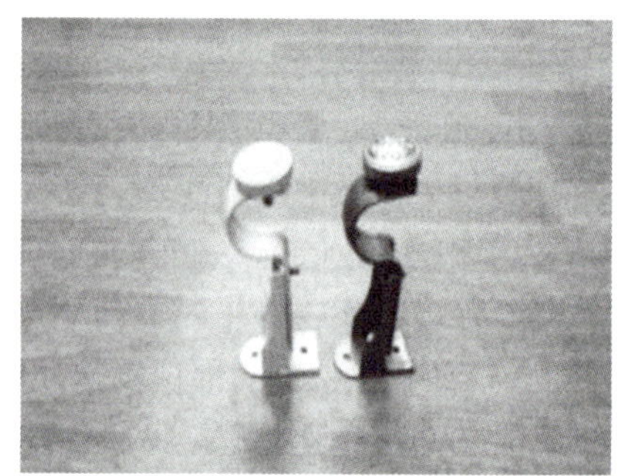

图 9–2–1　常用的窗帘盒预埋铁件

3. 窗帘盒的安装

明窗帘盒宜先安装轨道，暗窗帘盒可后安装轨道。当窗宽度大于 1.2 m 时，窗帘轨中间应断开，断头处煨弯错开，弯曲度应平缓，搭接长度不少于 200 mm。图 9–2–2 所示为单轨窗帘盒示意图。

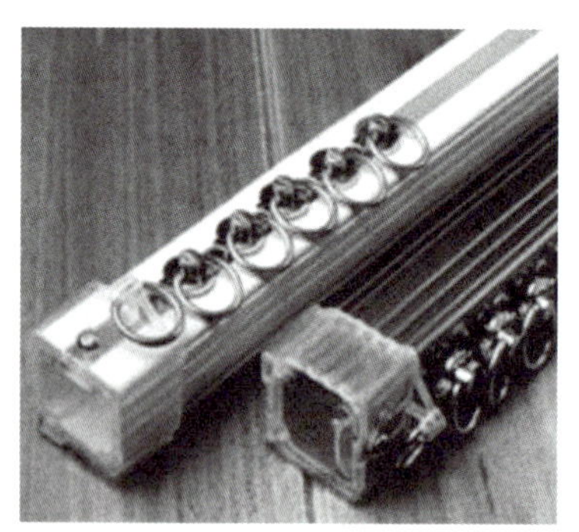

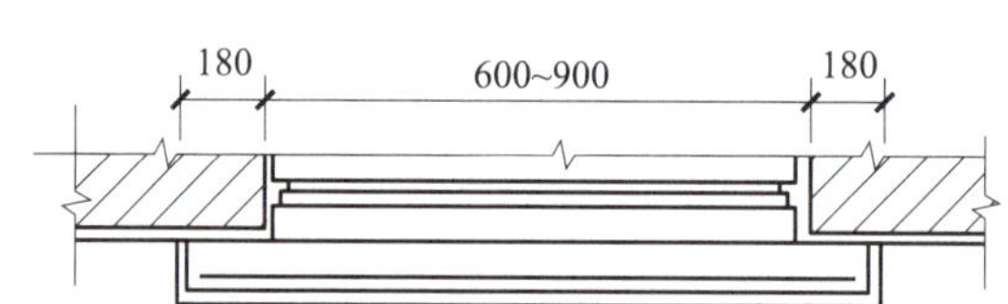

图 9–2–2　单轨窗帘盒

二、窗台板的安装

木窗台板的截面形状、尺寸、装钉方法，一般应按照设计施工图施工，常用施工方法如图 9–2–3 所示。

在窗台墙上，预先砌入防腐木砖，木砖间距为 500 mm 左右，每樘窗不少于两块。在窗框的下槛裁口或打槽（深为 12 mm、宽为 10 mm）。将窗台板刨光起线后，放在窗台墙顶上居中，里边嵌入下槛槽内。窗台板的长度一般比窗樘宽度长 120 mm 左右，两端伸出的长度应一致。

在同一房间内同标高的窗台板应拉线找平、找齐，使其标高及凸出墙面尺寸一致。应注意，窗台板上表面向室内略有倾斜，坡度大约为 1%。

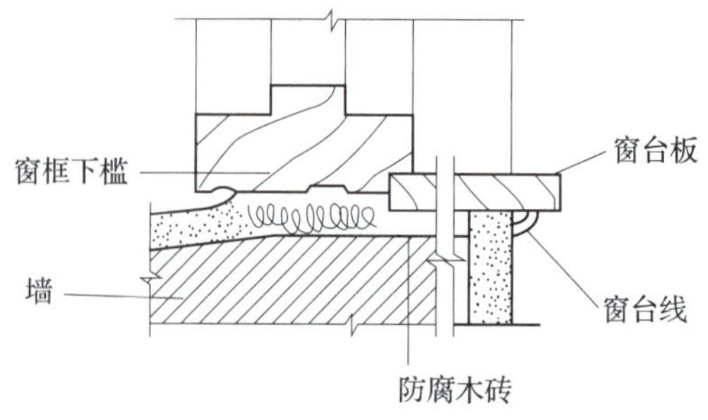

图 9–2–3　木窗台板装钉示意

三、筒子板的安装

筒子板设置在室内门窗洞口处，也称为堵头板，其面板一般用五层胶合板（也称五夹板）制作并采用镶钉方法。门头筒子板及其构造如图 9–2–4 所示，窗樘筒子板的构造如图 9–2–5 所示。

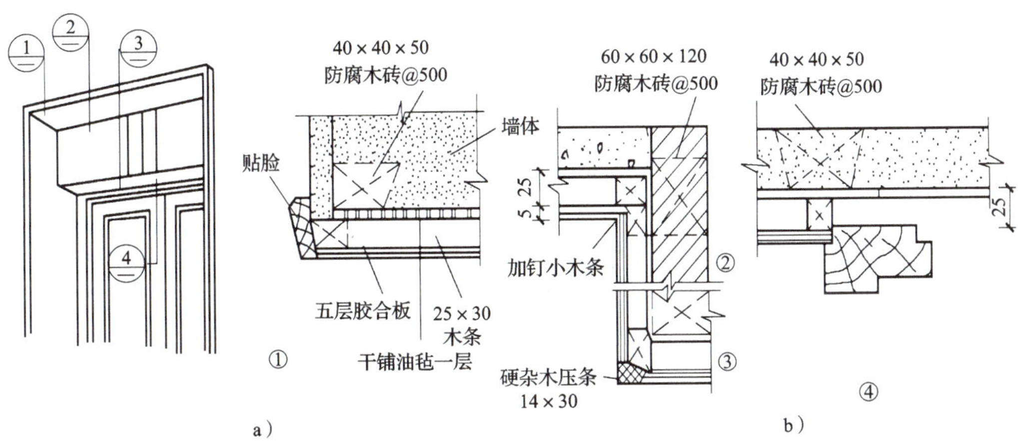

图 9–2–4　门头筒子板及其构造

a）门头贴脸、筒子板示意　b）门头筒子板的构造

木筒子板的操作工序：检查门窗洞口及预埋件—制作及安装木龙骨—装钉面板。

木筒子板的安装，一般是根据设计要求在砖或混凝土墙体中埋入经过防腐处理的木砖，间距一般为 500 mm。采用木筒子板的门窗洞口应比门窗樘宽 400 mm，洞口比门窗樘高出 25 mm，以便于安装木筒子板。

1. 检查门窗洞口及预埋件

首先检查门窗洞口尺寸是否符合要求，是否垂直方正，预埋木砖或连接铁件是否齐全，位置是否准确，如发现有不符合要求的地方，必须修理或校正。

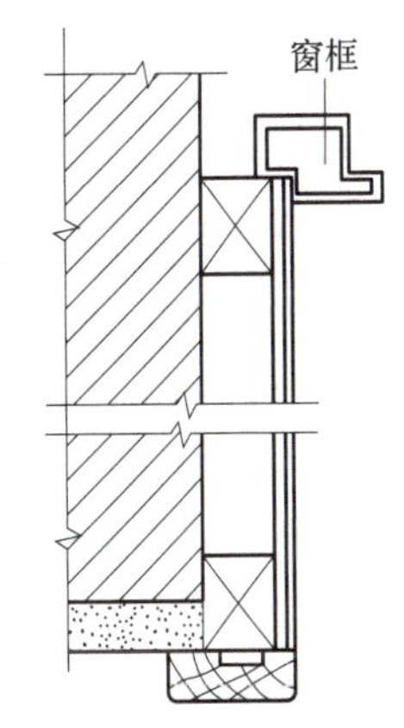

图 9–2–5　窗樘筒子板的构造

2. 制作及安装木龙骨

根据门窗洞口的实际尺寸，先用木方制成龙骨架，一般骨架分成三片，洞口上部一片，两侧各一片，每片一般分为两根立杆。当筒子板宽度大于 50 mm 需要拼缝时，中间应当适当增加立杆。

3. 装钉面板

面板应精心挑选，木纹和颜色应当尽量一样，尤其在同一房间内，更要仔细选用和比较。板的裁割要使其略大于龙骨架的实际尺寸，大面净光，小面刮直，木纹根部向下；长度方向需要对接时，木纹应当通顺，其接头位置应避开视线范围。

一般窗筒子板拼缝应在室内地坪 2 m 以上；门筒子板的拼缝应离地坪 1.2 m 以下。

同时，接头位置必须留在横撑上。当采用厚木板材时，板背应作为卸力槽，以免板面产生弯曲；卸力槽一般间距为 100 mm，槽宽为 10 mm，深度为 5 ~ 8 mm。

四、贴脸板的制作与安装

贴脸板也称为门头线与窗头线，是装饰门窗洞口的一种木制装饰品。门窗贴脸板的式样很多，尺寸各异，应按照设计施工。门窗贴脸板的常用构造与安装形式如图 9-2-6 所示。

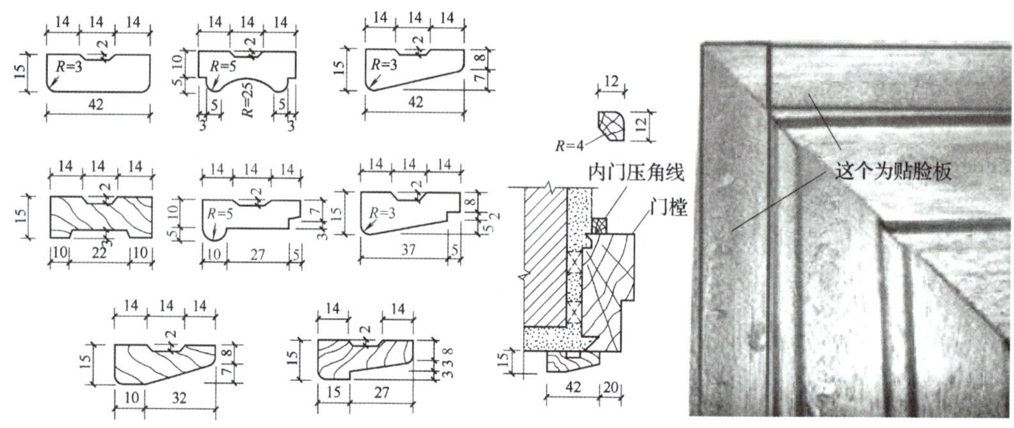

图 9-2-6 门窗贴脸板的常用构造与安装形式

1. 贴脸板的制作

首先检查配料的规格、质量和数量，待符合要求后，先用粗刨子刮一遍，再用细刨子刨光。先刨大面，再刨小面。刨得平直光滑，背面打凹槽。然后用线刨子顺木纹起线，线条应清晰、挺秀，并且深浅一致。如果要做圆形贴脸，必须先套出样板，然后根据样板划线刮料。

2. 贴脸板的装钉

门框与窗框安装完毕后，即可进行贴脸板的安装。贴脸板距门窗洞口边 15 ~ 20 mm。当贴脸板的宽度大于 80 mm 时，其接头应做成暗榫；其四周与抹灰墙面须接触严密，搭盖墙的宽度一般为 20 mm，最少也不得少于 10 mm。

装钉贴脸板，一般是先钉横向的，后钉竖向的。先量出横向贴脸板所需要的长度，两端锯成 45° 斜角（割角），紧贴在框的上槛上，其两端伸出的长度应一致。将钉帽砸扁，顺木纹冲入木板表面 1 ~ 3 mm，钉长宜为板厚的 2 倍，钉距不大于 500 mm。接着量出竖向贴脸板的长度，钉在边框上。

五、木楼梯的制作与安装

从当前装饰工程的实际情况看，木楼梯主要适宜人流不大的场所或复式住宅之类的小型装饰性楼梯，而且主要采用木质楼梯柱、立杆和扶手。

1. 木楼梯的组成

木楼梯由踏脚板、踢脚板、平台、斜梁、楼梯柱、栏杆和扶手等几部分组成。踏

脚板是楼梯梯级上的踏脚平板；踢脚板是楼梯梯级的垂直板；平台是楼梯段中间平坦无踏步的地方，也称为休息平台；楼梯斜梁是支承楼梯踏步的大梁，承担着楼梯的全部荷载；楼梯柱是装置扶手的立柱；栏杆和扶手装置在梯级和平台临空的一边，高度一般为 900 ~ 1 100 mm，起着维护安全和上下依扶的作用。

2. 木楼梯的构造

（1）明步楼梯。明步楼梯是指在侧面外观时由踏脚板形成的齿状梯级效果明露的楼梯。这种楼梯的宽度以 800 mm 为限，当超过 1 000 mm 时，中间需要加设一根斜梁，在斜梁上钉三角木。三角木可根据楼梯坡度及踏步尺寸进行预制，在其上面铺钉踏脚板和踢脚板。

在斜梁上应镶钉外护板，用以遮盖斜梁与三角木的接缝，而使楼梯外侧立面美观。斜梁的上下两端做吞肩榫，与楼梯格栅（或平台梁）及地面格栅相结合，同时用铁件进一步加固。在底层斜梁的下端也可做凹槽，将其压在垫木（枕木）上。明步楼梯的构造与组成如图 9-2-7 所示。

（2）暗步楼梯。暗步楼梯是指其踏步被斜梁遮掩，其侧立面外观梯级效果藏而不露的楼梯。暗步楼梯的宽度一般可达 1 200 mm，其结构特点是在安装踏脚板一面的斜梁上开凿凹槽，将踏脚板和踢脚板逐块镶入，然后与另一根斜梁合拢敲实。

踏脚板应挑出踢脚板的部分与上述明步楼梯相同；踏脚板应比斜梁稍有缩进。楼梯背面可做成板条抹灰，也可铺钉纤维板等，进而采用涂料涂饰或其他面层处理。暗步楼梯的构造与组成如图 9-2-8 所示。

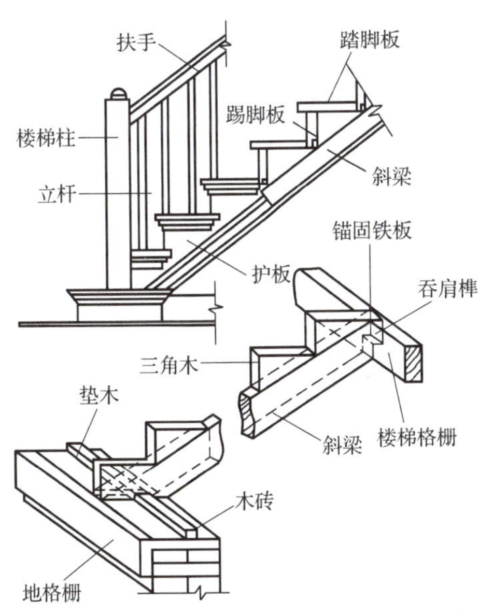

图 9-2-7　明步楼梯的构造与组成

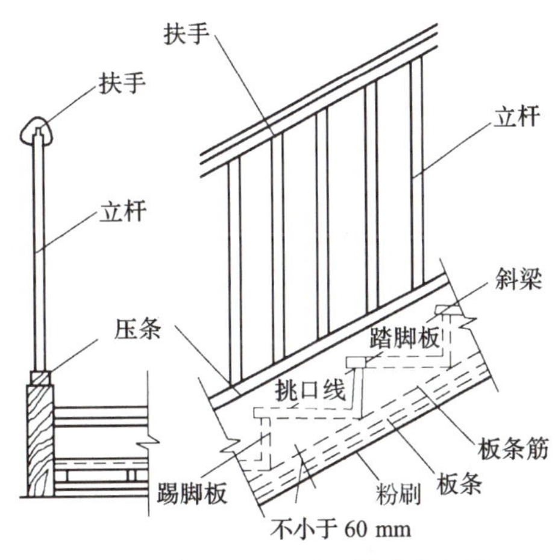

图 9-2-8　暗步楼梯的构造与组成

（3）栏杆与扶手。楼梯栏杆是为了上下楼梯时的安全而设置的安全构件，同时也是装饰性很强的装饰构件。木栏杆之间的距离，一般不超过 150 mm，有的还在立杆之间加设横档连接。

还有一种不露立杆的栏杆构造，称为实心栏杆，实际上是一种木质栏板。其构造做法是将板墙木筋钉在楼梯斜梁上，再以横撑加固，而后即在骨架两面铺钉木质胶合板或纤维板，以装饰线条盖缝并加以装饰，最后做油漆涂饰。

楼梯木扶手作为上下楼梯时的依扶构件，其类型主要有两种：一种是与楼梯组合安装的栏杆扶手，另一种是不设楼梯栏杆的靠墙扶手。传统的木质扶手样式多变，用料非常考究，手感舒适。不同截面形式的木楼梯扶手示例如图 9-2-9 所示。

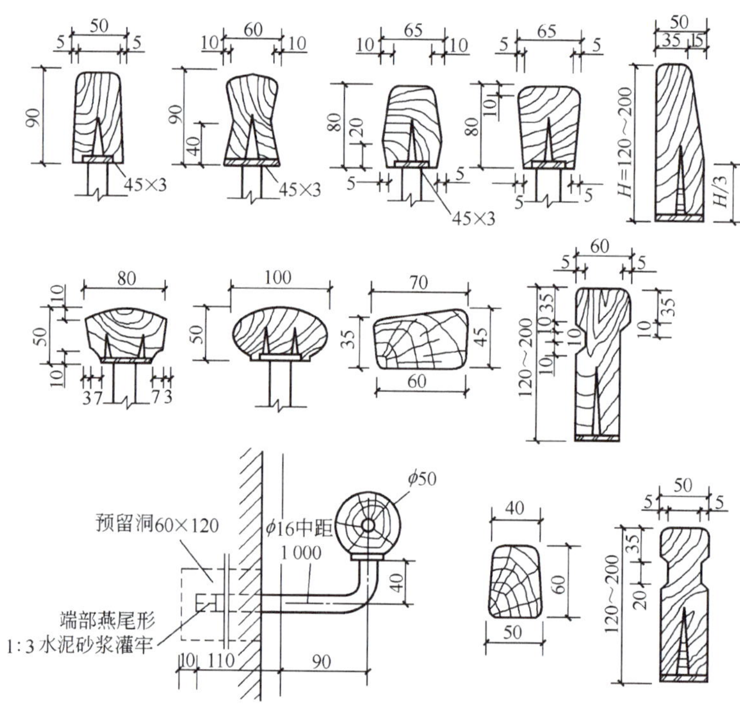

图 9-2-9　不同截面形式的木楼梯扶手示例

3. 木楼梯的制作

木楼梯制作前，在铺好的木板或水泥地面上，根据施工图样把楼梯的踏步高度、宽度、级数及平台尺寸放出尺寸大样；或者是按图样计算出各部分构件的构造尺寸，制作出样板。其中，按设计图一般将踏步三角都画成直角三角形，如图 9-2-10 中的虚线所示。

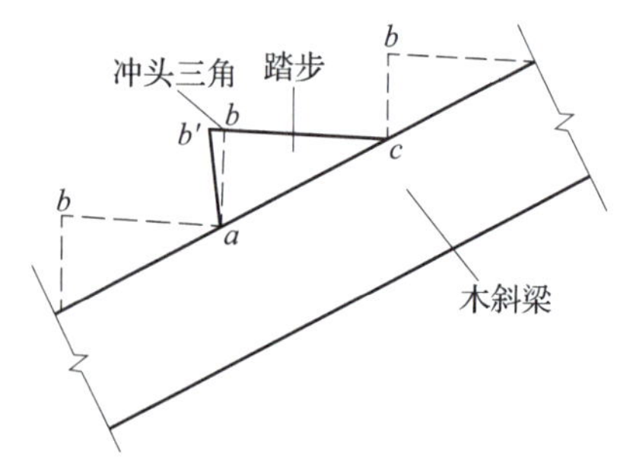

图 9-2-10　木楼梯的踏步三角示意

开始配料时，应注意楼梯斜梁长度必须将其两端的榫头尺寸计算在内。踏脚板应使用整块木板，如果采用拼板时，须有防止错缝开裂的措施。制作三角木、踏脚板、斜梁、扶手和栏杆时，其尺寸和形状必须符合设计规定。

4. 木楼梯的安装

安装前先确定楼梯格栅和地面格栅的中心线和标高，安装好楼梯格栅与地面格栅之后再安装楼梯斜梁。三角木由下而上依次进行铺钉，它与楼梯肩的结合处应将钉子打入楼梯斜梁内 60 mm，每钉一级须加上临时踏脚板。在钉好三角木后，须用水平尺把三角木的顶面校正，拉线同时校核各三角木顶端，使其在同一直线上。踏脚板安装应保持其水平度，安装踢脚板时应按图 9–2–10 中的实线要求，即上端向外倾出 10 ~ 20 mm。

5. 扶手的制作与安装

楼梯的木扶手及扶手弯头，应选用经干燥处理的硬木，一般是水曲柳、柳桉木、柚木、樟木等。扶手的形式和尺寸由设计决定，按照设计图样进行加工。对于采用金属栏杆的楼梯，其木扶手底部应开槽，槽深为 3 ~ 4 mm，嵌入扁铁内，扁铁宽度应不大于 40 mm，在扁铁上每隔 300 mm 钻孔，用木螺钉与扶手固定，如图 9–2–11 所示。

木扶手在制作前，应按设计要求做出扶手横断面的样板，先将扶手木料的底部刨削平直，然后画出中线，在木料两端对好样板画出断面轮廓，然后刨出底部凹槽，再用线脚刨子按顶头断面轮廓线刨制成型，刨制时须留出半线的余量。

木楼梯扶手的弯头处，也应按照设计要求先做出样板，一般分水平式和鹅颈式两种弯头形式。先将整料斜纹出方，然后进行放线，再用小锯锯成毛坯，而后用斧具斩出扶手弯头的基本形状。将其底面做准确，把样板套在顶头处画线，用一字刨刨平成型并注意留线。

弯头与扶手连接之处应设在第一踏步的上半部或下半部之外。设在弯头内的接头，应是在扶手或弯头的顶头朝里 50 mm 处，在此处方可凿眼钻孔进行连接，多数采用 $\phi 8\times$（130 ~ 150）mm 的双头螺栓将弯头与扶手连接固定，而后将接头处修平修光，如图 9–2–12 所示。

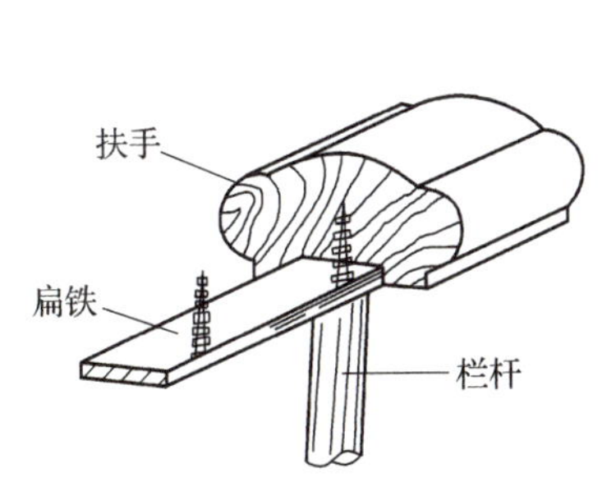

图 9–2–11　采用金属栏杆的木扶手的固定

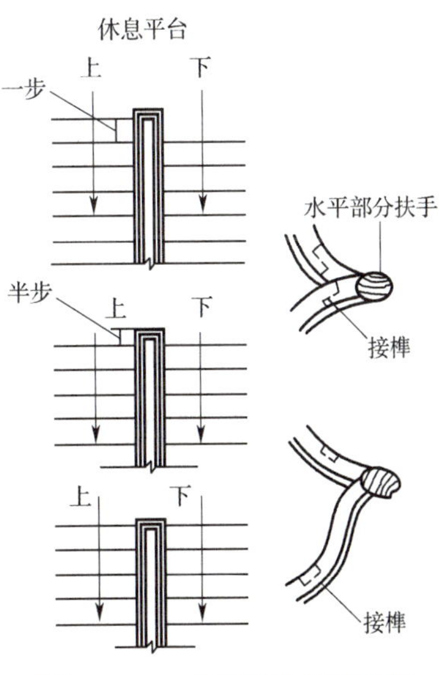

图 9–2–12　扶手弯头处理示意

六、吊柜、壁柜的制作与安装

1. 吊柜、壁柜的一般尺寸

在一般情况下，吊柜与壁柜的尺寸，应根据实际和用户的要求而确定。如果用户无具体要求，其制作的一般尺寸：吊柜的深度不宜大于 450 mm，壁柜的深度不宜大于 620 mm。

2. 吊柜、壁柜制作的质量要求

（1）吊柜、壁柜应采取榫连接，立梃、横档、中梃、中档等拼接时，榫槽应严密嵌合，应用胶料黏结，并用胶楔加紧，不得用钉子固定连接。

（2）吊柜、壁柜骨架拼装完毕后，应校正规方，并用斜拉条及横拉条临时固定。

（3）面板在骨架上铺贴应用胶料胶结，位置正确，并用钉子固定，钉距为 80 ~ 100 mm，钉长为面板厚度的 2 ~ 2.5 倍。钉帽应敲扁，并进入面板 0.5 ~ 1 mm。钉眼用与板材同色的油性腻子抹平。

（4）吊柜、壁柜柜体及柜门的线型应符合设计要求，棱角整齐光滑，拼缝严密平整。

（5）吊柜、壁柜制作允许偏差应符合表 9–2–1 的规定。

表 9–2–1　　吊柜、壁柜制作允许偏差

项目	构件名称	允许偏差（mm）
翘曲	柜体	3
	柜门	2
对角线长度	柜体、柜门	2
高、宽	柜体	0，–2
	柜门	+2，0

3. 吊柜、壁柜制作与安装的规定和方法

（1）吊柜、壁柜制作与安装的规定。吊柜、壁柜的柜体与柜门安装的缝隙宽度见表 9–2–2。

表 9–2–2　　柜体与柜门安装的缝隙宽度

项目	缝隙宽度（mm）
柜门对口缝	≤ 0.8
柜门与柜体上缝	≤ 0.5
柜门与柜体下缝	≤ 1.0
柜门与柜体铰接缝	≤ 0.8

（2）吊柜、壁柜制作与安装的方法。吊柜、壁柜由旁板、顶板、搁板、底板、面板、门、隔板、抽屉组合而成。其安装方法如下。

1）施工准备。材料、小五金件、机具等工具齐备。墙面、地面湿作业已完成。

2）施工工艺流程：弹线—框架制作—粘贴胶合板—粘贴木压条—装配底板、顶板与旁板—安装隔板、格板—框架就位固定—安装背板、门、抽屉、五金件。

（3）吊柜、壁柜制作与安装的质量通病。吊柜、壁柜制作与安装的质量通病，主要包括：框板内木档间距错误；罩面板、胶合板出现崩裂；门扇出现翘曲，关闭比较困难；吊柜、壁柜出现发霉腐烂质量问题；抽屉开启不灵活。

（4）吊柜、壁柜小五金件安装。

1）小五金件应安装齐全、位置适宜、固定可靠。

2）柜门与柜体连接宜采用弹性连接件安装，用木螺钉固定，亦可用合页连接。

3）拉手应在柜门中点以下安装。

4）柜门锁应安装于柜门的中点处，位于拉手之上。

5）吊柜宜用膨胀螺栓吊装。安装后应与墙及顶棚紧靠，无缝隙，安装牢固，无松动，安全可靠，位置正确，不变形。

6）壁柜应用木螺钉对准木榫固定于墙面，接缝紧密，无缝隙。

7）所有吊柜、壁柜安装后，必须垂直、水平，所有外角应用砂纸磨钝。

8）对于混凝土小型空心砌块墙、空心砖墙、多孔砖墙、轻质非承重墙，不允许用膨胀管木螺钉固定安装吊柜，应在采取加固措施后，用膨胀螺栓安装吊柜。

七、墙面木饰的制作与安装

1. 墙面木饰的一般形式

在住宅室内墙面装饰中，越来越强调居室功能要求，充分体现业主装饰风格。

（1）墙面木饰的形式。墙面木饰一般形式有护壁板、板筋墙、壁龛等。

（2）墙面木饰的组成。墙面木饰一般由木骨架、基层板、面层板、装饰线脚组成。

2. 墙面木饰的一般尺寸规定

（1）护墙板高度，宜为 900 ~ 1 200 mm 或满铺。

（2）横向主龙骨上宜开通气孔，孔间距宜为 900 mm 左右，立梃主龙骨间距应控制在 350 ~ 600 mm。

（3）木龙骨上宜用 24 mm × 30 mm 方木，面板宜用夹板。

3. 墙面木饰的质量要求

（1）在施工前，地面基体应当处理平整、消除浮灰，对不平整的墙面应用腻子批刮平整。

（2）对于比较潮湿的地面，应刷涂一道防潮剂。

4. 墙面木饰的安装

墙面木饰施工工艺流程：弹线—主筋定位—横撑安装—横撑加固—基层面板安装—面板安装—盖木条—踢脚板安装。

（1）施工时，应在墙面上弹出护墙板的高度线，按龙骨设计布置方位及垫木位置，在墙上钻孔、下木榫。木榫入孔深度应离墙面 10 mm，沿龙骨方向的钻孔间距应为

500 mm。

（2）龙骨及垫木。应用钉子对木榫的位置进行固定，钉长应为龙骨或垫木厚度的 2 ~ 2.5 倍。也可以用射钉进行固定，射钉入砖深度宜为 30 ~ 50 mm，射钉入混凝土墙深度应为 27 ~ 32 mm，射钉尾部不得露出龙骨或垫木的表面。

（3）面板固定可采用黏结的方法，并用钉子临时固定，待黏结牢固后，再起出钉子。面板固定也可以采用钉子，钉帽应敲扁，顺面板木纹敲进板 0.5 ~ 1.0 mm，钉眼用与面板同色的油性腻子抹平，钉子长度为面板厚度的 2.0 ~ 2.5 倍。

（4）护墙板面板的高差应小于 0.5 mm；板面间留缝宽度应均匀一致，尺寸偏差不大于 2 mm；单块面板对角线长度偏差不大于 2 mm；面板垂直度偏差不大于 2 mm。

（5）护墙板阴阳角必须垂直、水平，对缝拼接须为 45° 角。

（6）踢脚板和压条应紧贴面板，不得留有缝隙。钉固踢脚板或压条的钉距，不得大于 300 mm。钉帽应敲扁，顺木纹敲进，入表面深度为 0.5 ~ 1 mm，钉眼用同色油性腻子抹平。

5. 墙面木饰的质量通病

墙面木饰的质量通病包括：骨架与结构固定不牢；墙面粗糙，接头处不平不严；细部做法不规矩。

思考与练习

1. 简述木窗台板的安装方法。
2. 简述贴脸板的装钉要点。
3. 简述暗步楼梯的结构特点。
4. 简述吊柜、壁柜的一般尺寸。